21世纪普通高等教育立体化规划教材

概率论与数理统计

主　编：邓敏英　陈　芸
副主编：胡　芳　李志刚
　　　　熊　奔　徐国安

华中师范大学出版社

内 容 提 要

本书遵循"以应用为目的,以够用为原则"的指导思想,重在教会学生基本概率统计知识,培养学生基本数学素养。本书主要内容共 9 章,可分为两大部分。第一部分:概率论,内容包括随机事件的概率、一维随机变量及其分布、多维随机变量及其分布、随机变量的数字特征、大数定律与中心极限定理;第二部分:数理统计,内容包括样本及抽样分布、参数估计、假设检验、回归分析与方差分析。书中配有教学PPT、微课、习题参考答案等电子资源。

本书涵盖《全国硕士研究生招生考试数学考试大纲》概率论与数理统计的所有考点,不仅可作为普通高等院校理工(非数学专业)、经管等专业的教材,也可作为考研数学的复习用书,还可作为工程技术人员、科技工作者的参考用书。

新出图证(鄂)字 10 号

图书在版编目(CIP)数据

概率论与数理统计/邓敏英,陈芸主编.—武汉:华中师范大学出版社,2022.7
ISBN 978-7-5622-9762-8

Ⅰ.①概… Ⅱ.①邓… ②陈… Ⅲ.①概率论-教材 ②数理统计-教材 Ⅳ.①O21

中国版本图书馆 CIP 数据核字(2022)第 077565 号

概率论与数理统计

ⓒ 邓敏英 陈 芸 主编

责任编辑:袁正科	责任校对:王 胜	封面设计:胡 灿
编 辑 室:高教分社	电 话:027-67867364	
出版发行:华中师范大学出版社	社 址:湖北省武汉市珞喻路 152 号	
邮 编:430079	销售电话:027-67861549(发行部)	
网 址:http://press.ccnu.edu.cn	电子信箱:press@mail.ccnu.edu.cn	
印 刷:武汉市籍缘印刷厂	督 印:刘 敏	
开 本:787mm×1092mm 1/16	印 张:15.25	字 数:350 千字
版 次:2022 年 7 月第 1 版	印 次:2022 年 7 月第 1 次印刷	
印 数:1—3500	定 价:43.00 元	

欢迎上网查询、购书

前　　言

为了适应普通高等院校应用型、实践型人才培养目标的要求,我们在认真总结、分析并吸收同类院校教学改革和教材建设经验的基础上,遵循"以应用为目的,以够用为原则"的指导思想,并结合作者多年从事概率统计课程教学方面的心得体会,编写了本书。

本书编写注重从实际问题引入概念和把握理论推导深度,注重学生基本运算能力、分析和解决数学问题能力的培养,深入浅出,通俗易懂,便于教师讲授和学生学习。具体特点如下:

第一,习题难度区分明显。小节习题难度较小,适合随堂练习,综合练习题难度偏大,适合总复习和考研复习时使用。

第二,内容融入思政元素。这些元素通过微视频的方式呈现,学生通过微信扫码观看。视频内容涉及数学名人轶事和社会现象中所包含的数学知识,有助于学生树立正确的价值观和人生观,激发他们的学习兴趣,提高他们的数学素养,从而达到"润物细无声"的育人效果。

第三,配套资源丰富。本书线上配有教学 PPT、微视频、习题参考答案、最新考研资讯等电子资源,读者可通过微信扫描书中二维码查看;线下配有教案、教学大纲、教学进度表(32 学时和 48 学时),读者若有需求,可通过出版社联系作者获取。

全书主要内容共 9 章,可分为两大部分。第一部分:概率论,内容包括随机事件的概率、一维随机变量及其分布、多维随机变量及其分布、随机变量的数字特征、大数定律与中心极限定理;第二部分:数理统计,内容包括样本及抽样分布、参数估计、假设检验、回归分析与方差分析。

本书由武汉生物工程学院组织编写,编写老师有邓敏英、陈芸、胡芳、李志刚、熊奔、徐国安,全书的统稿、定稿工作由邓敏英完成。丰洪才教授、何穗教授在本书的总体设计和规划方面提出了很多富有建设性的意见,在此对他们表示衷心感谢。

由于编者水平有限,书中不妥之处在所难免,敬请广大专家、读者批评指正。

编　者

2022 年 5 月

目　　录

绪　论

一、必然现象与随机现象

在自然界和人们的实践活动中经常会遇到各种各样的现象,这些现象大体可分为两类:一类是确定的,例如,"在一个标准大气压下,纯水加热到 100 ℃ 时必然沸腾""向上抛一块石头必然下落""同性电荷相斥,异性电荷相吸" 等,这种在一定条件下有确定结果的现象称为**必然现象(确定性现象)**。另一类是随机的,例如,在相同的条件下,向上抛一枚质地均匀的硬币,其结果可能是正面朝上,也可能是反面朝上,不论如何控制抛掷条件,在每次抛掷之前无法确定抛掷的结果是什么;用同一门大炮对同一目标进行多次射击(同一型号的炮弹),各次弹着点可能不尽相同,并且每次射击前无法确定弹着点的确切位置。以上所举的现象都具有随机性,即在一定条件下进行试验或观察会出现不同的结果(也就是说,多于一种可能的试验结果),而且在每次试验前都无法预知会出现哪一个结果(不能肯定试验会出现哪一个结果),这种现象称为**随机现象**(或**不确定性现象**)。

二、概率论与数理统计的研究对象

概率论是研究随机现象数量规律的数学学科。它的理论严谨,有独特的概念和方法,同时与其他数学分支有着密切的联系,它是近代数学的重要组成部分。

数理统计是以概率论为基础,研究大量随机现象统计规律性的数学学科。即利用概率论的结果,深入研究统计资料,观察这些随机现象,发现其内在的规律性,进而做出具有一定精确程度的判断,并将这些研究结果加以归纳整理,形成一定的数学模型。

虽然概率论与数理统计在方法上如此不同,但它们却相互渗透,相互联系。概率论与数理统计这门学科广泛地应用于天文、气象、水文、地质、物理、化学、生物、医学等领域。

三、概率论与数理统计发展简史

最初概率论的起源与赌博问题有关。16 世纪,意大利的学者吉罗拉莫·卡尔达诺开始研究掷骰子等赌博中的一些简单问题。17 世纪中叶,人们就合理分配赌注问题求教于法国数学家帕斯卡。当时两个赌徒约定:赌若干局,谁先赢 c 局谁便是赢家;当一个赌徒赢 a 局($a < c$),另一赌徒赢 b 局($b < c$) 时赌博终止,问应当如何分赌本?帕斯卡同费尔玛讨论了这个问题,于 1654 年他们共同建立了概率论的第一基本概念 —— **数学期望**。1657 年惠更斯也给出了一个与他们类似的解法。

在他们之后,对概率论的发展作出贡献的是贝努利家族的几位成员。雅科布给出了赌徒输光问题的详尽解法,并证明了被称为"大数定律"的一个定理(贝努利定理),这是古典概率论中一个极其重要的结果,它表明在大量观察中,事件发生的频率与概率是极其接近的。历史上第一个发表概率论论文的人是贝努利,他于1713年发表了一篇关于极限定理的论文,概率论产生后的很长一段时间内都是将古典概型作为概率来研究的,直到1812年拉普拉斯在他的著作《分析概率论》中给出概率明确的定义,并且还建立了观察误差理论和最小二乘法估计法,人们从这时开始了对现代概率的研究,概率论这门学科也实现了从古典概率论向近代概率论的转变。

概率论在20世纪再度迅速发展起来,则是因为科学技术的发展迫切需要研究一个或多个连续变化着的参变量的随机变数理论,即随机过程论。1906年俄国数学家马尔可夫提出了所谓"马尔可夫链"的数学模型;对发展这一理论作出贡献的还有柯尔莫哥洛夫(俄国)、费勒(美国);1934年俄国数学家辛钦提出了一种在时间中均匀进行着的平稳过程理论。随机过程论在科学技术中有着重要的应用,该理论建立了马尔可夫过程与随机微分方程之间的联系。

1960年,卡尔门建立了数字滤波论,进一步发展了随机过程在制导系统中的应用。柯尔莫哥洛夫1933年在集合论与测度论的基础上建立了概率论的公理化体系,从而使概率论有了严格的理论基础。

我国的概率论研究起步较晚,先驱者是许宝騄先生。1957年暑期许老师在北大举办了一个概率统计的讲习班,从此,我国对概率统计的研究有了较大的进展。现在概率论与数理统计是数学类各专业的必修课之一,也是非数学类理工科、经济类等学科的公共课,许多高校也都开设了概率统计学课程(特别是财经类高校)。近年来,我国科学家对概率统计的研究取得了较大的成果。

扫码看微课视频

扫码获取本章PPT

第一章 随机事件的概率

本章重点介绍概率论的一些基本概念:事件、概率、条件概率及其独立性等。这些概念将贯穿全书,为后面各章进一步研究概率论的内容做准备。

第一节 随机事件

一、随机试验与样本空间

在研究自然现象和社会现象时,常常需要做各种试验。试验是一个含义比较广泛的术语,包含各种科学试验,也可以是对某事物的某一特征进行观察。下面是一些试验的例子。

E_1:抛一枚硬币,观察正面 H、反面 T 出现的情况。

E_2:将一枚硬币连抛两次,观察正面 H 出现的次数。

E_3:在某一批产品中任选一件,检验其是否合格。

E_4:记录某大型超市一天内进入的顾客人数。

E_5:在一大批灯泡中任意抽取一只,测试其使用寿命。

E_6:观察某地明天的天气是雨天还是非雨天。

显然,上述试验具有如下特点:

(1) 试验的所有可能结果是明确的,并且不止一个;

(2) 在进行试验之前不能确定哪一个结果会出现。

我们称这样的试验为**随机试验**,也可简称为**试验**,常用英文大写字母 E 表示。

再仔细分析,我们发现试验 $E_1,\cdots,E_5$ 还具有如下特点:

(3) 试验可以在相同的条件下重复进行。

但试验 E_6 却不符合特点(3),除非时间倒转,否则无法重复进行试验。我们把不符合特点(3)的随机试验称为**不可重复的随机试验**,而把同时符合特点(1)(2)(3)的随机试验称为**可重复的随机试验**。可重复的随机试验已经得到广泛深入的研究,有成熟的理论和方法。但是,随着现代经济管理和决策分析的发展,不可重复的随机试验的研究也引起了人们的关注。本书讨论的大多是可重复的随机试验。因此,在不引起混淆的情况下,以后把可重复进行的随机试验也简称为**随机试验**或**试验**。

对于任意一个随机试验 E,尽管不能在试验之前预知试验结果,但所有可能的结果是已知的。我们将随机试验 E 所有可能结果组成的集合称为 E 的**样本空间**,记作 Ω。Ω 的元素(即 E 的每个结果)称为**样本点**,样本点一般用 ω 表示。

例如,前面提到的 6 个随机试验的样本空间分别为

$\Omega_1 = \{H, T\}$;

$\Omega_2 = \{0, 1, 2\}$;

$\Omega_3 = \{合格, 不合格\}$;

$\Omega_4 = \{0, 1, 2, 3, \cdots\}$;

$\Omega_5 = \{t \mid t \geqslant 0\}$;

$\Omega_6 = \{雨天, 非雨天\}$;

由此可见,样本空间可以是数集,也可以不是数集。

二、随机事件

进行随机试验时,人们关心的往往是满足某种条件的样本点所组成的集合。例如,若规定灯泡的使用寿命超过 10000 小时为合格品,则在试验 E_5 中我们关心的是灯泡的使用寿命是否大于 10000 小时,满足这一条件的样本点组成 Ω_5 的一个子集 $A = \{t \mid t > 10000\}$,我们称 A 为试验 E_5 的一个随机事件。

一般地,称试验 E 的样本空间 Ω 的子集为 E 的随机事件,简称**事件**,常用大写字母 $A, B, C, \cdots$ 表示,它是样本空间 Ω 的子集合。在每次试验中,当且仅当子集 A 中的一个样本点出现时,称**事件 A 发生**。例如,抛一枚骰子,$A = \{4, 5, 6\}$,$B = \{2, 4, 6\}$,在一次试验中如果出现 6 点,则 A, B 都发生了;如果出现 2 点,则事件 A 没发生,事件 B 发生了。

显然,要判定一个事件是否在一次试验中发生,只有当该次试验有了结果以后才能知道。

由一个样本点组成的单点集称为**基本事件**。例如,试验 E_1 有两个基本事件 $\{H\}$ 和 $\{T\}$,试验 E_2 有三个基本事件 $\{0\}, \{1\}, \{2\}$。

样本空间 Ω 有两个特殊子集,一个是 Ω 本身,由于它包含了所有可能结果,所以在每次试验中必然发生,对于一个试验 E,Ω 称为**必然事件**,另一个特殊子集是空集 $\varnothing$,它不包含任何样本点,因此在每次试验中都不发生,$\varnothing$ 称为**不可能事件**。虽然必然事件与不可能事件已无随机性可言,但在概率论中,常把它们当作两个特殊的随机事件,这样做是为了数学处理上的方便。

三、事件的关系与运算

对于随机试验而言,它的样本空间 Ω 可以包含很多随机事件,概率论的任务之一就是研究随机事件的规律,通过对较简单事件规律的研究来掌握更复杂事件的规律,为此需要研究事件之间的关系与运算。

由于随机事件是样本空间的子集,从而事件的关系与运算和集合的关系与运算完全类似。设试验 E 的样本空间为 Ω,而 $A, B, C, A_k (k = 1, 2, 3, \cdots)$ 是 Ω 的子集。

1. 事件的包含与相等

定义 1.1　若事件 A 发生必然导致事件 B 发生,则称事件 B **包含**事件 A,或称事件 A

是事件 B 的**子集**,记作 $A \subset B$ 或 $B \supset A$。若 $A \subset B$,同时有 $B \subset A$,称事件 A 与事件 B **相等**,记为 $A = B$。

易知相等的两个事件 A,B 总是同时发生或同时不发生,在同一样本空间中两个事件相等意味着它们含有相同的样本点。

2. 事件的和

定义 1.2　事件 $A \bigcup B = \{\omega \mid \omega \in A$ 或 $\omega \in B\}$ 称为事件 A 与事件 B 的**和事件**,也可记为 $A + B$。

显然,$A \bigcup B$ 发生 $\Leftrightarrow$ 事件 A 发生或事件 B 发生或事件 A 与 B 都发生 $\Leftrightarrow$ 事件 A 与事件 B 中至少有一个发生。

类似地,称 $\bigcup\limits_{k=1}^{n} A_k$ 为 n 个事件 $A_1, A_2, \cdots, A_n$ 的**和事件**;称 $\bigcup\limits_{k=1}^{\infty} A_k$ 为可列个事件 $A_1, A_2, \cdots, A_n, \cdots$ 的和事件。

3. 事件的积

定义 1.3　事件 $A \bigcap B = \{\omega \mid \omega \in A$ 且 $\omega \in B\}$ 称为 A 与 B 的**积事件**,简记为 AB。

显然,$A \bigcap B$ 发生 $\Leftrightarrow$ 事件 A 与事件 B 同时发生。

类似地,称 $\bigcap\limits_{k=1}^{n} A_k$ 为 n 个事件 $A_1, A_2, \cdots, A_n$ 的**积事件**,称 $\bigcap\limits_{k=1}^{\infty} A_k$ 为可列个事件 $A_1, A_2, \cdots, A_n, \cdots$ 的积事件。

4. 事件的差

定义 1.4　事件 $A - B = \{\omega \mid \omega \in A$ 且 $\omega \notin B\}$ 称为事件 A 与事件 B 的**差事件**。

差事件表示的是"事件 A 发生而事件 B 不发生" 这一新的事件。

5. 互斥事件

定义 1.5　若事件 A 与事件 B 不能同时发生,即 $AB = \varnothing$,称事件 A 与事件 B 为**互斥事件**,或**互不相容事件**。若事件 $A_1, A_2, \cdots, A_n$ 中的任意两个都互斥,则称这些事件是**两两互斥**的。

例如,对任一随机试验,它的任意两个基本事件都是互斥的。

6. 对立事件

定义 1.6　称事件 $\Omega - A$ 为事件 A 的**对立事件**或**逆事件**,记为 $\overline{A}$。

A 和 $\overline{A}$ 满足:$A \bigcup \overline{A} = \Omega, A\overline{A} = \varnothing, \overline{\overline{A}} = A$。因此在每次试验中,事件 $A, \overline{A}$ 中必有一个且仅有一个发生。又 A 也是 $\overline{A}$ 的对立事件,所以称事件 A 与 $\overline{A}$ **互逆**。

按差事件和对立事件的定义有:$\overline{\Omega} = \varnothing, \overline{\varnothing} = \Omega, A - B = A\overline{B}$。

例 1　设有 100 件产品,其中 5 件产品为次品,从中任取 50 件产品。记 $A = \{50$ 件产品中至少有一件次品$\}$,则 $\overline{A} = \{50$ 件产品中没有次品$\} = \{50$ 件产品全是正品$\}$。

由此说明,若事件 A 比较复杂,往往它的对立事件比较简单,因此我们在求复杂事件的概率时,往往可能转化为求它的对立事件的概率。

用图 1-1 到图 1-6 可以直观地表示事件之间的关系与运算。

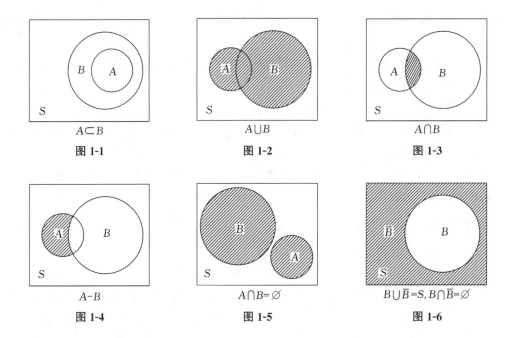

$A \subset B$	$A \cup B$	$A \cap B$
图 1-1	图 1-2	图 1-3
$A-B$	$A \cap B = \varnothing$	$B \cup \bar{B} = S, B \cap \bar{B} = \varnothing$
图 1-4	图 1-5	图 1-6

7. 事件的运算法则

与集合论中集合的运算一样,事件之间的运算满足下列运算律:

(1) **交换律**:$A \cup B = B \cup A, A \cap B = B \cap A$;

(2) **结合律**:$A \cup (B \cup C) = (A \cup B) \cup C, A \cap (B \cap C) = (A \cap B) \cap C$;

(3) **分配律**:$A \cup (B \cap C) = (A \cup B) \cap (A \cup C)$,

$$A \cap (B \cup C) = (A \cap B) \cup (A \cap C);$$

(4) **对偶律**(德摩根律):$\overline{A \cup B} = \bar{A} \cap \bar{B}, \overline{A \cap B} = \bar{A} \cup \bar{B}$。

这些运算规律可以推广到任意多个事件上去。

例 2 设事件 A, B, C 为三个随机事件,用运算关系表示下列各事件。

解 (1)A 发生,而 B, C 都不发生可表示为 $A\bar{B}\bar{C}$;

(2) A, B 发生,而 C 不发生可表示为 $AB\bar{C}$;

(3) A, B, C 至少发生一个可表示为 $A \cup B \cup C$;

(4) A, B, C 恰一个发生可表示为 $A\bar{B}\bar{C} \cup \bar{A}B\bar{C} \cup \bar{A}\bar{B}C$。

例 3 某射手向一目标射击3次,A_i 表示"第 i 次射击击中目标",$i = 1, 2, 3$,试用 A_1,A_2, A_3 表示以下各事件。

(1) 3 次均击中;

(2) 3 次至少有一次击中;

(3) 3 次都没击中;

(4) 只击中第一次。

解 (1)"3次均击中"意味着 A_1, A_2, A_3 同时发生,即 $A_1 A_2 A_3$;

（2）"3 次中至少有一次击中"意味着 A_1,A_2,A_3 至少有一个发生，即 $A_1 \cup A_2 \cup A_3$；

（3）"3 次都没击中"意味着 $\overline{A_1},\overline{A_2},\overline{A_3}$ 同时发生，即 $\overline{A_1}\overline{A_2}\overline{A_3}$；

（4）"3 次中只击中第一次"意味着 $A_1,\overline{A_2},\overline{A_3}$ 同时发生，即 $A_1\overline{A_2}\overline{A_3}$。

注　用其他事件的运算来表示一个事件，方法可能不唯一，但是在解决具体问题时要选择一种恰当的表示方法。

习　题　1-1

1. 写出下列随机试验的样本空间：

（1）将一枚硬币抛掷三次，观察正面出现的次数；

（2）同时掷两枚骰子，观察两枚骰子出现的点数之和；

（3）观察某医院一天内前来就诊的人数。

2. 设 A,B,C 为三个事件，用运算关系表示下列各事件：

（1）A,B,C 都发生；

（2）A,B,C 中至少有一个发生；

（3）B 发生，A,C 都不发生；

（4）A,B,C 都不发生；

（5）A,B,C 恰有两个发生；

（6）A,B,C 至少有两个发生；

（7）A,B,C 至多有两个发生。

3. 设 A,B 为任意两个事件，下列关系成立吗？

（1）$(A+B)-B=A$；　　　　　　（2）$(A+B)-A \subset B$；

（3）$(A-B)+(B-A)=\varnothing$；　　（4）$(AB)(A\overline{B})=\varnothing$。

4. 化简下列事件：

（1）$(\overline{A}+\overline{B})(\overline{A}+B)$；　　　　　　（2）$A\overline{B}+\overline{A}B+\overline{A}\overline{B}$。

5. 请用语言描述下列事件的对立事件。

（1）A 表示"抛两枚硬币，都出现正面"；

（2）B 表示"生产 4 个零件，至少有 1 个合格"。

扫码查看
习题参考答案

第二节　随机事件的概率

一、频率与概率

除必然事件和不可能事件外，任意一个随机事件，在一次试验中是否发生，虽然不能预先知道，但是我们希望知道某些事件在一次试验中发生的可能性大小。一般地，对于任何一个随机事件 A 都可以找到一个数值与之对应，该数值作为发生的可能性大小的度量，称为事件 A 发生的**概率**，记为 $P(A)$。

对于一个随机试验来说,它发生的可能性大小是由自身决定的,并且是客观存在的。概率是随机事件发生可能性大小的度量。一个根本问题是,对于一个给定的随机事件发生可能性大小的度量 —— 概率,究竟有多大呢? 为此,首先引入频率,它描述了事件发生的频繁程度。

设 E 为任一随机试验,A 为其中任一事件,在相同条件下,重复做 n 次试验,n_A 表示事件 A 在这 n 次试验中出现的次数,称为**频数**,则称比值 $\frac{n_A}{n}$ 为事件 A 发生的**频率**,记为 $f_n(A)$,即

$$f_n(A) = \frac{n_A}{n}。$$

由定义可知,频率具有如下性质:

(1) 非负性: $f_n(A) \geqslant 0$;

(2) 规范性: $f_n(\Omega) = 1$;

(3) 有限可加性:若 $A_1, A_2, \cdots, A_k$ 是一组两两互不相容的事件,则

$$f_n\left(\bigcup_{i=1}^{k} A_i\right) = \sum_{i=1}^{k} f_n(A_i)。$$

显然,频率 $f_n(A)$ 的大小表示了在 n 次试验中事件 A 发生的频繁程度。频率越大,事件 A 发生就越频繁,在一次试验中 A 发生的可能性就越大,也就是事件 A 发生的概率越大,反之亦然。因此,人们的想法就是想用频率来描述概率。

表 1-1 列出了历史上一些科学家在抛掷硬币试验中得到的相关数据,其中 n 表示抛掷总次数,n_H 表示正面朝上的次数,则 $f_n(H)$ 表示抛掷硬币试验中,正面朝上的频率。

表 1-1

试验者	n	n_H	$f_n(H) = \frac{n_H}{n}$
德·摩根(De Morgan)	2048	1061	0.5181
蒲丰(Buffon)	4040	2048	0.5069
费勒(Feller)	10000	4979	0.4979
皮尔逊(Pearson)	12000	6019	0.5016
皮尔逊(Pearson)	24000	12012	0.5005

掷硬币试验的结果表明,当 n 不同时,得到的 $f_n(A)$ 常常会不一样。根据实际经验我们还知道,即使同样的 n,当抛掷的时间、地点和人不同时,也会得到不同的 $f_n(A)$,这表明频率具有一定的随机波动性;但另一方面,随着试验次数 n 的增大,$f_n(A)$ 总是围绕在 0.5 上下波动,且逐渐趋于 0.5,这表明频率还具有所谓的**稳定性**。

定义 1.7 (概率的统计定义)在相同条件下重复进行的大量试验中,如果随着试验次数 n 的不断增加,事件 A 发生的频率 $f_n(A)$ 始终围绕某一常数 p 做稳定且微小的波动,则称 p 为事件 A 发生的**概率**,即 $P(A) = p$。

概率的统计定义为求概率开辟了道路,特别是在实际中,当概率不易求出时,人们常取试验次数很大时事件发生的频率作为概率的估计值,并称此概率为**统计概率**。例如,在人口抽样调查中,根据抽取的一部分人去估计全体人口的性别比例;在工业生产中,依据抽取的一些产品的检验结果去估计该产品的合格率;在医学上,依据积累的资料去估计某种疾病的死亡率等。

但是,在实际生活中有些试验不可重复进行,则无法计算事件发生的频率,即使有些试验可重复进行,也不可能对每一个事件都去做大量的试验,因此,需要引出一个能揭示概率本质属性的定义,即概率的公理化定义。

定义 1.8 （概率的公理化定义）设 E 为随机试验,Ω 是它的样本空间,对 E 的任一事件 A,将其对应于一个实数,记为 $P(A)$,如果集合函数 $P(A)$ 满足如下三条公理:

（1）非负性:对任一个事件 A,有 $P(A) \geqslant 0$;

（2）规范性:对必然事件 Ω,有 $P(\Omega) = 1$;

（3）可列可加性:设 $A_1, A_2, \cdots$ 是两两互不相容的事件,即对于 $i \neq j$,$A_i A_j = \varnothing$,$i, j = 1, 2, \cdots$;

则有
$$P(\bigcup_{i=1}^{\infty} A_i) = \sum_{i=1}^{\infty} P(A_i)。$$

称 $P(A)$ 为事件 A 的**概率**。

二、概率的性质

由概率的定义,可以推出概率的一些重要性质:

性质 1 对任一事件 A,$0 \leqslant P(A) \leqslant 1$,且 $P(\varnothing) = 0$,$P(\Omega) = 1$。

性质 2 （有限可加性）若事件 $A_1, A_2, \cdots, A_n$ 两两互不相容,则
$$P(A_1 \bigcup A_2 \bigcup \cdots \bigcup A_n) = \sum_{i=1}^{n} P(A_i)。$$

性质 3 若事件 A, B 满足 $A \subset B$,则有
$$P(B - A) = P(B) - P(A),P(B) \geqslant P(A)。$$

推论 对任意两个事件 A, B,有 $P(B - A) = P(B) - P(AB)$。

性质 4 对任一事件 A,有 $P(\bar{A}) = 1 - P(A)$。

证 因为 $A \bigcup \bar{A} = \Omega$,且 $A \bigcap \bar{A} = \varnothing$,由性质 2 可得
$$1 = P(\Omega) = P(A \bigcup \bar{A}) = P(A) + P(\bar{A}) \Rightarrow P(\bar{A}) = 1 - P(A)。$$

性质 5 （加法公式）对任意两个事件 A, B,有 $P(A \bigcup B) = P(A) + P(B) - P(AB)$。

证 因为 $A \bigcup B = A \bigcup (B - AB)$,且 $A(B - AB) = \varnothing$,$AB \subset B$,故由性质 3 得
$$P(A \bigcup B) = P(A) + P(B - AB) = P(A) + P(B) - P(AB)。$$

设 A_1, A_2, A_3 为任意三个事件,则有
$$P(A_1 \bigcup A_2 \bigcup A_3) = P(A_1) + P(A_2) + P(A_3) - P(A_1 A_2) -$$
$$P(A_2 A_3) - P(A_1 A_3) + P(A_1 A_2 A_3)。$$

一般的,对任意 n 个事件 $A_1, A_2, \cdots, A_n$,可由归纳法证得

$$P(A_1 \bigcup A_2 \bigcup \cdots \bigcup A_n) = \sum_{i=1}^{n} P(A_i) - \sum_{1 \leqslant i < j \leqslant n} P(A_i A_j) +$$
$$\sum_{1 \leqslant i < j < k \leqslant n} P(A_i A_j A_k) + \cdots + (-1)^{n-1} P(A_1 A_2 \cdots A_n)。$$

例 1　设 A,B 为两互不相容事件,$P(A) = 0.5$,$P(B) = 0.3$,求 $P(\overline{A}\overline{B})$。

解　$P(\overline{A}\overline{B}) = P(\overline{A \bigcup B}) = 1 - P(A \bigcup B) = 1 - [P(A) + P(B)]$
　　　　$= 1 - (0.5 + 0.3) = 0.2。$

例 2　小王参加"智力大冲浪"游戏,他能答出甲、乙两类问题的概率分别为 0.7 和 0.2,两类问题都能答出的概率为 0.1。求:

(1) 小王答出甲类而答不出乙类问题的概率;

(2) 小王至少有一类问题能答出的概率;

(3) 小王两类问题都答不出的概率。

解　设事件 A 表示"小王能答出甲类问题",事件 B 表示"小王能答出乙类问题",则:

(1) $P(A\overline{B}) = P(A) - P(AB) = 0.7 - 0.1 = 0.6$;

(2) $P(A \bigcup B) = P(A) + P(B) - P(AB) = 0.7 + 0.2 - 0.1 = 0.8$;

(3) $P(\overline{A}\overline{B}) = P(\overline{A \bigcup B}) = 1 - P(A \bigcup B) = 1 - 0.8 = 0.2$。

三、古典概型

先讨论一类最简单的随机试验,它具有下述特征:

(1) 试验的样本空间只有有限个元素(基本事件);

(2) 每个基本事件发生的可能性是相等的。

具有上述特性的概型称为**古典概型**或**等可能概型**。它在概率论中具有非常重要的地位。一方面它比较简单,既直观,又容易理解,另一方面它概括了许多实际内容,有很广泛的应用。

设试验 E 是古典概型,$\omega_i (i = 1, 2, \cdots, n)$ 是基本事件且两两互不相容,因此

$$1 = P(\Omega) = P(\bigcup_{i=1}^{n} \{\omega_i\}) = \sum_{i=1}^{n} P(\{\omega_i\}) = nP(\{\omega_i\}),$$

从而　　　　　　　　$P(\{\omega_i\}) = \frac{1}{n} \quad (i = 1, 2, \cdots, n)。$

在古典概型中,试验 E 共有 n 个基本事件,事件 A 包含了 m 个基本事件,则事件 A 的概率为 $P(A) = \frac{m}{n}$,即

$$P(A) = \frac{A \text{ 中所含基本事件数}}{\Omega \text{ 中所含基本事件数}}。 \tag{1-1}$$

(1-1)式给出了等可能概型中事件 A 的概率计算公式。

例 3　将一枚硬币抛两次。

(1) 设事件 A_1 为"恰好有一次出现正面",求 $P(A_1)$;

（2）设事件 A_2 为"至少有一次出现正面"，求 $P(A_2)$。

解　（1）设随机试验 E 为：将一枚硬币抛两次，观察正反出现的情况，则其样本空间为 $\Omega = \{HH, HT, TH, TT\}$。它包含 4 个元素，且每个基本事件发生的可能性相同，故此实验为等可能概型。又 $A_1 = \{HT, TH\}$ 中包含 2 个基本事件数，故 $P(A_1) = \dfrac{1}{2}$。

（2）因为 $\overline{A_2} = \{TT\}$，于是

$$P(A_2) = 1 - P(\overline{A_2}) = 1 - 0.25 = 0.75。$$

使用古典概率的计算公式来计算概率时，涉及计数的运算，当样本空间 Ω 中的元素较多而不能一一列出时，我们只需要根据有关计数的原理和方法（如排列组合）计算出 Ω 及 A 中所包含的基本事件的个数，即可求出 A 的概率。

排列组合公式如下：

$$A_m^n = \frac{m!}{(m-n)!}，表示从 m 个人中挑出 n 个人进行排列的可能数。$$

$$C_m^n = \frac{m!}{n!(m-n)!}，表示从 m 个人中挑出 n 个人进行组合的可能数。$$

这里给出一个记号，它是组合数的推广，规定：

$$\binom{n}{r} = \begin{cases} 1, & r = 0, \\ \dfrac{n(n-1)\cdots(n-r+1)}{r!}, & r = 1, 2, \cdots, n, \\ 0, & r > n, \end{cases}$$

其中 n 为正整数。显然，当 $r \leqslant n$ 时，$\binom{n}{r} = C_n^r$。

例 4　设袋中有 4 个白球和 2 个黑球，先从袋中无放回地依次摸出 2 个球（即第一次取一球不放回袋中，第二次再从剩余的球中取一球，此种抽取方式称为无放回抽样），试求

（1）取到的两个球都是白球的概率；

（2）取到的两个球颜色相同的概率；

（3）取到的两个球中至少有一个是白球的概率。

解　记 $A = \{$取到的两个球都是白球$\}$；　　　$B = \{$取到的两个球都是黑球$\}$；

$C = \{$取到的两个球中至少有一个是白球$\}$；　　　$D = \{$取到的两个球颜色相同$\}$。

显然，$D = A \bigcup B$，$C = \overline{B}$。

（1）用两种方法求 $P(A)$。

方法一：把 4 个白球和 2 个黑球彼此间看作都可区分的，将 4 个白球编号为 1，2，3，4；将 2 个黑球编号为 5，6。如果把第一次取到 3 号球（白球）和第二次取到 5 号球（黑球）这个基本事件与一个二维向量（3，5）相对应，那么基本事件的总数等于从 6 个不同元素中取出 2 个元素的无重复元素的排列总数为 $A_6^2 = 6 \times 5 = 30$，而由于抽取的任意性，这 30 种排列中出现任一种的可能性相同，因此这是一个古典概型问题。事件 A 包含的基本元素事件个数为 $A_4^2 = 4 \times 3 = 12$，所以 $P(A) = \dfrac{A_4^2}{A_6^2} = \dfrac{2}{5}$。

方法二：把摸得的 2 个球如 4 号球（白球）和 6 号球（黑球）看作一个基本事件（不管它们摸到的顺序如何），则基本事件的总数为从 6 个不同的元素中任取 2 个元素的组合数 $\binom{6}{2}$。由对称性，每个基本事件发生的可能性相同。这时，事件 A 包含的基本元素事件数

为 $\binom{4}{2}$，所以 $P(A) = \dfrac{\binom{4}{2}}{\binom{6}{2}} = \dfrac{\dfrac{A_4^2}{2!}}{\dfrac{A_6^2}{2!}} = \dfrac{2}{5}$。

（2）与（1）类似，可求得 $P(B) = \dfrac{2 \times 1}{6 \times 5} = \dfrac{1}{15}$。由于 $AB = \varnothing$，故由概率的有限可加性，所求概率为

$$P(D) = P(A \bigcup B) = P(A) + P(B) = \frac{2}{5} + \frac{1}{15} = \frac{7}{15}。$$

（3）因为 $C = \bar{B}$，所以有

$$P(C) = P(\bar{B}) = 1 - P(B) = 1 - \frac{1}{15} = \frac{14}{15}。$$

对于有放回抽样的情形（即第一次取出一个球，观察颜色后放回袋中，搅匀后再抽取第二个），读者可类似地解决例 4 中的 3 个问题。

例 5　将 n 个球随机放入 $N(N \geqslant n)$ 个盒子中去，设盒子的容量不限，求每个盒子至多有一个球的概率。

解　将 n 个球放入 N 个盒子中去，每一种放法是一基本事件，这是古典概率问题。因每个球都可以放入 N 个盒子中的任一个，故共有 $N \times N \times \cdots \times N = N^n$ 种不同的放法，而每个盒子中至多有一个球共有 A_N^n 种不同的放法。因而所求的概率为

$$P = \frac{A_N^n}{N^n} = \frac{N(N-1)\cdots(N-n+1)}{N^n}。$$

有许多问题和本例具有相同的数学模型。例如，假设每人的生日在一年 365 天中的任一天是等可能的，那么随机选取 $n(n \leqslant 365)$ 个人，他们的生日各不相同的概率为

$$P_{各不相同} = \frac{A_{365}^n}{365^n} = \frac{365 \cdot 364 \cdots (365 - n + 1)}{365^n},$$

因此，$n(n \leqslant 365)$ 个人中至少有 2 人生日相同的概率为

$$P = 1 - P_{各不相同} = 1 - \frac{365 \cdot 364 \cdots (365 - n + 1)}{365^n}。$$

经计算可得表 1-2 的结果。

表 1-2

n	20	23	30	40	50	64	100
P	0.411	0.507	0.706	0.891	0.970	0.997	0.9999997

从表 1-2 可看出，在仅有 64 人的班级里，"至少有 2 人生日相同"这一事件的概率接近

于 1,因此,如做调查的话,一个班级中至少有 2 人生日相同这种事情几乎总是会出现的。

例 6 某接待站在某一周曾接待过 12 次来访,已知这 12 次接待都是在周二和周四进行的,问是否可以推断接待时间是有规定的?

解 假设接待站的接待时间没有规定,而各来访者在一周的任一天中去接待站是等可能的,那么,12 次接待来访者都在周二和周四的概率为 $\dfrac{2^{12}}{7^{12}} = 0.0000003$。

人们在长期的实践中总结得到**"概率很小的事件在一次试验中几乎是不发生的"**(称之为**实际推断原理**)。现在概率很小的事件在一次试验中竟然发生了,因此有理由怀疑假设的正确性,从而推断接待站不是每天都接待来访者,即认为其接待时间是有规定的。

上述推断思想在统计学的假设检验问题中十分有用。

四、几何概型

在古典概型中,试验的结果往往是有限的,但在实际问题中经常遇到试验结果是无限的情况。

如果一个试验具有以下两个特点:

(1) 样本空间 Ω 是一个大小可以计量的几何区域(如线段、平面、立体);

(2) 向区域内任意投一点,落在区域内任意点处都是"等可能的"。

具有上述特征的概型称为**几何概型**,它是古典概型的推广。

那么,事件 A 的概率由下式计算:

$$P(A) = \frac{A \text{ 的计量}}{\Omega \text{ 的计量}}。$$

例 7 (会面问题)甲乙两人约定在 6 时至 7 时之间某处会面,并约定先到者应等候另一人 20 分钟,过时即可离去,求两人能会面的概率。

解 以 6 点为计算的 0 时刻,以分钟为单位,设 x 和 y 分别表示甲、乙到会的时间,则 $0 \leqslant x \leqslant 60, 0 \leqslant y \leqslant 60$,两人能会面的充要条件是 $|x - y| \leqslant 20$,在平面上建立直角坐标系(如图 1-7 所示),则 (x, y) 的所有可能结果是边长为 60 的正方形,而可能会面的时间由图 1-7 中阴影部分表示。这是一个几何概率问题,由等可能性

$$P(A) = \frac{S_A}{S_\Omega} = \frac{60^2 - 2 \times \left[\dfrac{1}{2} \times (60 - 20)^2\right]}{60^2} = \frac{60^2 - 40^2}{60^2} = \frac{5}{9}。$$

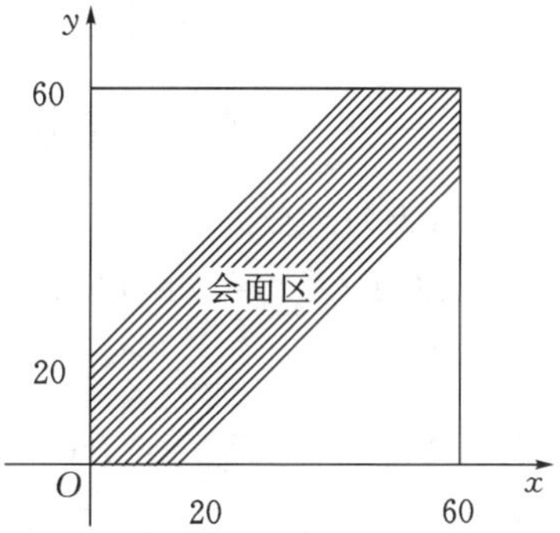

图 1-7

例8 ［(蒲丰(Buffon) 投针问题］平面上画有等距离的平行线,平行线的距离为 $a(a>0)$,向平面掷一枚长为 $l(l<a)$ 的针,试求针与平行线相交的概率。

解　以 x 表示针的中点与最近一条平行线的距离,又以 φ 表示针与直线间的交角,如图 1-8(a),易知 $\Omega=\{(\varphi,x)\mid 0\leqslant x\leqslant\dfrac{a}{2},\quad 0\leqslant\varphi\leqslant\pi\}$ 。

令 $A=\{$针与平行线相交$\}$,则有 $A=\{(\varphi,x)\mid 0\leqslant x\leqslant\dfrac{l}{2}\sin\varphi\}$ 。

Ω 表示的区域是图 1-8(b) 中的矩形, A 表示的区域是图 1-8(b) 中的阴影部分。由等可能性知

$$P(A)=\frac{S(A)}{S(\Omega)}=\frac{\displaystyle\int_{0}^{\pi}\frac{l}{2}\sin\varphi\mathrm{d}\varphi}{\pi\dfrac{a}{2}}=\frac{2l}{\pi a}\text{。}$$

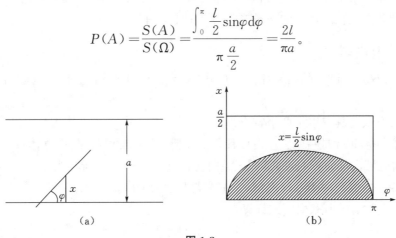

图 1-8

若 l,a 已知,则以 π 值代入上式即可计算 $P(A)$ 的值。反过来,若已知 $P(A)$ 的值,也可以用上式去求 π ,而关于 $P(A)$ 的值,可以用频率去近似它。如果投针 N 次,其中针与平行线相交 n 次,则频率为 $\dfrac{n}{N}$,于是 $\pi\approx\dfrac{2lN}{na}$ 。

这是一个颇为奇妙的方法,只要设计一个随机实验,使一个事件的概率与某一未知数有关,然后通过重复实验,以频率近似概率即可以求未知数的近似数。当然实验次数要相当多,随着计算机的发展,人们利用计算机来模拟所设计的随机实验,使这种方法得以广泛地应用。人们将这种计算方法称为**随机模拟法**,也称为**蒙特-卡洛法**。

习　题　1-2

1. 设 A , B 互不相容,且 $P(A)=p$, $P(B)=q$,试求:

(1) $P(A\bigcup B)$;　(2) $P(\overline{A}\bigcup B)$;　(3) $P(AB)$;　(4) $P(\overline{A}B)$;　(5) $P(\overline{A}\overline{B})$ 。

2. 已知 A , B 是两事件,并且 $P(A)=0.5$, $P(B)=0.7$, $P(A\bigcup B)=0.8$,试求 $P(B-A)$, $P(A-B)$ 。

3. 已知 $P(A)=P(B)=P(C)=\dfrac{1}{4}$, $P(AB)=P(BC)=\dfrac{1}{16}$, $P(CA)=0$,试求:

(1) A , B , C 中至少有一个发生的概率;　(2) A , B , C 全不发生的概率。

4. 把 10 本书任意放在书架的一排上,求其中指定的 3 本书放在一起的概率。

5. 从 1 至 5 五个数码中,任取 3 个不同数码排成一个三位数,求:

(1) 所得的三位数为偶数的概率;

(2) 所得的三位数为奇数的概率。

6. n 个朋友随机地围绕圆桌就座,求其中两个人一定坐在一起(即座位相邻)的概率。

7. 某油漆公司的 17 桶油漆中,白漆 10 桶,黑漆 4 桶,红漆 3 桶,在搬运过程中所有的标签脱落,交货人随机地将这些油漆发给顾客,问一个订货为 4 桶白漆、3 桶黑漆和 2 桶红漆的顾客,能按所订颜色如数得到订货的概率是多少?

8. 两艘轮船都要停靠在同一个泊位,它们可能在一昼夜的任意时刻到达。设两艘轮船停靠泊位时间分别为 1 h 和 2 h,求有一艘轮船停靠泊位时需要等待一段时间的概率。

9. 随机地向半圆 $0 < y < \sqrt{2ax - x^2}$($a > 0$,a 为常数)内任掷一点,点落在半圆内任何区域的概率与该区域的面积成正比,试求原点到该点的连线与 x 轴正向的夹角小于 $\dfrac{\pi}{4}$ 的概率。

10. 一箱中有 10 件产品,其中 2 件次品,从中随机取 3 件,求下列事件的概率。

(1) 抽得的 3 件产品全是正品;

(2) 抽得的 3 件产品中有 1 件是次品;

(3) 抽得的 3 件产品中有 2 件是次品。

第三节　条 件 概 率

条件概率是概率论中一个重要而实用的概念。本节以条件概率为基础,进而讨论全概率公式和贝叶斯公式。

一、条件概率

对于信号传输问题,人们往往关心的是在接收到某个信号的条件下再接收到的仍是该信号的概率有多大;对于人寿保险问题,保险公司关心的是参保人群在已经活到某个年龄的条件下在未来一年内死亡的概率。类似许多这样的实际问题,往往需要求在某事件 A 发生的条件下,事件 B 发生的概率。

一般地,对 A,B 两个事件,$P(A) > 0$,在事件 A 发生的条件下,称事件 B 发生的概率为条件概率,记为 $P(B \mid A)$。

例 1 一个家庭中有两个小孩,已知其中至少一个是女孩,问另一个也是女孩的概率是多少(假定生男生女是等可能的)?

解 由题意,样本空间　$\Omega = \{(男,男),(男,女),(女,男),(女,女)\}$。

A 表示事件"其中至少有一个是女孩",B 表示事件"两个都是女孩",则有

$$A = \{(男,女),(女,男),(女,女)\}, B = \{(女,女)\}。$$

由于事件 A 已经发生,所以这时试验的所有可能结果只有三种,而事件 B 包含的基本事件只占其中的一种,所以有 $P(B\mid A)=\dfrac{1}{3}$,在本例中,若不知道事件 A 已经发生的信息,那么事件 B 发生的概率为 $P(B)=\dfrac{1}{4}$,这里 $P(B)\neq P(B\mid A)$,其原因在于事件 A 的发生改变了样本空间,使它由原来的 Ω 缩减为 $\Omega_A=A$,而 $P(B\mid A)$ 是在新的样本空间 Ω_A 中由古典概率的计算公式得到。另外,易知 $\quad P(A)=\dfrac{3}{4}$,$P(AB)=\dfrac{1}{4}$,$P(B\mid A)=\dfrac{\dfrac{1}{4}}{\dfrac{3}{4}}$,故有

$$P(B\mid A)=\frac{P(AB)}{P(A)}。\tag{1-2}$$

(1-2) 式不仅对上述特例成立,对一般的古典概型和几何概型问题,也可以证明它是成立的。由概率的直观意义可知,在事件 A 发生的条件下,事件 B 发生,当且仅当试验的结果既属于 B 又属于 A,即属于 AB。因此,$P(B\mid A)$ 应为 $P(AB)$ 在 $P(A)$ 中的"比重"。而 (1-2) 式表述的正是这个事实。一般场合,我们将上述关系式作为条件概率的定义。

定义 1.9　设 A,B 是两个事件,且 $P(A)>0$,称 $P(B\mid A)=\dfrac{P(AB)}{P(A)}$ 为在事件 A 发生的条件下事件 B 发生的**条件概率**。

可以验证,条件概率 $P(\cdot\mid A)$ 满足概率公理化定义中的三条公理,即

(1) 对每个事件 B,有 $P(B\mid A)\geqslant 0$;

(2) $P(\Omega\mid A)=1$;

(3) 设 $B_1,B_2,\cdots$ 是两两互不相容的事件,则有 $P(\bigcup\limits_{i=1}^{\infty}B_i\mid A)=\sum\limits_{i=1}^{\infty}P(B_i\mid A)$。

既然条件概率满足概率公理化定义中的三条公理,从而概率所具有的性质和满足的关系式对条件概率仍适用。例如,

$P(\varnothing\mid A)=0$;

$P(\bar{B}\mid A)=1-P(B\mid A)$;

$P(B_1\bigcup B_2\mid A)=P(B_1\mid A)+P(B_2\mid A)-P(B_1B_2\mid A)$。

计算条件概率可选择下列两种方法之一:

(1) 在缩小后的样本空间 Ω_A 中计算 B 发生的概率 $P(B\mid A)$。

(2) 在原样本空间 Ω 中,先计算 $P(AB)$、$P(A)$,再按公式 $P(B\mid A)=\dfrac{P(AB)}{P(A)}$ 求出 $P(B\mid A)$。

例 2　甲、乙两市都位于长江下游,据一百多年来的气象记录知道,在一年中雨天的比例甲市占 20%,乙市占 18%,两地同时下雨占 12%。求:

(1) 两市至少有一市是雨天的概率;

(2) 乙市出现雨天的条件下,甲市也出现雨天的概率;

(3) 甲市出现雨天的条件下,乙市也出现雨天的概率。

解　记 $A=\{$甲市出现雨天$\}$，$B=\{$乙市出现雨天$\}$；由已知有 $P(A)=20\%$，$P(B)=18\%$，$P(AB)=12\%$，则

(1) $P(A\bigcup B)=P(A)+P(B)-P(AB)=20\%+18\%-12\%=26\%$；

(2) $P(A\mid B)=\dfrac{P(AB)}{P(B)}=\dfrac{12\%}{18\%}=\dfrac{2}{3}$；

(3) $P(B\mid A)=\dfrac{P(AB)}{P(A)}=\dfrac{12\%}{20\%}=\dfrac{3}{5}$。

例3　人寿保险公司常常需要知道存活到某一年龄的人在下一年仍然存活的概率，根据统计资料可知，某城市的人由出生活到50岁的概率为0.90718，存活到51岁的概率为0.90135。请问现在已经50岁的人，能活到51岁的概率是多少？

解　记 $A=\{$活到50岁$\}$，$B=\{$活到51岁$\}$。显然，$B\subset A$，题目要求 $P(B\mid A)$。因为

$$P(A)=0.90718,\quad P(B)=0.90135,\quad P(AB)=P(B)=0.90135,$$

所以
$$P(B\mid A)=\frac{P(AB)}{P(A)}=\frac{0.90135}{0.90718}\approx 0.99357。$$

由此可知，该城市的人在50岁到51岁之间死亡的概率约为0.00643。在平均意义下，该年龄段的每千人中约有6.43人死亡。

二、乘法公式

由条件概率的定义，可直接得到下述乘法公式。

定理1.1　（乘法公式）$P(A)>0$，$P(B)>0$ 则有
$$P(AB)=P(A)P(B\mid A)=P(B)P(A\mid B)。\tag{1-3}$$
乘法公式可以推广到 n 个事件的情形：若 $P(A_1A_2\cdots A_n)>0$，则
$$P(A_1A_2\cdots A_n)=P(A_1)P(A_2\mid A_1)P(A_3\mid A_1A_2)\cdots P(A_n\mid A_1\cdots A_{n-1})。$$
乘法公式可以计算某些积事件的概率。

例4　一袋中有 a 个白球和 b 个红球，现依次不放回地从袋中取2个球。试求2次均取到白球的概率。

解　记 $A_i=\{$第 i 次取到白球$\}$，$i=1,2$，题目要求 $P(A_1A_2)$。显然，
$$P(A_1)=\frac{a}{a+b},\quad P(A_2\mid A_1)=\frac{a-1}{a+b-1},$$
因此，
$$P(A_1A_2)=P(A_1)P(A_2\mid A_1)=\frac{a}{a+b}\cdot\frac{a-1}{a+b-1}。$$

例5　已知某厂家的一批产品共100件，其中有5件废品。为慎重起见，某采购员对产品进行不放回的抽样检查，如果他抽查的5件产品中至少有1件是废品，则他拒绝购买这1批产品。求采购员拒绝购买这批产品的概率。

解　$A_i=\{$被抽查的第 i 件产品是废品$\}$，$i=1,2,3,4,5$；$A=\{$采购员拒绝购买$\}$，则 $A=\bigcup\limits_{i=1}^{5}A_i$，题目要求 $P(A)$。因为 $\overline{A}=\overline{A}_1\overline{A}_2\overline{A}_3\overline{A}_4\overline{A}_5$，由题意知
$$P(\overline{A}_1)=\frac{95}{100},P(\overline{A}_2\mid\overline{A}_1)=\frac{94}{99},P(\overline{A}_3\mid\overline{A}_1\overline{A}_2)=\frac{93}{98},$$

$$P(\overline{A}_4 \mid \overline{A}_1 \overline{A}_2 \overline{A}_3) = \frac{92}{97}, P(\overline{A}_5 \mid \overline{A}_1 \overline{A}_2 \overline{A}_3 \overline{A}_4) = \frac{91}{96},$$

由乘法定理得

$$P(\overline{A}) = P(\overline{A}_1 \overline{A}_2 \overline{A}_3 \overline{A}_4 \overline{A}_4)$$

$$= P(\overline{A}_1) P(\overline{A}_2 \mid \overline{A}_1) P(\overline{A}_3 \mid \overline{A}_1 \overline{A}_2) P(\overline{A}_4 \mid \overline{A}_1 \overline{A}_2 \overline{A}_3) P(\overline{A}_5 \mid \overline{A}_1 \overline{A}_2 \overline{A}_3 \overline{A}_4)$$

$$= \frac{95}{100} \times \frac{94}{99} \times \frac{93}{98} \times \frac{92}{97} \times \frac{91}{96} \approx 0.7696,$$

所以

$$P(A) = 1 - P(\overline{A}) \approx 0.2304。$$

三、全概率公式与贝叶斯公式

下面利用概率的有限可加性及条件概率的定义和乘法公式建立两个计算概率的重要公式。首先介绍样本空间划分的定义。

定义1.10 设 Ω 为试验 E 的样本空间，$B_1, B_2, \cdots, B_n$ 为样本空间 Ω 的一组事件，且满足

(1) $B_1, B_2, \cdots, B_n$ 互不相容，且 $P(B_i) > 0 (i = 1, 2, \cdots, n)$；

(2) $B_1 \bigcup B_2 \bigcup \cdots \bigcup B_n = \Omega$。

则称 $B_1, B_2, \cdots, B_n$ 为样本空间 Ω 的一个**划分**或一个**完备事件组**。

例如，设试验 E 为"掷一颗骰子观察其点数"，它的样本空间 $\Omega = \{1, 2, 3, 4, 5, 6\}$。$\Omega$ 的一个事件组 $B_1 = \{1, 2, 3\}, B_2 = \{4, 5\}, B_3 = \{6\}$ 是 Ω 的一个划分，而 $C_1 = \{1, 2, 3\}$，$C_2 = \{3, 4\}, C_3 = \{5, 6\}$ 不是 Ω 的划分。

定理1.2 （全概率公式）设试验 E 的样本空间为 $\Omega, B_1, B_2, \cdots, B_n$ 为 Ω 的一个划分，且 $P(B_i) > 0 (i = 1, 2, \cdots, n)$，对 E 中的任意一个事件 A，有

$$P(A) = P(B_1) P(A \mid B_1) + P(B_2) P(A \mid B_2) + \cdots + P(B_n) P(A \mid B_n)。 \quad (1-4)$$

(1-4) 式称为**全概率公式**。

全概率公式可以通过综合分析一个较为复杂的事件发生的各种不同的原因、情况或途径及其可能性，求得该事件发生的概率。

全概率公式是由各"原因"来推断"结果"，另一个相反的问题是由"结果"来推断"原因"。也就是说，观察到一个事件已经发生，再来研究事件发生的各种原因、情况或途径的可能性的大小，通常称这一类问题为**逆概率问题**。利用条件概率的定义，乘法公式以及全概率公式，可以得到下面求逆概率问题的贝叶斯公式。

定理1.3 （贝叶斯公式）设试验 E 的样本空间为 $\Omega, B_1, B_2, \cdots, B_n$ 为 Ω 的一个划分，A 为 E 的事件，且 $P(A) > 0, P(B_i) > 0 (i = 1, 2, \cdots, n)$，则

$$P(B_i \mid A) = \frac{P(B_i A)}{P(A)} = \frac{P(B_i) P(A \mid B_i)}{P(B_1) P(A \mid B_1) + \cdots + P(B_n) P(A \mid B_n)}。 \quad (1-5)$$

(1-5) 式称为**贝叶斯公式**。

贝叶斯公式在概率论与数理统计中有着多方面的应用。假定 $B_1, B_2, \cdots$ 是导致试验

结果的"原因"，$P(B_i)$ 称为**先验概率**，它反映了各种"原因"发生的可能性的大小，一般是根据以往的经验或数据分析，在这次试验前已经知道。现在若试验产生了事件 A，这个信息将有助于探讨事件 A 发生的"原因"，条件概率 $P(B_i \mid A)$ 称为**后验概率**，它是有了试验结果后，对先验概率的一种校正。贝叶斯公式也称为**后验公式**。

例6　某工厂的两个车间生产同型号的家用电器。根据以往经验，第 1 车间的次品率为 0.15，第 2 车间的次品率为 0.12，两车间生产的成品混合堆放在一个仓库里且无区分标志，假设第 1 和第 2 车间生产的成品比例为 2∶3。

（1）在仓库中随机地取出 1 件成品，求它是次品的概率；

（2）在仓库中随即取出 1 件成品，若已知取出的是次品，问此次品分别是由第 1 或第 2 车间生产出来的概率是多少？

解　记 $A=\{$从仓库中随机地取出的 1 件是次品$\}$，$B_i=\{$取出的 1 件是第 i 车间生产的$\}(i=1,2)$，则

$$P(B_1)=\frac{2}{5},\quad P(B_2)=\frac{3}{5},\quad P(A \mid B_1)=0.15,\quad P(A \mid B_2)=0.12,$$

因为　　　　　　　　　　$B_1 \bigcup B_2 = \Omega, B_1 B_2 = \varnothing,$

从而　　　　　　　　　$A = AB_1 \bigcup AB_2, AB_1 \bigcap AB_2 = \varnothing。$

（1）由全概率公式有

$$P(A)=P(AB_1 \bigcup AB_2)=P(AB_1)+P(AB_2)$$
$$=P(A \mid B_1)P(B_1)+P(A \mid B_2)P(B_2)$$
$$=0.15 \times \frac{2}{5}+0.12 \times \frac{3}{5}=0.132。$$

（2）问题归结为计算 $P(B_1 \mid A), P(B_2 \mid A)$，由贝叶斯公式得

$$P(B_1 \mid A)=\frac{P(AB_1)}{P(A)}=\frac{P(A \mid B_1)P(B_1)}{P(A)}=\frac{0.15 \times \frac{2}{5}}{0.132} \approx 0.4545;$$

$$P(B_2 \mid A)=\frac{P(AB_2)}{P(A)}=\frac{P(A \mid B_2)P(B_2)}{P(A)}=\frac{0.12 \times \frac{3}{5}}{0.132} \approx 0.5455。$$

例7　发报台分别以概率 0.6 和 0.4 发出信号"."和"—"，由于通信系统受到干扰，当发出信号"."时，收报台未必收到信号"."，而是分别以 0.8 和 0.2 的概率收到"."和"—"；同样，发出"—"时收报台分别以 0.9 和 0.1 的概率收到"—"和"."。如果收报台收到"."，求它没有收错的概率。

解　设 $A=\{$发报台发出信号"."$\}$，$\overline{A}=\{$发报台发出信号"—"$\}$，

$$B=\{收报台收到信号"."\}, \overline{B}=\{收报台收到信号"—"\},$$

于是　　　　$P(A)=0.6, P(\overline{A})=0.4, P(B \mid A)=0.8, P(\overline{B} \mid A)=0.2,$

$$P(B \mid \overline{A})=0.1, P(\overline{B} \mid \overline{A})=0.9,$$

由贝叶斯公式得

$$P(A \mid B) = \frac{P(AB)}{P(B)} = \frac{P(AB)}{P(AB) + P(\overline{A}B)} = \frac{P(A)P(B \mid A)}{P(A)P(B \mid A) + P(\overline{A})P(B \mid \overline{A})}$$

$$= \frac{0.6 \times 0.8}{0.6 \times 0.8 + 0.4 \times 0.1} = \frac{12}{13} \approx 0.9231。$$

所以没有收错的概率为 0.9231。

例 8　根据以往的记录,某种诊断肝炎的试验有如下效果:对肝炎病人的试验呈阳性的概率为 0.95,非肝炎病人的试验呈阴性的概率为 0.95。对自然人群进行普查的结果为:有千分之五的人患有肝炎。现有某人做此试验结果为阳性,问此人确有肝炎的概率为多少?

解　设 $A = \{$某人做此试验结果为阳性$\}$,$B = \{$某人确有肝炎$\}$,由题意知

$$P(A \mid B) = 0.95, P(\overline{A} \mid \overline{B}) = 0.95, P(B) = 0.005,$$

从而　　　　　　　$P(\overline{B}) = 0.995, P(A \mid \overline{B}) = 1 - P(\overline{A} \mid \overline{B}) = 0.05,$

由贝叶斯公式得

$$P(B \mid A) = \frac{P(AB)}{P(A)} = \frac{P(A \mid B)P(B)}{P(A \mid B)P(B) + P(A \mid \overline{B})P(\overline{B})} = 0.087。$$

计算结果表明,虽然 $P(A \mid B) = 0.95$,$P(\overline{A} \mid \overline{B}) = 0.95$,这两个概率都很高,但若将此实验用于普查,当某人检验出呈阳性,也不必过于恐慌,因为实际上患有此疾病的概率为 8.7%。这个结果对于一个缺乏概率思维的人来讲,可能觉得不可接受。因为他认为,化验出呈阳性,就应该是患有此疾病的可能性很大了。此例也说明,若将 $P(A \mid B)$ 和 $P(B \mid A)$ 搞混了会造成不良的后果。

习　题　1-3

1. 已知 $P(\overline{A}) = 0.3$,$P(B) = 0.4$,$P(A\overline{B}) = 0.5$,求条件概率 $P(B \mid A \cup \overline{B})$。

2. 已知 $P(A) = 0.5$,$P(B) = 0.6$,$P(B \mid A) = 0.8$,求 $P(AB)$ 及 $P(\overline{A}\overline{B})$。

3. 某种动物由出生活到 20 岁的概率为 0.8,活到 25 岁的概率为 0.4,这种动物已经活到 20 岁能够再活到 25 岁的概率是多少?

4. 某人有一笔资金,他投入基金的概率为 0.58,购买股票的概率为 0.28,两项同时都投资的概率为 0.19,

(1) 已知他已投入基金,再购买股票的概率是多少?

(2) 已知他已购买股票,再投入基金的概率是多少?

5. 假设在某时间内影响股票价格变化的因素只有银行存款利率的变化。经分析,该时期内利率不会上调,利率下调的概率是 60%,利率不变的概率是 40%。根据经验,在利率下调时某只股票上涨的概率为 80%,在利率不变时,这只股票上涨的概率为 40%。求这只股票上涨的概率。

6. 设某光学仪器厂制造的透镜,第一次落下时摔破的概率为 $\frac{1}{2}$,若第一次落下未摔

破,第二次落下摔破的概率为 $\frac{7}{10}$,若前两次落下未摔破,第三次落下摔破的概率为 $\frac{9}{10}$,试求透镜落下三次而未摔破的概率。

7. 已知 10 只产品中有 2 只次品,在其中取 2 次,每次任取 1 只,做不放回抽样,求下列事件的概率:

(1) 2 只都是正品;

(2) 2 只都是次品;

(3) 1 只是正品,1 只是次品。

8. 某产品主要由三个厂家供货。甲、乙、丙三家厂家的产品数分别占比为 15%,80%,5%,其次品率分别为 0.02,0.01,0.03。试计算:

(1) 从这批产品中任取 1 件不是合格品的概率;

(2) 已知从这批产品中随机地取出的 1 件是不合格品,问这件产品由哪个厂家生产的可能性最大?

9. 已知男性中有 5% 是色盲患者,女性中有 0.25% 是色盲患者,现在从男、女人数相等的人群中随机地挑选 1 人,恰好是色盲患者,问此人是男性的概率有多大?

10. 对以往数据分析结果表明,当机器调整得良好时,产品的合格率为 90%,而机器发生某一故障时,产品的合格率为 30%,每天早上机器开动时,机器调整良好的概率为 75%。已知某日早上第一件产品是合格品,试求机器调整得良好的概率。

11. 将两信息分别编码为 X 和 Y 后传送出去,接受站接收时,X 被误收作 Y 的概率为 0.02,而 Y 被误收作 X 的概率为 0.01。信息 X 与信息 Y 传送的频繁程度之比为 2:1。若接收站收到的信息是 X,问原发信息也是 X 的概率是多少?

12. 某工厂中,三台机器分别生产某种产品总数的 25%,35%,40%,它们生产的产品中分别有 5%,4%,2% 的次品,将这些产品混在一起,今随机地取 1 件产品,

(1) 它是次品的概率是多少?

(2) 这件次品是由三台机器中的哪台机器生产的可能性最大?

扫码查看习题参考答案

第四节　独　立　性

一、两个事件的独立性

设 A,B 是两个事件,一般来说 $P(B) \neq P(B \mid A)$,这表示事件 A 的发生对事件 B 的发生的概率有影响,只有当 $P(B) = P(B \mid A)$ 时才可以认为事件 A 的发生与否对事件 B 的发生毫无影响,这时就称两事件是独立的。这时,由条件概率可知,

$$P(AB) = P(A)P(B \mid A) = P(A)P(B)。$$

由此,我们引出下面的定义。

定义 1.11　若两事件 A,B 满足 $P(AB) = P(A)P(B)$,则称事件 A,B **相互独立**。

由定义可知,事件的独立性与事件的互不相容是两个完全不同的概念。它们分别从

两个不同的角度表述了两事件之间的某种联系。事实上,当 $P(A)>0,P(B)>0$ 时,事件 A,B 相互独立与事件 A,B 互不相容是不能同时成立的。

定理 1.4　若 $P(A)>0$,则事件 A 与事件 B 相互独立的充要条件为 $P(B\mid A)=P(B)$;同理,若 $P(B)>0$,则事件 A 与事件 B 相互独立的充要条件为 $P(A\mid B)=P(A)$;若 $P(A)=0$,则事件 A 与任一事件 B 相互独立。

定理 1.4 的正确性是显然的。

定理 1.5　若事件 A 与事件 B 相互独立,则 A 与 $\overline{B}$,$\overline{A}$ 与 B,$\overline{A}$ 与 $\overline{B}$ 也分别相互独立。

证　因为 $P(AB)=P(A)P(B)$,所以

$$P(A\overline{B})=P(A-B)=P(A)-P(AB)=P(A)-P(A)P(B)$$
$$=P(A)[1-P(B)]=P(A)P(\overline{B})。$$

其余结论请读者自行证明。

在实际问题中,人们常用直觉来判断事件间的相互独立性,但有时直觉并不可靠。

例 1　一个家庭中有男孩,又有女孩,假定生男孩和生女孩是等可能的,令 $A=\{$一个家庭中有男孩,又有女孩$\}$,$B=\{$一个家庭中最多有一个女孩$\}$,对下述两种情形,讨论 A 和 B 的独立性。

(1) 家庭中有两个小孩;　　(2) 家庭中有三个小孩。

解　(1) 有两个小孩的家庭,这时样本空间为:

$\Omega=\{($男、男$),($男、女$),($女、男$),($女、女$)\}$;

$A=\{($男、女$),($女、男$)\}$;

$B=\{($男、男$),($男、女$),($女、男$)\}$;

$AB=\{($男、女$),($女、男$)\}$;

于是　　　　　　$P(A)=\dfrac{1}{2}$,　$P(B)=\dfrac{3}{4}$,　$P(AB)=\dfrac{1}{2}$,

由此可知　　　　　　$P(AB)\neq P(A)P(B)$。

所以 A 与 B 不独立。

(2) 有三个小孩的家庭,样本空间 $\Omega=\{($男、男、男$),($男、男、女$),($男、女、男$),($女、男、男$),($男、女、女$),($女、女、男$),($女、男、女$),($女、女、女$)\}$。

由等可能性可知,这 8 个基本事件的概率都是 $\dfrac{1}{8}$,这时 A 包含了 6 个基本事件,B 包含了 4 个基本事件,AB 包含了 3 个基本事件,则

$$P(AB)=\dfrac{3}{8},　P(A)=\dfrac{6}{8}=\dfrac{3}{4},　P(B)=\dfrac{4}{8}=\dfrac{1}{2},$$

显然,$P(AB)=P(A)P(B)$,从而 A 与 B 相互独立。

二、多个事件的独立性

现将事件独立性的概念推广到三个及以上的情形。

定义 1.12　设 A,B,C 是三个事件,如果满足:

$$P(AB) = P(A)P(B),$$
$$P(BC) = P(B)P(C),$$
$$P(AC) = P(A)P(C),$$
$$P(ABC) = P(A)P(B)P(C),$$

则称这三个事件 A, B, C 是相互独立的。

需要注意的是,三个事件相互独立则它们一定是两两独立的,但它们两两独立未必是相互独立的。

例如著名的伯恩斯坦反例:一个均匀的正四面体,其第一面染成红色,第二面染成白色,第三面染成黑色,而第四面同时染上红、白、黑三种颜色。现以 A, B, C 分别记投一次四面体出现红、白、黑颜色朝下的事件,问 A, B, C 是否相互独立?

由于在四面体中红、白、黑分别出现两面,故

$$P(A) = P(B) = P(C) = \frac{1}{2},$$

由已知有

$$P(AB) = P(BC) = P(AC) = \frac{1}{4},$$

故

$$\begin{cases} P(AB) = P(A)P(B) = \dfrac{1}{4}, \\ P(BC) = P(B)P(C) = \dfrac{1}{4}, \\ P(AC) = P(A)P(C) = \dfrac{1}{4}, \end{cases}$$

则三事件 A, B, C 两两独立,而 $P(ABC) = \dfrac{1}{4} \neq \dfrac{1}{8} = P(A)P(B)P(C)$,因此 A, B, C 不相互独立。

定义 1.13　设 $A_1, A_2, \cdots, A_n$ 是 n 个事件,若对任意 $k(1 < k \leqslant n)$,对任意 $1 \leqslant i_1 < i_2 < \cdots < i_k \leqslant n$,都有

$$P(A_{i_1} A_{i_2}) = P(A_{i_1}) P(A_{i_2}),$$
$$P(A_{i_1} A_{i_2} A_{i_3}) = P(A_{i_1}) P(A_{i_2}) P(A_{i_3}),$$
$$\cdots\cdots$$
$$P(A_{i_1} A_{i_2} \cdots A_{i_k}) = P(A_{i_1}) P(A_{i_2}) \cdots P(A_{i_k}),$$

则称事件 $A_1, A_2, \cdots, A_n$ 相互独立。

定理 1.6　如果 $n(n \geqslant 2)$ 个事件 $A_1, A_2, \cdots, A_n$ 相互独立,则将其中任何 $m(1 \leqslant m \leqslant n)$ 个事件换成相应的对立事件,形成的 n 个新的事件仍相互独立。

此定理可用数学归纳法证明。

例 2　一产品的生产分四道工序完成,第一、二、三、四道工序生产的次品率分别为 $2\%, 3\%, 5\%, 3\%$,各道工序独立完成,求该产品的次品率。

解　设 $A = \{$该产品是次品$\}$, $A_i = \{$第 i 道工序生产出次品$\}$, $i = 1, 2, 3, 4$,则

$$P(A) = 1 - P(\overline{A}) = 1 - P(\overline{A_1} \overline{A_2} \overline{A_3} \overline{A_4}) = 1 - P(\overline{A_1}) P(\overline{A_2}) P(\overline{A_3}) P(\overline{A_4})$$
$$= 1 - (1 - 0.02)(1 - 0.03)(1 - 0.05)(1 - 0.03) = 0.124。$$

由例 2 容易得到下面的结论。

定理 1.7 如果 $A_1, A_2, \cdots, A_n$ 是 n 个相互独立的事件，则这 n 个事件中至少有一个发生的概率为

$$P\left(\bigcup_{i=1}^{n} A_i\right) = 1 - \prod_{i=1}^{n} \left[1 - P(A_i)\right]。$$

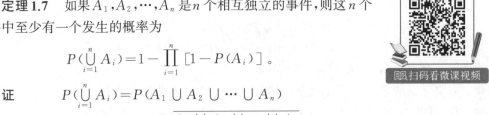

扫码看微课视频

证
$$P\left(\bigcup_{i=1}^{n} A_i\right) = P(A_1 \bigcup A_2 \bigcup \cdots \bigcup A_n)$$
$$= 1 - P(\overline{A_1 \bigcup A_2 \bigcup \cdots \bigcup A_n})$$
$$= 1 - P(\overline{A_1}\,\overline{A_2}\cdots\overline{A_n}) = 1 - \prod_{i=1}^{n} P(\overline{A_i})$$
$$= 1 - \prod_{i=1}^{n} \left[1 - P(A_i)\right]。$$

我们容易看到，独立性的概念在理论上的应用，至少简化了概率的计算。

例 3 设 A, B, C 三事件相互独立，试证 $A \bigcup B$ 与 C 相互独立。

证 由 A, B, C 三事件相互独立得
$$P[(A \bigcup B)C] = P(AC \bigcup BC) = P(AC) + P(BC) - P(ABC)$$
$$= P(A)P(C) + P(B)P(C) - P(A)P(B)P(C)$$
$$= [P(A) + P(B) - P(A)P(B)]P(C)$$
$$= P(A \bigcup B)P(C),$$

因此，$A \bigcup B$ 与 C 相互独立。

例 4 张、王、赵三同学各自独立地解一道较难的数学题，他们的解出的概率分别为 $\frac{1}{5}, \frac{1}{3}, \frac{1}{4}$，试求：(1) 恰有一人解出的概率；(2) 难题被解出的概率。

解 设 $A_i (i=1,2,3)$ 分别表示张、王、赵三同学解出难题这三个事件，由题意知 A_1, A_2, A_3 相互独立，且 $P(A_1) = \frac{1}{5}, P(A_2) = \frac{1}{3}, P(A_3) = \frac{1}{4}$。

(1) 令 $A = \{三人中恰有一人解出难题\}$，则 $A = A_1\overline{A_2}\overline{A_3} \bigcup \overline{A_1}A_2\overline{A_3} \bigcup \overline{A_1}\overline{A_2}A_3$，
$$P(A) = P(A_1\overline{A_2}\overline{A_3}) + P(\overline{A_1}A_2\overline{A_3}) + P(\overline{A_1}\overline{A_2}A_3)$$
$$= P(A_1)P(\overline{A_2})P(\overline{A_3}) + P(\overline{A_1})P(A_2)P(\overline{A_3}) + P(\overline{A_1})P(\overline{A_2})P(A_3)$$
$$= \frac{1}{5}\left(1 - \frac{1}{3}\right)\left(1 - \frac{1}{4}\right) + \left(1 - \frac{1}{5}\right)\frac{1}{3}\left(1 - \frac{1}{4}\right) + \left(1 - \frac{1}{5}\right)\left(1 - \frac{1}{3}\right)\frac{1}{4}$$
$$= \frac{13}{30}。$$

(2) 令 $B = \{难题解出\}$，则
$$P(B) = P(A_1 \bigcup A_2 \bigcup A_3) = 1 - P(\overline{A_1})P(\overline{A_2})P(\overline{A_3})$$
$$= 1 - \left(1 - \frac{1}{5}\right)\left(1 - \frac{1}{4}\right)\left(1 - \frac{1}{3}\right) = \frac{3}{5}。$$

例 5 假若每个人血清中含有肝炎病的概率为 0.4%，混合 100 个人的血清，求此血清

中含有肝炎病毒的概率。

解　设 $A_i = \{$第 i 个人血清中含有肝炎病毒$\}$ $(i = 1, 2, \cdots, 100)$。可以认为 A_1，$A_2, \cdots, A_{100}$ 相互独立，所以所求概率为

$$P(A_1 \bigcup A_2 \bigcup \cdots \bigcup A_{100}) = 1 - P(\overline{A_1}) P(\overline{A_2}) \cdots P(\overline{A_{100}})$$
$$= 1 - (1 - 0.004)^{100} \approx 0.3302。$$

虽然每个人有病毒的概率都是很小，但是混合后，则有很大的概率，在实际工作中，这类效应值得充分重视。

对于一个电子元件，它能正常工作的概率 p，称为它的**可靠性**。元件组成系统，一个系统正常工作的概率称为该**系统的可靠性**。随着近代电子技术组成迅猛发展，关于元件和系统可靠性的研究已发展成为一门新的学科 —— 可靠性理论。概率论是研究可靠性理论的重要工具。

例 6　如果构成系统的每个元件的可靠性均为 $p(0 < p < 1)$，且各元件能否正常工作是相互独立的，试比较图 1.9 中两种系统的可靠性。

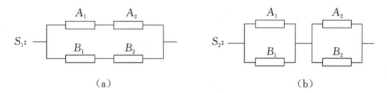

图 1-9

解　$P(S_1) = P(A_1 A_2 \bigcup B_1 B_2) = P(A_1 A_2) + P(B_1 B_2) - P(A_1 A_2 B_1 B_2)$
$$\qquad\quad = 2p^2 - p^4 = p^2(2 - p^2)，$$
$P(S_2) = P[(A_1 \bigcup B_1)(A_2 \bigcup B_2)]$
$$\qquad\quad = P(A_1 \bigcup B_1) P(A_2 \bigcup B_2) = (2p - p^2)^2 = p^2(2 - p)^2;$$

当 $0 < p < 1$ 时，$P(S_2) - P(S_1) = p^2(2 - p)^2 - p^2(2 - p^2) = 2p^2(p - 1)^2 > 0$。

所以 $P(S_2) > P(S_1)$。虽然图 1.9 中两个系统同样由 4 个元件构成，作用也相同，但是第二种构成方式比第一种方式可靠性大，寻找可靠性较大的构成方式也是可靠理论的研究课题之一。

习　题　1-4

1. 设 $P(A) = 0.5, P(B) = 0.6, P(B \mid A) = 0.6$，问事件 A 与 B 是否相互独立？

2. 已知 $P(A) = a, P(B) = 0.3, P(A \bigcup B) = 0.7$。

(1) 若事件 A 与 B 互不相容，求 a；

(2) 若事件 A 与 B 相互独立，求 a。

3. 设 A 与 B 相互独立，且 $P(A) = \alpha, P(B) = \beta$，求下列事件的概率：

(1) $P(A \bigcup B)$；　　(2) $P(A \bigcup \overline{B})$；　　(3) $P(\overline{A} \bigcup \overline{B})$。

4. 3 个人独立去破译 1 份密码，已知个人能译出的概率分别为 $\dfrac{1}{5}, \dfrac{1}{3}, \dfrac{1}{4}$，问 3 人中至

少有 1 个人能将此密码译出的概率为多少?

5. 对同一目标进行 3 次独立射击,第 1 次、第 2 次、第 3 次射击的命中率分别为 0.4,0.5,0.7,求:

(1) 在这 3 次射击中,恰好有 1 次击中目标的概率;

(2) 在这 3 次射击中,至少有 1 次击中目标的概率。

6. 已知每枚地对空导弹击中来犯敌机的概率为 0.96,问需要发射多少枚导弹才能保证至少有一枚导弹击中敌机的概率大于 0.999?

7. (保险赔付) 设有 n 个人向保险公司购买人身意外保险(保险期为 1 年),假定被保险人在一年内发生意外的概率为 0.01。

(1) 求保险公司赔付的概率。

(2) 当 n 为多大时,才能使以上赔付的概率超过 $\dfrac{1}{2}$?

8. (先下手为强的说法是否正确?) 甲、乙两人射击水平相当,于是约定比赛规则:双方对同一目标轮流射击,若一方失利,另一方可以继续射击,直到有人命中目标为止,命中的一方为该轮的获胜者,你认为先射击者是否一定沾光? 为什么?

综合练习一

一、选择题

1. 设 $P(A)=0.8,P(B)=0.7,P(B\mid A)=0.7$,则下列结论正确的是( )。

A. 事件 A 与事件 B 相互独立　　　　B. 事件 A 与事件 B 互逆

C. $B\subset A$　　　　　　　　　　　D. $P(A\bigcup B)=P(A)+P(B)$

2. 设 A,B 为两个互逆事件,且 $P(A)>0,P(B)>0$,则下列结论中正确的是( )。

A. $P(B\mid A)>0$　　　　　　　　　B. $P(A\mid B)=P(A)$

C. $P(A\mid B)=0$　　　　　　　　　D. $P(AB)=P(A)P(B)$

3. 设 $0<P(A)<1,0<P(B)<1,P(B\mid A)+P(\bar{B}\mid\bar{A})=1$,则下列结论中正确的是( )。

A. 事件 A 与事件 B 互不相容　　　B. 事件 A 与事件 B 互逆

C. 事件 A 与事件 B 不相互独立　　D. 事件 A 与事件 B 相互独立

4. 设 A,B 为随机事件,且 $P(B)>0,P(A\mid B)=1$,则必有( )。

A. $P(A\bigcup B)=P(A)$　　　　　　B. $A\subset B$

C. $P(B)=P(A)$　　　　　　　　　D. $P(AB)=P(A)$

5. 设随机事件 A 与 B 互不相容,$P(A)=0.4,P(B)=0.2$,则 $P(B\mid A)=$( )。

A. 0.2　　　　　B. 0.4　　　　　C. 0.5　　　　　D. 0

二、填空题

1. 假设 A,B 是任意两个随机事件,则 $P\{(\bar{A}\bigcup B)(A\bigcup B)(A\bigcup\bar{B})(\bar{A}\bigcup\bar{B})\}=$

_____。

2. 已知 $P(A)=P(B)=P(C)=0.25$，$P(AB)=0$，$P(BC)=P(AC)=\dfrac{1}{16}$，则事件 A，B，C 全不发生的概率为 _____。

3. 从 $1,2,3,4,5$ 中任取 3 个数字，则这 3 个数字中不含 1 的概率为 _____。

4. 设两两相互独立的三事件 A，B 和 C 满足条件：$ABC=\varnothing$，$P(A)=P(B)=P(C)$ <0.5，且已知 $P(A\bigcup B\bigcup C)=\dfrac{9}{16}$，则 $P(A)=$ _____。

5. 设两个相互独立的事件 A 与 B 都不发生的概率为 $\dfrac{1}{9}$，A 发生 B 不发生的概率与 B 发生 A 不发生的概率相等，则 $P(A)=$ _____。

6. 设 A，B，C 是某个随机现象的 3 个事件，则

(1) A，B 发生，C 不发生"表示为 _____；

(2) "A，B，C 中至少有 1 个发生"表示为 _____；

(3) "A，B，C 中至少有 2 个发生"表示为 _____；

(4) "A，B，C 中恰好有 2 个发生"表示为 _____；

(5) "A，B，C 同时发生"表示为 _____；

(6) "A，B，C 都不发生"表示为 _____；

(7) "A，B，C 不全发生"表示为 _____。

三、计算题

1. 从 5 双不同的鞋中任取 4 只，求取得的 4 只鞋中至少有 2 只配成一双的概率。

2. 有朋自远方来，他可能乘火车、汽车、飞机来的概率分别是 $0.4,0.2,0.4$。若他乘火车、汽车来的话，迟到的概率分别是 $\dfrac{1}{4}$，$\dfrac{1}{3}$，而他乘飞机来不会迟到。求：

(1) 他迟到的概率；

(2) 结果他迟到了，试问他乘火车来的概率是多少？

3. （彩票问题）一种福利彩票被称为 35 选 7，即从 $01,02,\cdots,35$ 中不重复地开出 7 个基本号和 1 个特殊号码，中奖规则如表 1-3 所示。

表 1-3

中奖等级	中奖规则
一等奖	7 个基本号码全中
二等奖	中 6 个基本号码及特殊号码
三等奖	中 6 个基本号码
四等奖	中 5 个基本号码及特殊号码
五等奖	中 5 个基本号码
六等奖	中 4 个基本号码及特殊号码
七等奖	中 4 个基本号码，或中 3 个基本号码及特殊号码

(1) 试求各等奖的中奖概率 $p_i(i=1,2,\cdots,7)$。

(2) 试求中奖的概率。

4. 甲从 $2,4,6,8,10$ 中任取 1 个数,乙从 $1,3,5,7,9$ 中任取 1 个数,求甲取得的数大于乙取得的数的概率。

5. 从 $1,2,\cdots,9$ 中可重复地任取 n 次,每次取 1 个数,求 n 次所取的数的乘积能被 10 整除的概率。

6. 甲、乙两车间各生产 50 件产品,其中分别含有次品 3 件与 5 件。现从这 100 件产品中任取 1 件,在已知取到甲车间产品的条件下,求取得次品的概率。

7. 设 M 件产品中有 m 件不合格品,从中任取 2 件。

(1) 在所取的 2 件产品中有 1 件是不合格品的条件下,求另一件也是不合格的概率;

(2) 在所取产品中有 1 件是合格品的条件下,求另一件是不合格的概率。

8. 口袋中有 20 个球,其中 2 个是红球。现从口袋中取球 3 次,每次取 1 球,取后不放回,求第 3 次才取到红球的概率。

9. 设一枚深水炸弹击沉一艘潜水艇的概率为 $\dfrac{1}{3}$,击伤的概率为 $\dfrac{1}{2}$、击不中的概率为 $\dfrac{1}{6}$,并设击伤 2 次会导致潜水艇下沉,求施放 4 枚深水炸弹能击沉潜水艇的概率。(提示:求出击不沉的概率)

10. 甲、乙两个人掷均匀的硬币,其中甲掷了 $n+1$ 次,乙掷 n 次,求甲掷出正面的次数大于乙掷出正面次数的概率。

扫码查看
习题参考答案

第二章　　一维随机变量及其分布

在第一章里,我们在随机试验样本空间的基础上研究了随机事件及其概率。但样本空间未必是数集,因而不便于用传统的数学方法来处理。本章我们将通过随机变量来研究随机现象,随机变量是近代概率论的研究对象。由于随机变量本质上把样本空间转化成一个数集,因此可借助微积分等数学工具,全面、深刻地揭示随机现象的统计规律性。在概率论中,描述随机变量取值的统计规律性的各种表达形式统称为分布。本章将主要介绍离散型随机变量和连续型随机变量及其概率分布。

第一节　　随机变量

在对随机现象的研究中,我们所关心的问题往往是和试验的结果有关系的量,由第一章介绍知随机试验的结果一般只有两种:数量性质、非数量性质。但非数量性质往往可以转化成数量性质结果,摸球试验、掷硬币等试验的结果看起来似乎与数值无关,但稍加处理便可以与数值联系起来,如将一枚硬币抛 3 次,用 X 表示出现正面的次数,结果如表 2-1 所示。

表 2-1

样本点	HHH	HHT	HTH	THH	HTT	THT	TTH	TTT
X	3	2	2	2	1	1	1	0

因此,我们可以发现,无论是哪一种随机试验,它们的结果都体现出一个共同的特点,即都有一个实数与之对应,这就构成了一个函数的关系。下面我们引入随机变量的定义:

定义 2.1　设 E 为一随机试验,Ω 为它的样本空间,ω 为样本空间 Ω 中的一个样本点,若 $X = X(\omega)$ 是定义在样本空间 Ω 上的实值单值函数,则称 X 为**一维随机变量**。

今后,在不必强调 ω 时,常省去 ω,简记 $X = X(\omega)$ 为 X 随机变量,通常用大写字母 $X, Y, Z, \cdots$ 表示,也可用希腊字母 ξ, η 等来表示,用小写字母 x, y, z 等表示随机变量的值。图 2-1 给出了样本点 ω 与实数 $x(\omega)$ 的对应示意图。

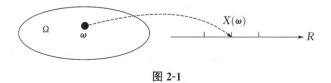

图 2-1

随机变量与普通函数这两个概念既有联系又有区别,二者都是从一个集合到另一个集合的映射。区别主要在于:普通函数可根据自变量的取值及对应关系确定函数值,而随机变量的取值在做试验之前是不确定的,且它的取值有一定的概率。

例1　观察每天出生的 10 名新生儿中的性别是一随机试验,而其中男孩出现的人数是一随机变量,用 X 表示,则 $X=0,1,2,\cdots,10$。

例2　观察每天进入超市的顾客人数是一随机试验,设人数为 Y,则 Y 是一随机变量,且 $Y=0,1,2,\cdots,n,\cdots$。

例3　测试灯管的使用寿命是一随机试验,其使用寿命用 ξ 表示,则 ξ 是一随机变量,且 $\xi \in [0,+\infty)$。

随机变量的引入使随机试验中的各种事件可通过随机变量的关系式表达出来。例如,考察某城市中人口的年龄结构,要分别计算年龄在 80 岁以上的长寿者、年龄介于 18 岁至 35 岁之间的青年人、不到 12 岁的儿童,他们各自的人数占总人数的比例如何。若引进一个随机变量 X,用 X 表示随机抽出的一个人的年龄,那么上述几个事件可分别表示成 $\{X>80\}$、$\{18 \leqslant X \leqslant 35\}$、$\{X<12\}$。由此可见,随机事件的概念是被包含在随机变量这个更广的概念之内的。也可以说,随机事件是以静态的观点来研究随机现象的,而随机变量则是以动态的观点来研究随机现象。

随机变量概念的产生是概率论发展史上的重大事件。引入随机变量后,对随机现象统计规律的研究,就由对事件及事件概率的研究转化为对随机变量及其取值规律的研究,从而使人们可利用数学分析的方法对随机试验的结果进行广泛深入的研究。

按照随机变量可能取值的情况,可以把它们分为两类:**离散型随机变量**和**非离散型随机变量**,而非离散型随机变量中最重要的是**连续型随机变量**。从随机变量的个数来分,随机变量可分为**一维随机变量**和**多维随机变量**。

本章主要研究离散型和连续型两种随机变量。

习　题　2-1

1. 投掷一枚骰子,以 X 表示其出现的点数,求 $P\{X=i\}(i=1,2,\cdots,6)$ 及 $P\{X \leqslant 3\}$。

2. 一个家庭有两个小孩,男孩用"1"表示,女孩用"0"表示,则有四个样本点:$\omega_1=\{1,0\}$,$\omega_2=\{0,1\}$,$\omega_3=\{0,0\}$,$\omega_4=\{1,1\}$,以 X 表示这个家庭"女孩的个数"。

（1）写出 X 的取值。

（2）若生男孩女孩的概率相等,求 $P\{X=1\}$。

第二节　离散型随机变量

一、离散型随机变量及其概率分布

若随机变量 X 可能取到的值只有有限个或可列无穷多个,则称这种随机变量为**离散型随机变量**。例如,上一节中例 1 的随机变量 X,它只能取 0 至 10 中的任何一个,为有限个取值;例 2 的随机变量 Y 可能取 $0,1,2,\cdots,n,\cdots$ 为可列无穷个取值。

定义 2.2 设离散型随机变量 X 可能取的值为 $x_1,x_2,\cdots,x_n,\cdots$,且 X 取这些值的概率为 $P(X=x_k)=p_k(k=1,2,\cdots,n,\cdots)$,则称上述一系列等式为随机变量 X 的**概率分布**或**分布律**。

为了直观起见,有时将 X 的分布律用表 2-2 表示。

表 2-2

X	x_1	x_2	$\cdots$	x_k	$\cdots$
P	p_1	p_2	$\cdots$	p_k	$\cdots$

由概率的定义知,离散型随机变量 X 的概率分布具有以下两个性质:

(1) 非负性:$p_k \geqslant 0, k=1,2,\cdots$;

(2) 归一性:$\sum\limits_k p_k = 1$。

当 X 取有限个值 n 时,记号 $\sum\limits_k$ 为 $\sum\limits_{k=1}^{n}$;当 X 取无限可列个值时,记号 $\sum\limits_k$ 为 $\sum\limits_{k=1}^{\infty}$。离散型随机变量 X 取各个值各占一些概率,这些概率合起来是 1。

例 1 抛三枚硬币观察正面出现的次数 X 的分布律可用表 2-3 表示。

表 2-3

X	0	1	2	3
P	$\dfrac{1}{8}$	$\dfrac{3}{8}$	$\dfrac{3}{8}$	$\dfrac{1}{8}$

例 2 某系统有两台机器相互独立地运转,第一台与第二台机器发生故障的概率分别为 $0.1,0.2$。设 X 为系统中发生故障的机器数,求 X 的分布律。

解 设 $A_i = \{$第 i 台机器发生故障$\}, i=1,2$,则

$$P(X=0)=P(\overline{A_1}\,\overline{A_2})=0.9\times 0.8=0.72,$$

$$P(X=1)=P(A_1\overline{A_2})+P(\overline{A_1}A_2)=0.1\times 0.8+0.9\times 0.2=0.26,$$

$$P(X=2)=P(A_1A_2)=0.1\times 0.2=0.02,$$

故 X 的分布律如表 2-4 所示。

表 2-4

X	0	1	2
P_k	0.72	0.26	0.02

二、常见的离散型随机变量的分布

1.（0-1）分布

设随机变量 X 只可能取 0 和 1 两个值,它的分布律是

$$P(X=k)=p^k(1-p)^{1-k}, \quad 其中\, k=0,1, \quad 0<p<1,$$

则称 X 服从(0-1)**分布**,也叫**两点分布**。(0-1)分布的分布律可用表 2-5 表示。

表 2-5

X	0	1
P_k	$1-p$	p

凡是只有两个可能结果的随机试验都可用(0-1)分布的随机变量来描述它。例如,检查一件产品是否合格;一个学生期末考试英语是否挂科;考察一个系统的工作是否正常;登记新生婴儿的性别等。

2. 二项分布 $B(n,p)$

设试验 E 只有两个可能的结果:成功和失败,或记为 A 和 $\overline{A}$,则称 E 为**伯努利试验**。将伯努利试验独立重复地进行 n 次,称为 n **重伯努利试验**。n 重伯努利试验是一种很重要的数学模型,在实际问题中具有广泛的应用。其特点是:事件 A 在每次试验中发生的概率均为 p,且不受各次试验的影响。

设一次伯努利试验中,事件 A 发生的概率为 $p(0<p<1)$,X 表示 n 重伯努利试验中 A 发生的次数,那么 X 所有可能的取值 k 为 $0,1,\cdots,n$,且 $P\{X=k\}=C_n^k p^k(1-p)^{n-k}$,$k=0,1,\cdots,n$,易知:

(1) $P\{X=k\} \geqslant 0(k=0,1,\cdots,n)$;

(2) $\sum\limits_{k=0}^{n} P\{X=k\} = \sum\limits_{k=0}^{n} C_n^k p^k(1-p)^{n-k} = (p+1-p)^n = 1$。

$C_n^k p^k(1-p)^{n-k}$ 刚好是二项式 $(p+1-p)^n$ 的展开式中出现 p^k 的那一项,故我们称 X 服从参数为 n,p 的**二项分布**,记为 $X \sim B(n,p)$。

扫码看微课视频

容易验证当 $n=1$ 时,$P(X=k)=p^k q^{1-k}$,$k=0,1$,这就是(0-1)分布,所以(0-1)分布是二项分布的特例。

例 3　某大学的校乒乓球队与某系的乒乓球队举行对抗赛,校队的实力较系队强,但是同一队中队员之间实力相同,当一个校队运动员与一个系队运动员比赛时,校队获胜的概率为 0.6,现在校、系双方商量对抗赛的方式,提出以下 3 种方案:

(1) 双方各出 3 人;

(2) 双方各出 5 人;

(3) 双方各出 7 人。

3 种方案中均以比赛中得胜人数多的一方为胜。问:对系队来说,哪一种方案有利?

解　设在第 i 种方案中系队得胜的人数为 $X_i(i=1,2,3)$,则在上述 3 种方案中,系队获胜的概率可如下计算:

(1) 双方各出 3 人,系队 2 人或 3 人得胜时,系队获胜。即校队 0 人或 1 人得胜时,系队获胜,得

$$P\{X_1 \geqslant 2\} = \sum_{k=2}^{3} C_3^k (0.4)^k (0.6)^{3-k} \approx 0.352;$$

(2) 双方各出 5 人, 系队 3 人或 4 人或 5 人得胜时, 系队获胜。即校队 0 人或 1 人或 2 人得胜时, 系队获胜, 得

$$P\{X_2 \geqslant 3\} = \sum_{k=3}^{5} C_5^k (0.4)^k (0.6)^{5-k} \approx 0.317;$$

(3) 同理可得 $P\{X_3 \geqslant 4\} = \sum_{k=4}^{7} C_7^k (0.4)^k (0.6)^{7-k} \approx 0.290$。

因此, 第一种方案对系队最有利, 这在直觉上是容易理解的, 因为参赛人数越少, 系队侥幸获胜的可能性也就越大。

例 4 为保证设备正常工作, 需要配备一些维修工, 如果各台设备发生故障与否是相互独立的, 且每台设备发生故障的概率都是 0.01, 试在以下各种情况下, 求设备发生故障而不能及时修理的概率:

(1) 1 名维修工负责 20 台设备;

(2) 3 名维修工负责 90 台设备。

解 (1) 以 X_1 表示 20 台设备中同时发生故障的台数, 则 $X_1 \sim B(20, 0.01)$, 有

$$P\{X_1 > 1\} = 1 - P\{X_1 \leqslant 1\}$$
$$= 1 - (C_{20}^0 \times 0.01^0 \times 0.99^{20} + C_{20}^1 \times 0.01^1 \times 0.99^{19})$$
$$= 0.0169;$$

(2) 以 X_2 表示 90 台设备中同时发生故障的台数, 则 $X_2 \sim B(90, 0.01)$, 有

$$P\{X_2 > 3\} = 1 - P\{X_2 \leqslant 3\} = 0.001。$$

由此可见, 若干名维修工共同负责大量设备的维修, 将提高工作效率。

3. 泊松分布

设随机变量 X 的分布律为

$$P(X = k) = \frac{\lambda^k}{k!} e^{-\lambda} \quad (k = 0, 1, 2, \cdots; \lambda > 0 \text{ 是常数}),$$

则称 X 服从参数为 λ 的**泊松分布**, 记为 $X \sim \pi(\lambda)$ 或者 $P(\lambda)$。

由于 $P(X = k) \geqslant 0 \ (k = 0, 1, 2, \cdots)$, 又由麦克劳林公式有

$$\sum_{k=0}^{\infty} P(X = k) = \sum_{k=0}^{\infty} \frac{\lambda^k}{k!} e^{-\lambda} = e^{-\lambda} \sum_{k=0}^{\infty} \frac{\lambda^k}{k!} = e^{-\lambda} e^{\lambda} = 1,$$

即 $P(X = k)$ 满足分布律的两个性质。

具有泊松分布的随机变量在实际应用中是很多的。例如, 一本书一页中的印刷错误数; 某医院一天内的急诊病人数; 某一地区一个时间间隔内发生交通事故的次数等都服从泊松分布。泊松分布是概率论中一种重要的分布。

泊松分布为二项分布的极限分布, 下面定理给出了二项分布与泊松分布之间的关系。

定理 2.1 (泊松定理) 设在 n 重伯努利试验中, 事件 A 在每次试验中发生的概率为 p, 如果试验次数 n 很大而 p 很小, 且 $np = \lambda \ (\lambda > 0$ 是常数) 大小适中, 则对于任意给定的非负整数 k, 有

$$\lim_{n\to\infty}P(X=k)=\lim_{n\to\infty}C_n^k p^k (1-p)^{n-k}=\frac{\lambda^k}{k!}e^{-\lambda}\ (k=0,1,2,\cdots)。$$

证　令 $p=\dfrac{\lambda}{n}$，有

$$C_n^k p^k (1-p)^{n-k}=\frac{n(n-1)\cdots(n-k+1)}{k!}\left(\frac{\lambda}{n}\right)^k \left(1-\frac{\lambda}{n}\right)^n \left(1-\frac{\lambda}{n}\right)^{-k}$$

$$=\left(1-\frac{1}{n}\right)\left(1-\frac{2}{n}\right)\cdots\left(1-\frac{k-1}{n}\right)\frac{\lambda^k}{k!}\left(1-\frac{\lambda}{n}\right)^n \left(1-\frac{\lambda}{n}\right)^{-k},$$

对任意固定的 $k(0\leqslant k\leqslant n)$，当 $n\to\infty$ 时

$$\left(1-\frac{1}{n}\right)\left(1-\frac{2}{n}\right)\cdots\left(1-\frac{k-1}{n}\right)\to 1,\left(1-\frac{\lambda}{n}\right)^{-k}\to 1,$$

及

$$\lim_{n\to\infty}\left(1-\frac{\lambda}{n}\right)^n=\lim_{n\to\infty}\left(1-\frac{\lambda}{n}\right)^{-\frac{n}{\lambda}(-\lambda)}=e^{-\lambda},$$

所以

$$\lim_{n\to\infty}C_n^k p^k (1-p)^{n-k}=\frac{\lambda^k}{k!}e^{-\lambda}\quad (k=1,2,\cdots)。$$

在应用中，当 n 很大（$n\geqslant 10$），且 p 很小（$p\leqslant 0.1$）时，就可以用以下的泊松分布近似公式：

$$C_n^k p^k (1-p)^{n-k}\approx\frac{\lambda^k}{k!}e^{-\lambda},其中 \lambda=np。$$

而关于 $\dfrac{\lambda^k}{k!}e^{-\lambda}$ 的值，可以通过查附录部分的泊松分布表获得。一般情况下，$n\geqslant 20,p\leqslant 0.05$ 时用泊松分布计算较合适。

例 5　某十字路口有大量汽车通过，假设每辆汽车在这里发生交通事故的概率为 0.001，如果每天有 5000 辆汽车通过这个十字路口，求发生交通事故的汽车数不少于 2 的概率。

解　设 X 表示发生交通事故的汽车数，则 $X\sim B(5000,0.001)$，有

$$P\{X\geqslant 2\}=1-P\{X<2\}=1-C_{5000}^0 0.001^0\times 0.999^{5000}-C_{5000}^1 0.001^1\times 0.999^{4999}$$

$$=0.959639。$$

若用泊松分布近似计算，有

$$P\{X\geqslant 2\}=1-P\{X<2\}=1-C_{5000}^0 0.001^0\times 0.999^{5000}-C_{5000}^1 0.001^1\times 0.999^{4999}$$

$$\approx 1-\frac{5^0\times e^{-5}}{0!}-\frac{5e^{-5}}{1!}\quad (\lambda=np=5)$$

$$=0.95957,$$

或者

$$P\{X\geqslant 2\}=1-P\{X<2\}=1-P\{X\leqslant 1\}（查 \lambda=5,x=1 的泊松分布表）$$

$$\approx 1-0.0404=0.9596。$$

小概率事件虽不易发生,在一次试验中几乎不会发生,但重复次数多了,发生的概率就大了,所以我们不能轻视小概率事件。

习　题　2-2

1. 判断下列表 2-6 和表 2-7 中所列出的是否是某个随机变量的分布律。

(1)

表 2-6

X	0	1	2	3
P_k	0.1	0.2	0.3	0.3

(2)

表 2-7

X	1	2	3	$\cdots$	n	$\cdots$
P_k	$\dfrac{1}{2}$	$\left(\dfrac{1}{2}\right)^2$	$\left(\dfrac{1}{2}\right)^3$	$\cdots$	$\left(\dfrac{1}{2}\right)^n$	$\cdots$

2. (1) 设随机变量 X 的分布律为 $P\{X=k\}=a\dfrac{\lambda^k}{k!}$,其中 $k=0,1,2,\cdots,\lambda>0$ 为常数,试确定常数 a。

(2) 设随机变量 X 的分布律为 $P\{X=k\}=\dfrac{a}{N}$ $(k=,1,2,\cdots,N)$,试确定常数 a。

3. 抛掷一枚质地不均匀的硬币,每次出现正面的概率为 $\dfrac{2}{3}$,连续抛掷 8 次,以 X 表示出现正面的次数,求 X 的分布律。

4. 一个房间有 3 扇同样大小的窗子,其中只有一扇是打开的。有一只鸟自开着的窗子飞进房间,它只能从开着的窗子飞出去。鸟在房子里飞来飞去,试图飞出房间。假定鸟是没有记忆的,它飞向各扇窗子是随机的。

(1) 以 X 表示鸟为了飞出房间试飞的次数,求 X 的分布律。

(2) 户主声称,它养的一只鸟是有记忆的,它飞向任一扇窗子的尝试不多于一次。以 Y 表示这只聪明的鸟为了飞出房间试飞的次数。如果户主所说是真实的,求 Y 的分布律。

5. 一栋大楼有 5 个同类型的供水设备,调查表明在任一时刻,每个设备被使用的概率都为 0.1,试问在同一时刻:

(1) 恰有 2 个设备被使用的概率是多少?

(2) 至少有 3 个设备被使用的概率是多少?

(3) 至多有 3 个设备被使用的概率是多少?

(4) 至少有 1 个设备被使用的概率是多少?

6. 设某机场每天有 200 架飞机在此降落,任一飞机在某一时刻降落的概率为 0.02,且设各飞机降落是相互独立的。试问该机场需配备多少条跑道,才能保证某一时刻飞机需立即

降落而没有空闲跑道的概率小于 0.01？（假设每条跑道只能允许一架飞机降落）

7. 商店的历史销售记录表明，某种商品每月的销售量服从参数 λ 为 10 的泊松分布，为了以 95% 以上的概率保证该商品不脱销，问商店在月底至少应进该商品多少件？（假定上个月没有存货）

8. 设某城市在一周内发生交通事故的次数服从参数为 0.3 的泊松分布，试问：

(1) 在一周内恰好发生 2 次交通事故的概率是多少？

(2) 在一周内至少发生 1 次交通事故的概率是多少？

第三节　　随机变量的分布函数

对于非离散型随机变量，其可能的取值有不可数无穷多个，可以充满某个区间，而且它取某个特定值的概率通常是 0。因此我们关心的不再是它取某个特定值的概率，例如产品的使用寿命、测量的误差等，我们更关注的是随机变量落在某个区间 $(a,b]$ 内的概率。为此，我们引入随机变量分布函数的概念。

定义 2.3　设 X 为一个随机变量，x 为任意实数，称函数 $F(x)=P(X\leqslant x)$ 为 X 的**分布函数**。

在上述定义中，当 x 取固定值 x_0 时，$F(x_0)$ 为事件 $\{X\leqslant x_0\}$ 的概率；当 x 变化时，概率 $F(x)=P(X\leqslant x)$ 便是 x 的函数。又

$$P\{a<X\leqslant b\}=P\{X\leqslant b\}-P\{X\leqslant a\}=F(b)-F(a),$$

通过上式可以得到 X 落入区间 $(a,b]$ 的概率。也就是说，分布函数完整地描述了随机变量 X 随机取值的统计规律性。

分布函数具有以下基本性质：

(1) $0\leqslant F(x)\leqslant 1$，$-\infty<x<+\infty$。

事实上，$F(x)$ 的值是概率 $P(X\leqslant x)$ 的值，故有 $0\leqslant F(x)\leqslant 1$。

(2) $F(-\infty)=\lim\limits_{x\to-\infty}F(x)=0$，$F(+\infty)=\lim\limits_{x\to+\infty}F(x)=1$。

当 $x\to-\infty$ 时，$\{X\leqslant x\}$ 是不可能事件，所以 $F(-\infty)=\lim\limits_{x\to-\infty}F(x)=0$；

当 $x\to+\infty$ 时，$\{X\leqslant x\}$ 是必然事件，所以 $F(+\infty)=\lim\limits_{x\to+\infty}F(x)=1$。

(3) $F(x)$ 是关于 x 的单调不减函数，即 $x_1<x_2$ 时，必有 $F(x_1)\leqslant F(x_2)$。

该性质由 $F(x_2)-F(x_1)=P\{x_1<X\leqslant x_2\}\geqslant 0$，即可得到。

(4) $F(x+0)=F(x)$，$F(x)$ 对自变量 x 右连续，即对任意实数 x，

$$\lim\limits_{\Delta x\to 0^+}F(x+\Delta x)=F(x)。$$

右连续性是随机变量分布函数的普遍性质。对连续型随机变量，$F(x)$ 是连续函数。对离散型随机变量，在可能值 $x_i(i=1,2,\cdots)$ 处，$F(x)$ 是右连续的。

(5) $P(X=x)=F(x)-F(x-0)$。

若一个函数具备以上五条性质，则它一定是某个随机变量的分布函数。

例 1　设离散型随机变量 X 的分布律如表 2-8 所示。

表 2-8

X	0	1	2
P	$\dfrac{1}{3}$	$\dfrac{1}{6}$	$\dfrac{1}{2}$

求 X 的分布函数,并求 $P\left\{X \leqslant \dfrac{1}{5}\right\}, P\left\{\dfrac{1}{2} < X \leqslant \dfrac{3}{2}\right\}, P\{1 \leqslant X \leqslant 2\}$。

解　X 仅在 $0,1,2$ 三点处概率不为 0,而 $F(x)$ 的值是 $X \leqslant x$ 的累计概率值,由概率的有限可加性可得

$$F(x) = \begin{cases} 0, & x < 0, \\ \dfrac{1}{3}, & 0 \leqslant x < 1, \\ \dfrac{1}{2}, & 1 \leqslant x < 2, \\ 1, & 2 \leqslant x。 \end{cases}$$

$F(x)$ 的图形如图 2-2 所示。

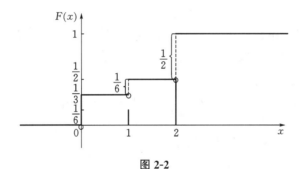

图 2-2

$$P\left\{X \leqslant \frac{1}{5}\right\} = F\left(\frac{1}{5}\right) = P\{X = 0\} = \frac{1}{3},$$

$$P\left\{\frac{1}{2} < X \leqslant \frac{3}{2}\right\} = F\left(\frac{3}{2}\right) - F\left(\frac{1}{2}\right) = \frac{1}{2} - \frac{1}{3} = \frac{1}{6},$$

$$P\{1 \leqslant X \leqslant 2\} = P\{1 < X \leqslant 2\} + P\{X = 1\} = F(2) - F(1) = 1 - \frac{1}{2} + \frac{1}{6} = \frac{2}{3}。$$

由图 2-2 可见,$F(x)$ 的图形是一条阶梯形曲线,在 $x = 0,1,2$ 处有跳跃点,跳跃值分别为 $\dfrac{1}{3}, \dfrac{1}{6}, \dfrac{1}{2}$。

一般地,设离散型随机变量 X 的分布律为 $P\{X = x_k\} = p_k (k = 1,2,\cdots)$,由概率的可列可加性得 X 的分布函数为 $F(x) = \sum_{x_k \leqslant x} p_k$,这里和式是对满足 $x_k \leqslant x$ 的 k 求和,分布函数 $F(x)$ 在 $x = x_k (k = 1,2,\cdots)$ 处有跳跃,跳跃值分别为 $p_k = P\{X = x_k\}$。

例 2　设随机变量 X 的分布函数为 $F(x) = \begin{cases} \dfrac{Ax}{1+x}, & x>0, \\ 0, & x \leqslant 0, \end{cases}$ 其中 A 是一个常数,求:

(1) 常数 A;(2)$P\{1 \leqslant X \leqslant 2\}$。

解　(1) 由 $F(+\infty) = \lim\limits_{x \to +\infty} F(x) = 1$,得 $\lim\limits_{x \to +\infty} \dfrac{Ax}{x+1} = A = 1$,所以 $A = 1$。

(2) $P\{1 \leqslant X \leqslant 2\} = F(2) - F(1) + P\{X=1\} = \dfrac{2}{3} - \dfrac{1}{2} + F(1) - F(1-0)$

$$= \dfrac{2}{3} - \dfrac{1}{2} + \dfrac{1}{2} - \lim\limits_{x \to 1^-} \dfrac{x}{1+x} = \dfrac{1}{6}。$$

例 3　一个靶子是半径为 1 m 的圆盘,设击中靶上任一同心圆盘上的点的概率与该圆盘的面积成正比,并假设射击都能中靶,以 X 表示弹着点与圆心的距离。试求随机变量 X 的分布函数。

解　(1) 当 $x < 0$ 时,$\{X \leqslant x\}$ 是不可能事件,所以 $F(x) = P\{X \leqslant x\} = 0$;

(2) 当 $0 \leqslant x \leqslant 1$ 时,$P\{0 \leqslant X \leqslant x\} = kx^2$,其中 k 为比例常数。

为了确定 k 的值,取 $x = 1$,$P\{0 \leqslant X \leqslant 1\} = k \times 1^2 = k$。又因为 $P\{0 \leqslant X \leqslant 1\} = 1$,故 $k = 1$。于是

$$F(x) = P\{X \leqslant x\} = P\{X < 0\} + P\{0 \leqslant X \leqslant x\} = x^2。$$

(3) 当 $1 \leqslant x$ 时,由题意知 $\{X \leqslant x\}$ 是必然事件,$F(x) = P\{X \leqslant x\} = 1$。

综上所述,X 的分布函数为

$$F(x) = \begin{cases} 0, & x < 0, \\ x^2, & 0 \leqslant x < 1, \\ 1, & 1 \leqslant x, \end{cases}$$

它的图形是一条连续曲线,如图 2-3 所示。

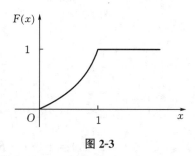

图 2-3

另外,容易看到分布函数 $F(x)$,对于任意的 x 可以写成形式

$$F(x) = \int_{-\infty}^{x} f(t)\mathrm{d}t,$$

其中,
$$f(t) = \begin{cases} 2t, & 0 < t < 1, \\ 0, & 其他。 \end{cases}$$

这就是说,$F(x)$ 恰是非负函数 $f(t)$ 在区间 $(-\infty, x]$ 上的积分,我们称 X 为连续型随机变量。下一节我们将讨论连续型随机变量。

习　题　2-3

1. 下列函数是否是某个随机变量的分布函数？

(1) $F(x)=\begin{cases}0, & x<-2,\\[1mm]\dfrac{1}{2}, & -2\leqslant x<0,\\[1mm]2, & x\geqslant 0;\end{cases}$　　　　(2) $F(x)=\begin{cases}0, & x<0,\\\sin x, & 0\leqslant x<\pi,\\1, & x\geqslant\pi;\end{cases}$

(3) $F(x)=\begin{cases}0, & x\leqslant 0,\\[1mm]x+\dfrac{1}{3}, & 0<x<\dfrac{1}{2},\\[1mm]1, & x\geqslant\dfrac{1}{2};\end{cases}$　　　　(4) $F(x)=\dfrac{1}{1+x^2}, \quad -\infty<x<+\infty$。

2. 设随机变量 X 的分布函数为 $F(x)=a+b\arctan x\,(-\infty<x<+\infty)$。求：(1) 常数 a,b；(2) $P\{-1<X\leqslant 1\}$。

3. 设离散型随机变量 X 的分布律如表 2-9 所示。

表 2-9

X	-1	2	3
P	0.25	0.5	0.25

扫码查看习题参考答案

求 X 的分布函数，并画出 $F(x)$ 的图形。

4. 在区间 $[1,5]$ 上任意掷一个质点，用 X 表示这个质点与原点的距离，则 X 是一个随机变量。如果这个质点落在 $[1,5]$ 上任一个子区间内的概率与这个区间的长度成正比，求 X 的分布函数。

第四节　连续型随机变量及其概率密度

一、连续型随机变量及其概率密度

本节介绍另一种重要的随机变量——连续型随机变量，这种随机变量 X 可以取某个 $[a,b]$ 或 $(-\infty,+\infty)$ 等区间内的一切值。如产品的使用寿命、顾客买东西排队等待的时间等，由于这种随机变量的所有可能取值无法像离散型随机变量那样一一排列，因而不能用离散型随机变量的分布律来描述它的概率分布，在理论上和实践中刻画这种随机变量的概率分布常用的方法是概率密度函数。

定义 2.4　设 $F(x)$ 是随机变量 X 的分布函数，若存在非负函数 $f(x)$，使对于任意实数 x，有

$$F(x)=\int_{-\infty}^{x}f(t)\mathrm{d}t,$$

则称 X 为**连续型随机变量**，其中 $f(x)$ 称为 X 的**概率密度函数**，简称**概率密度**。$f(x)$ 的

图形是一条曲线,称为**密度(分布)曲线**。

由上式可知,连续型随机变量的分布函数 $F(x)$ 是连续函数。

由定义可知,概率密度函数具有以下性质:

(1) $f(x) \geqslant 0$;

(2) $\int_{-\infty}^{+\infty} f(x)\mathrm{d}x = 1$;

(3) $P\{x_1 < X \leqslant x_2\} = F(x_2) - F(x_1) = \int_{x_1}^{x_2} f(x)\mathrm{d}x$;

(4) 若 $f(x)$ 在 x 处连续,则有 $F'(x) = f(x)$。

如果一个函数 $f(x)$ 满足(1)(2),则它一定是某个随机变量的概率密度函数。

由性质(2)可知,介于曲线 $y = f(x)$ 与 x 轴之间的面积等于1,如图 2-4 所示。

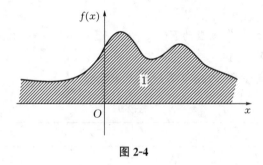

图 2-4

由性质(3)可知,X 落在 $(x_1, x_2]$ 的概率 $P\{x_1 < X \leqslant x_2\}$ 等于曲线 $y = f(x)$ 在区间 $(x_1, x_2]$ 上的曲边梯形 $x_1 x_2 BA$ 的面积,如图 2-5 所示。

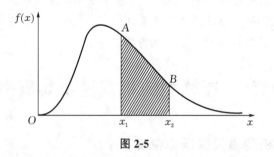

图 2-5

由性质(4)可知,在 $f(x)$ 的连续点 x 处有

$$f(x) = \lim_{\Delta x \to 0^+} \frac{F(x + \Delta x) - F(x)}{\Delta x} = \lim_{\Delta x \to 0^+} \frac{P\{x < X \leqslant x + \Delta x\}}{\Delta x}。$$

上式表明概率密度 $f(x)$ 不是随机变量 X 取值 x 的概率,而是 X 在点 x 的概率分布的密集程度。若不计高阶无穷小,有 $P\{x < X \leqslant x + \Delta x\} \approx f(x)\Delta x$。从这里我们看到概率密度的定义与物理学中的线密度的定义相类似,这就是为什么称 $f(x)$ 为概率密度的原因。

对于连续型随机变量 X,X 取任一指定实数值 a 的概率均为 0,即 $P\{X = a\} = 0$。因为

$$P\{X=a\} \leqslant P\{a<X\leqslant a+h\} = \int_a^{a+h} f(x)\mathrm{d}x,$$

令 $h \to 0$,则上式右端为零,而概率 $P\{X=a\} \geqslant 0$,故得 $P\{X=a\}=0$。

这样我们在计算连续型随机变量落在某一区间的概率时,可以不必区分该区间是开区间还是闭区间。于是有

$$P\{a\leqslant X\leqslant b\}=P\{a<X\leqslant b\}=P\{a\leqslant X<b\}=P\{a<X<b\}$$
$$=F(b)-F(a)。$$

需要注意的是,虽然有 $P\{X=a\}=0$,但事件 $X=a$ 并非不可能事件 $\varnothing$。不可能事件 $\varnothing$ 的概率为零,而概率为零的事件不一定是不可能事件;同理,必然事件 Ω 的概率为1,而概率为1的事件也不一定是必然事件。

例1 随机变量 X 的概率密度为 $f(x)=\begin{cases} A\sqrt{x}, & 0<x<1, \\ 0, & \text{其他,} \end{cases}$ 求:(1) 常数 A;

(2) 分布函数 $F(x)$;(3) $P\left\{-\dfrac{1}{2}\leqslant X\leqslant\dfrac{1}{2}\right\}$。

解 (1) 由密度函数性质得

$$1=\int_{-\infty}^{+\infty} f(x)\mathrm{d}x=\int_{-\infty}^{0} f(x)\mathrm{d}x+\int_0^1 f(x)\mathrm{d}x+\int_1^{+\infty} f(x)\mathrm{d}x=\int_0^1 A\sqrt{x}\,\mathrm{d}x=\frac{2}{3}A,$$

所以 $A=\dfrac{3}{2}$,于是 X 的概率密度为

$$f(x)=\begin{cases} \dfrac{3}{2}\sqrt{x}, & 0<x<1, \\[2mm] 0, & \text{其他。} \end{cases}$$

(2) 当 $x<0$ 时,有 $F(x)=\displaystyle\int_{-\infty}^{x} f(t)\mathrm{d}t=0$;

当 $0\leqslant x<1$ 时,有 $F(x)=\displaystyle\int_{-\infty}^{x} f(t)\mathrm{d}t=\int_{-\infty}^{0} f(t)\mathrm{d}t+\int_0^x f(t)\mathrm{d}t=\int_0^x\frac{3}{2}\sqrt{t}\,\mathrm{d}t=x\sqrt{x}$;

当 $1\leqslant x$ 时,有 $F(x)=\displaystyle\int_{-\infty}^{x} f(t)\mathrm{d}t=\int_{-\infty}^{0} f(t)\mathrm{d}t+\int_0^1 f(t)\mathrm{d}t+\int_1^x f(t)\mathrm{d}t=1$,即

$$F(x)=\begin{cases} 0, & x<0, \\ x\sqrt{x}, & 0\leqslant x<1, \\ 1, & x\geqslant 1。 \end{cases}$$

(3) $P\left\{-\dfrac{1}{2}\leqslant X\leqslant\dfrac{1}{2}\right\}=F\left(\dfrac{1}{2}\right)-F\left(-\dfrac{1}{2}\right)=\dfrac{1}{2}\sqrt{\dfrac{1}{2}}-0=\dfrac{\sqrt{2}}{4}$。

以后当我们提到一个随机变量 X 的"概率分布"时,指的是它的分布函数;或者,当 X 是连续型随机变量时,指的是它的概率密度函数;当 X 是离散型随机变量时,指的是它的分布律。

二、常见的连续型随机变量的分布

下面介绍三种重要的连续型分布。

1. 均匀分布

如果随机变量 X 的概率密度为

$$f(x)=\begin{cases}\dfrac{1}{b-a}, & a<x<b,\\ 0, & \text{其他},\end{cases}$$

则称 X 服从区间 (a,b) 上的**均匀分布**，记作 $X \sim U(a,b)$。

如果 X 服从区间 (a,b) 上的均匀分布，对于任意满足 $a \leqslant c < d \leqslant b$ 的 c,d，应有

$$P(c \leqslant X \leqslant d)=\int_c^d f(x)\mathrm{d}x=\dfrac{d-c}{b-a}.$$

这说明 X 取值于 (a,b) 中任意小区间的概率与该小区间的长度成正比，而与该小区间的具体位置无关。这就是均匀分布的概率意义。容易求得其分布函数为

$$F(x)=\int_{-\infty}^{x} f(t)\mathrm{d}t=\begin{cases}0, & x<a,\\ \dfrac{x-a}{b-a}, & a \leqslant x<b,\\ 1, & x \geqslant b.\end{cases}$$

均匀分布的概率密度函数 $f(x)$ 及分布函数 $F(x)$ 的图形分别如图 2-6、图 2-7 所示。

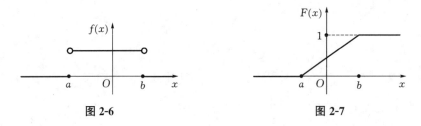

图 2-6　　　　　　　　　　　　　　　　图 2-7

例 2　某公共汽车站从上午 7:00 开始，每 15 分钟来一辆车，如果某乘客到达此站的时间是 7:00—7:30 之间均匀分布的随机变量，试求他等车少于 5 分钟的概率。

解　设乘客于 7:00 过 X 分钟到达车站，由于 X 在区间 $[0,30]$ 上服从均匀分布，即有

$$f(x)=\begin{cases}\dfrac{1}{30}, & 0<x<30,\\ 0, & \text{其他},\end{cases}$$

显然，只有乘客在 7:10—7:15 或 7:25—7:30 之间到达车站时，他等车的时间才少于 5 分钟，因此所求概率为

$$P\{10<X \leqslant 15\}+P\{25<X \leqslant 30\}=\int_{10}^{15}\frac{1}{30}\mathrm{d}x+\int_{25}^{30}\frac{1}{30}\mathrm{d}x=\frac{1}{3}.$$

2. 指数分布

如果随机变量 X 的概率密度为

$$f(x)=\begin{cases}\lambda\mathrm{e}^{-\lambda x}, & x>0,\lambda>0\text{ 为常数},\\ 0, & \text{其他},\end{cases}$$

则称 X 服从参数为 λ 的**指数分布**,记作 $X \sim E(\lambda)$。显然,很容易得到 X 的分布函数为

$$F(x) = \begin{cases} 1 - e^{-\lambda x}, & x > 0, \\ 0, & x \leqslant 0。 \end{cases}$$

指数分布的概率密度函数和分布函数的图形分别如图 2-8、图 2-9 所示。

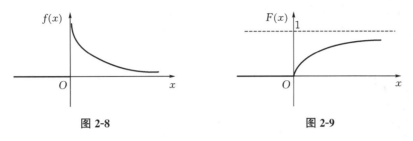

图 2-8   图 2-9

指数分布有着广泛的应用,它常被用来描述各种"寿命"的分布,例如电子元件的使用寿命、动物的寿命、电话问题中的通话时间等都可以认为服从指数分布。同时指数分布具有无记忆性,即 $P\{X > s + t \mid X > s\} = P\{X > t\}$。

例 3 已知某种电子元件的使用寿命 X(单位:小时)服从参数 $\lambda = \dfrac{1}{1000}$ 的指数分布,求:(1) 该元件使用 800 小时后仍没有损坏的概率。(2) 若该元件已经使用了 600 小时以上而未坏,它还可以再使用 800 小时的概率。

解 (1) 由题意,$X \sim E\left(\dfrac{1}{1000}\right)$,可知 X 的分布函数为

$$F(x) = \begin{cases} 1 - e^{-\frac{1}{1000}x}, & x > 0, \\ 0, & x \leqslant 0, \end{cases}$$

所以 $P\{X > 800\} = 1 - P\{X \leqslant 800\} = 1 - F(800)$

$$= 1 - (1 - e^{-\frac{800}{1000}}) = 0.4493。$$

(2) 所求概率为条件概率

$$P\{X > 1400 \mid X > 600\} = \frac{P\{X > 1400, X > 600\}}{P\{X > 600\}} = \frac{P\{X > 1400\}}{P\{X > 600\}}$$

$$= \frac{e^{-1.4}}{e^{-0.6}} = e^{-0.8} = 0.4493。$$

由本例题的计算结果可知:$P\{X > 1400 \mid X > 600\} = P\{X > 800\}$,反映了它的"无记忆性",也就是说,元件虽经过了无故障使用的时间,但不影响它以后使用寿命的统计规律。在连续型随机变量的分布中,只有指数分布具有这种性质。

3. 正态分布

如果随机变量 X 的概率密度为

$$f(x) = \frac{1}{\sqrt{2\pi}\sigma} e^{-\frac{1}{2\sigma^2}(x-\mu)^2}, \text{其中} -\infty < x < +\infty, \sigma > 0, \mu \text{ 为常数,}$$

则称 X 服从参数为 μ, σ 的**正态分布**或**高斯(Gauss)分布**,记为 $X \sim N(\mu, \sigma^2)$。

正态分布是最常见最重要的一种分布。在实际问题中大量的随机变量服从或近似服从正态分布。只要某一个随机变量受到许多相互独立随机因素的影响,而每个个别因素的影响都不能起决定性作用,那么就可以断定随机变量服从或近似服从正态分布(这一点将在第五章中心极限定理中给出理论证明)。例如,测量误差;人的生理特征尺寸如身高、体重等都服从或近似服从正态分布。

正态分布概率密度函数 $f(x)$ 图形如图 2-10 所示。

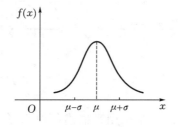

图 2-10

正态分布概率密度函数的几何特征如下:

(1) 它是以 $x=\mu$ 为对称轴的钟形曲线;

(2) 在 $x=\mu$ 处,曲线取得最大值 $f(\mu)=\dfrac{1}{\sqrt{2\pi}\sigma}$;

(3) 当 $x\to\pm\infty$ 时,$f(x)\to 0$,曲线以 x 轴为水平渐近线;

(4) 在 $x=\mu\pm\sigma$ 处各有一个拐点;

(5) 当 σ 固定、改变 μ 时,$f(x)$ 的图形形状不变,只是集体沿 x 轴平行移动,所以 μ 又**称为位置参数**。当 μ 固定、改变 σ 时,$f(x)$ 的图形形状要发生变化,随 σ 变大,$f(x)$ 图形的形状越矮越胖,随 σ 变小图形越高越瘦(如图 2-11 中所示),所以又称 σ 为**形状参数**。

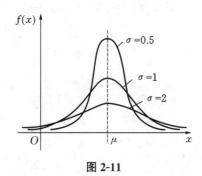

图 2-11

正态分布的分布函数为

$$F(x)=\int_{-\infty}^{x}\frac{1}{\sqrt{2\pi}\sigma}e^{-\frac{(x-\mu)^2}{2\sigma^2}}\,dt=\frac{1}{\sqrt{2\pi}\sigma}\int_{-\infty}^{x}e^{-\frac{(x-\mu)^2}{2\sigma^2}}\,dt$$

正态分布的分布函数的图形如图 2-12 所示。

特别地,当 $\mu=0,\sigma=1$ 时称 X 服从**标准正态分布**,其概率密度函数和分布函数分别用 $\varphi(x),\Phi(x)$ 表示,即有 $\varphi(x)=\dfrac{1}{\sqrt{2\pi}}e^{-\frac{x^2}{2}}$,$\Phi(x)=\dfrac{1}{\sqrt{2\pi}}\int_{-\infty}^{x}e^{-\frac{u^2}{2}}\,du$。易知 $\Phi(-x)=1-$

$\Phi(x)$。为使用方便，人们已编制了 $\Phi(x)$ 的函数表——标准正态分布表，可供查用（见附表2）。

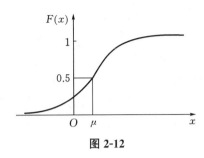

图 2-12

一般地，若 $X \sim N(\mu,\sigma^2)$，我们只需通过一个线性变换就能将它化成标准正态分布。

引理 2.1　若 $X \sim N(\mu,\sigma^2)$，则 $Z = \dfrac{X-\mu}{\sigma} \sim N(0,1)$。

该引理说明若 $X \sim N(\mu,\sigma^2)$，则 $\dfrac{X-\mu}{\sigma} \sim N(0,1)$。这样正态分布与标准正态分布就建立了联系，可以通过标准正态分布来计算正态分布的值，转换公式为：

(1) $F(x) = P\{X \leqslant x\} = P\left\{\dfrac{X-\mu}{\sigma} \leqslant \dfrac{x-\mu}{\sigma}\right\} = \Phi\left(\dfrac{x-\mu}{\sigma}\right)$。

(2) $P\{a < X \leqslant b\} = P\left\{\dfrac{a-\mu}{\sigma} < \dfrac{X-\mu}{\sigma} \leqslant \dfrac{b-\mu}{\sigma}\right\} = P\left\{\dfrac{a-\mu}{\sigma} < Z \leqslant \dfrac{b-\mu}{\sigma}\right\}$

$\qquad\qquad\qquad = \Phi\left(\dfrac{b-\mu}{\sigma}\right) - \Phi\left(\dfrac{a-\mu}{\sigma}\right)$。

例 4　设随机变量 $X \sim N(1,4)$，求：$(1)P(0 < X \leqslant 1.6)$；$(2)P\{|X-1| > 2\}$；$(3)P(X > 1.4)$。

解　(1) $P(0 < X \leqslant 1.6) = \Phi\left(\dfrac{1.6-1}{2}\right) - \Phi\left(\dfrac{0-1}{2}\right)$

$\qquad\qquad\qquad = \Phi(0.3) - \Phi(-0.5) = 0.6179 - [1 - \Phi(0.5)]$

$\qquad\qquad\qquad = 0.6179 - 1 + 0.6915 = 0.3094$。

(2) $P\{|X-1| > 2\} = P\left\{\dfrac{|X-1|}{2} > 1\right\} = 1 - P\left\{\dfrac{|X-1|}{2} \leqslant 1\right\}$

$\qquad\qquad\qquad = 1 - [\Phi(1) - \Phi(-1)]$

$\qquad\qquad\qquad = 2 - 2\Phi(1) = 2(1 - 0.8413) = 0.3174$。

(3) $P(X > 1.4) = 1 - P(X \leqslant 1.4) = 1 - P\left(\dfrac{X-1}{2} \leqslant \dfrac{1.4-1}{2}\right)$

$\qquad\qquad\qquad = 1 - \Phi(0.2) = 1 - 0.5793 = 0.4207$。

例 5　已知 $X \sim N(\mu,\sigma^2)$，查表求 $P\{|X-\mu| \leqslant k\sigma\}(k=1,2,3,\cdots)$。

解　当 $k=1$ 时，$P\{|X-\mu| \leqslant \sigma\} = P\{\mu-\sigma \leqslant X \leqslant \mu+\sigma\}$

$\qquad\qquad\qquad = \Phi\left(\dfrac{\mu+\sigma-\mu}{\sigma}\right) - \Phi\left(\dfrac{\mu-\sigma-\mu}{\sigma}\right)$

$$=\varPhi(1)-\varPhi(-1)=2\varPhi(1)-1$$
$$=2\times0.8413-1=0.6826;$$

当 $k=2$ 时，$P(\,|\,X-\mu\,|\leqslant2\sigma)=2\varPhi(2)-1=2\times0.9772-1=0.9544;$

当 $k=3$ 时，$P(\,|\,X-\mu\,|\leqslant3\sigma)=3\varPhi(3)-1=2\times0.9987-1=0.9974,$ 则

$$P(\,|\,X-\mu\,|>3\sigma)=1-P(\,|\,X-\mu\,|\leqslant3\sigma)=0.0026<0.003.$$

由此可见，X 的值几乎全部集中在区间 $(\mu-3\sigma,\mu+3\sigma)$ 内，超出这个范围的可能性还不到 3‰，由于这一概率很小，在实际问题中常认为相应的事件是不会发生的。这在统计学中称为 3σ **准则**（或 3 **倍标准差原理**），它在实际问题中常作为质量控制的依据，几何特征如图 2-13 所示。

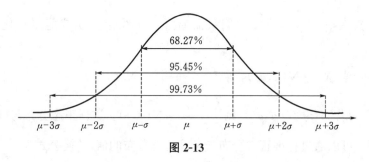

图 2-13

例 6　将一温度调节器放置在贮存着某种液体的容器内，调节器固定在 d ℃，液体的温度 X（以 ℃ 计）是一个随机变量，且 $X\sim N(d,0.5^2)$。

(1) 若 $d=90$ ℃，求 X 小于 89 ℃ 的概率。

(2) 若要求保持液体的温度至少为 80 ℃ 的概率不低于 0.99，问 d 至少为多少？

解　(1) 所求概率为

$$P(X\leqslant89)=P\left(\frac{X-90}{0.5}\leqslant\frac{89-90}{0.5}\right)=\varPhi\left(\frac{89-90}{0.5}\right)$$
$$=\varPhi(-2)=1-\varPhi(2)=1-0.9772=0.0288.$$

(2) 依题意 d 应满足

$$0.99\leqslant P(X\geqslant80)=P\left(\frac{X-d}{0.5}\geqslant\frac{80-d}{0.5}\right)$$
$$=1-P\left(\frac{X-d}{0.5}<\frac{80-d}{0.5}\right)=1-\varPhi\left(\frac{80-d}{0.5}\right),$$

即

$$\varPhi\left(\frac{80-d}{0.5}\right)\leqslant1-0.99=0.01,$$

于是可得 $\dfrac{80-d}{0.5}\leqslant-2.327$，所以 $d\geqslant81.1635$。

为了便于今后在数理统计中的应用，对于标准正态随机变量，我们引入上 α 分位点的定义。

设 $X\sim N(0,1)$，若 u_α 满足条件 $P(X>u_\alpha)=\alpha,0<\alpha<1$，则称点 u_α 为标准正态分布的**上 α 分位点**（如图 2-14 所示）。

显然 $\Phi(u_\alpha)=1-\alpha$，由 $\varphi(x)$ 的图形的对称性可知 $u_{1-\alpha}=-u_\alpha$。

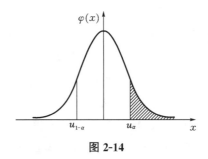

图 2-14

表 2-10 列出了几个常用的 u_α 的值。

表 2-10

α	0.001	0.005	0.01	0.025	0.05	0.10
u_α	3.090	2.576	2.326	1.960	1.645	1.282

习 题 2-4

1. 设随机变量 X 的概率密度函数为

$$f(x)=\begin{cases} a\cos x, & |x|\leqslant\dfrac{\pi}{2}, \\ 0, & \text{其他。} \end{cases}$$

求:(1) 常数 a;　　　　(2) $P\left\{0<X<\dfrac{\pi}{4}\right\}$;　　　　(3) X 的分布函数 $F(x)$。

2. 设随机变量 X 的概率密度函数为 $f(x)=a\mathrm{e}^{-|x|}(-\infty<x<+\infty)$。

求:(1) 常数 a;　　　　(2) $P\{0\leqslant X\leqslant1\}$;　　　　(3) X 的分布函数 $F(x)$。

3. 求下列分布函数所对应的概率密度函数:

(1) $F(x)=\dfrac{1}{2}+\dfrac{1}{\pi}\arctan x(-\infty<x<+\infty)$;

(2) $F(x)=\begin{cases} 1-\mathrm{e}^{-\frac{x^2}{2}}, & x>0, \\ 0, & x\leqslant0。 \end{cases}$

4. 设 K 在 $(0,5)$ 上服从均匀分布,求方程 $4x^2+4Kx+K+2=0$ 有实根的概率。

5. 设 X 在 $(2,5)$ 上服从均匀分布,现在对 X 进行 3 次独立观测,求至少有 2 次观测值大于 3 的概率。

6. 设修理某机器所用的时间 X(以小时记) 服从参数为 0.5 的指数分布,求在机器出现故障时,在 1 小时内可以修好的概率。

7. 设顾客在某银行的窗口等待服务的时间 X(以分计)服从参数为 0.2 的指数分布。某顾客在窗口等待服务,若超过 10 分钟,他就离开。他一个月要到银行去 5 次,以 Y 表示他未等到服务而离开窗口的次数。求：

(1) Y 的分布律；　　(2) $P\{Y \geqslant 1\}$。

8. 设 $X \sim N(1,4)$，求 $P(5 \leqslant X < 7.2)$，$P(0 \leqslant X < 1.6)$；求常数 c，使 $P(X > c) = P(X \leqslant c)$。

9. 某机器生产的螺栓长度 X（单位：cm）服从正态分布 $N(10.05, 0.06^2)$，规定长度在范围 10.05 ± 0.12 内为合格，求一螺栓不合格的概率。

10. 某人需乘车到机场搭乘飞机，现有两条路线可供选择。第一条路线较短，但交通比较拥挤，到达机场所需时间 X_1（单位为分）服从正态分布 $N(50,100)$。第二条路线较长，但出现意外的阻塞较少，所需时间 X_2 服从正态分布 $N(60,16)$。(1) 若有 70 分钟可用，问应走哪一条路线？(2) 若有 65 分钟可用，又应选择哪一条路线？

扫码查看
习题参考答案

第五节　　随机变量的函数的分布

在许多实际问题中，我们所关心的随机变量往往不能直接测量得到，而它却是某个能直接测量的随机变量的函数。比如我们容易测量圆轴截面的直径 X，而关心的却是其截面面积 $Y = \dfrac{\pi}{4}X^2$，这里随机变量 Y 是随机变量 X 的函数。本节中，我们将讨论如何由已知的随机变量 X 的概率分布去求它的函数 $Y = g(X)$ [$g(X)$ 是已知的连续函数] 的概率分布。

一、离散型情形

当 X 是离散型随机变量时，$Y = g(X)$ 也是随机变量，这时设随机变量 X 的概率分布如表 2-11 所示。

表 2-11

X	x_1	x_2	x_3	$\cdots$	x_k	$\cdots$
P	p_1	p_2	p_3	$\cdots$	p_k	$\cdots$

当 X 取某值 x_k 时，随机变量 Y 取值 $y_k = g(x_k)$，如果所有 $g(x_k)$ 的值全不相等，则随机变量 Y 的概率分布如表 2-12 所示。

表 2-12

Y	y_1	y_2	y_3	$\cdots$	y_k	$\cdots$
P	p_1	p_2	p_3	$\cdots$	p_k	$\cdots$

如果某些 $y_k = g(x_k)$ 有相同的值，则这些相同的值仅取一次，根据概率加法定理应把相应的概率值 p_i 加起来，就能得到 Y 的概率分布。

例 1 设随机变量 X 的分布律如表 2-13 所示。

表 2-13

X	-1	0	1	2
p_k	0.2	0.3	0.1	0.4

求随机变量 $Y=(X-1)^2$ 的分布律。

解 Y 的所有可能取值为 $0,1,4$,由于

$P\{Y=0\}=P\{X=1\}=0.1;$

$P\{Y=1\}=P\{X=0\}+P\{X=2\}=0.3+0.4=0.7;$

$P\{Y=4\}=P\{X=-1\}=0.2。$

故随机变量 Y 的分布律如表 2-14 所示。

表 2-14

Y	0	1	4
p_k	0.1	0.7	0.2

例 2 设随机变量 X 的分布律如表 2-15 所示。

表 2-15

X	1	2	$\cdots$	n	$\cdots$
P	$\dfrac{1}{2}$	$\left(\dfrac{1}{2}\right)^2$	$\cdots$	$\left(\dfrac{1}{2}\right)^n$	$\cdots$

求随机变量 $Y=\cos\left(\dfrac{\pi}{2}X\right)$ 的分布律。

解 因为

$$\cos\left(\frac{n\pi}{2}\right)=\begin{cases}-1, & n=2(2k-1), k=0,1,2\cdots,\\ 0, & n=2k-1, k=0,1,2\cdots,\\ 1, & n=2(2k), k=0,1,2\cdots,\end{cases}$$

所以 $Y=\cos\left(\dfrac{\pi}{2}X\right)$ 的所有可能取值为 $-1,0,1$。

由于 X 取值 $2,6,10,\cdots$ 时,对应的 Y 都取 -1,得

$$P\{Y=-1\}=\left(\frac{1}{2}\right)^2+\left(\frac{1}{2}\right)^6+\left(\frac{1}{2}\right)^{10}+\cdots=\frac{1}{4\left(1-\dfrac{1}{16}\right)}=\frac{4}{15};$$

由于 X 取值 $1,3,5,\cdots$ 时,对应的 Y 都取 0,得

$$P\{Y=0\}=\left(\frac{1}{2}\right)^1+\left(\frac{1}{2}\right)^3+\left(\frac{1}{2}\right)^5+\cdots=\frac{1}{2\left(1-\dfrac{1}{4}\right)}=\frac{2}{3};$$

由于 X 取值 $4,8,12,\cdots$ 时,对应的 Y 都取 1,得

$$P\{Y=1\}=\left(\frac{1}{2}\right)^4+\left(\frac{1}{2}\right)^8+\left(\frac{1}{2}\right)^{12}+\cdots=\frac{1}{16\left(1-\frac{1}{16}\right)}=\frac{1}{15}。$$

故 Y 的分布律如表 2-16 所示。

表 2-16

Y	-1	0	1
p_k	$\dfrac{4}{15}$	$\dfrac{2}{3}$	$\dfrac{1}{15}$

二、连续型情形

在实际应用中最常见的情形是连续型随机变量的函数。一般地,连续型随机变量的函数不一定是连续型随机变量,我们主要讨论连续型随机变量的函数还是连续型随机变量的情形。

设 X 是连续型随机变量,已知 $f_X(x)$ 为其概率密度函数,那么应当如何确定随机变量 $Y=g(X)$ 的概率密度函数 $f_Y(y)$ 呢？可以采用如下方法:

(1) 先利用 X 的概率密度 $f_X(x)$ 写出 Y 的分布函数 $F_Y(y)$ 的表达式;

(2) 再对 $F_Y(y)$ 求导,求出 Y 的概率密度函数 $f_Y(y)$。

例 3　设随机变量 X 的概率密度函数为

$$f_X(x)=\begin{cases}\dfrac{x}{8}, & 0<x<4,\\ 0, & 其他,\end{cases}$$

求随机变量 $Y=2X+8$ 的概率密度。

解　分别记 X,Y 的分布函数为 $F_X(y)$，$F_Y(y)$,下面先求 $F_Y(y)$。

$$F_Y(y)=P(Y\leqslant y)=P(2X+8\leqslant y)=P\left(X\leqslant\frac{y-8}{2}\right)=F_X\left(\frac{y-8}{2}\right)。$$

将 $F_Y(y)$ 对 y 求导数,得 $Y=2X+8$ 的概率密度为

$$f_Y(y)=f_X\left(\frac{y-8}{2}\right)\left(\frac{y-8}{2}\right)'=\begin{cases}\dfrac{1}{8}\left(\dfrac{y-8}{2}\right)\cdot\dfrac{1}{2}, & 0<\dfrac{y-8}{2}<4,\\ 0, & 其他\end{cases}$$

$$=\begin{cases}\dfrac{y-8}{32}, & 8<y<16,\\ 0, & 其他。\end{cases}$$

这种方法称为**分布函数法**。

例 4　设随机变量 $X\sim N(\mu,\sigma^2)$,试证明:X 的线性函数 $Y=aX+b(a\neq0)$ 也服从正态分布。

证：分别记 X,Y 的分布函数为 $F_X(y),F_Y(y)$。设 $a>0$,则

$$F_Y(y)=P(Y\leqslant y)=P(aX+b\leqslant y)=P\left(X\leqslant\frac{y-b}{a}\right)=F_X\left(\frac{y-b}{a}\right),$$

将 $F_Y(y)$ 对 y 求导数,得 $Y=aX+b$ 的概率密度为

$$f_Y(y)=f_X\left(\frac{y-b}{a}\right)\left(\frac{y-b}{a}\right)'=\frac{1}{a}f_X\left(\frac{y-b}{a}\right)。$$

而 X 的概率密度为

$$f_X(x)=\frac{1}{\sqrt{2\pi}\,\sigma}\mathrm{e}^{-\frac{(x-\mu)^2}{2\sigma^2}},\ -\infty<x<+\infty,$$

所以

$$f_Y(y)=\frac{1}{\sqrt{2\pi}\,(a\sigma)}\mathrm{e}^{-\frac{[y-(a\mu+b)]^2}{2(a\sigma)^2}},\ -\infty<y<+\infty。$$

若 $a<0$,用同样的方法可以求得

$$f_Y(y)=\frac{1}{\sqrt{2\pi}\,(\mid a\mid\sigma)}\mathrm{e}^{-\frac{[y-(a\mu+b)]^2}{2(a\sigma)^2}},\ -\infty<y<+\infty,$$

故

$$Y=aX+b\sim N(a\mu+b,(a\sigma)^2)。$$

特别地,在上例中取 $a=\frac{1}{\sigma}$,$b=-\frac{\mu}{\sigma}$,得 $Y=\frac{X-\mu}{\sigma}\sim N(0,1)$。

这就是上一节引理的结果。

分布函数法具有普遍性,一般来说,我们都可以用分布函数法求连续型随机变量的函数的分布函数或概率密度。下面我们仅对 $Y=g(X)$ 是严格单调函数的特别情况给出一般的结论。

定理 2.2 设随机变量 X 具有概率密度函数 $f_X(x)(-\infty<x<+\infty)$,又设函数 $g(x)$ 处处可导且恒有 $g'(x)>0$[或恒有 $g'(x)<0$],则 $Y=g(X)$ 也是连续型随机变量,其概率密度为

$$f_Y(y)=\begin{cases}f_X[h(y)]\mid h'(y)\mid,&\alpha<y<\beta,\\0,&其他,\end{cases}$$

其中,$\alpha=\min[g(-\infty),g(+\infty)]$,$\beta=\max[g(-\infty),g(+\infty)]$,$h(y)$ 是 $g(x)$ 的反函数。

证明略。

例 5 设随机变量 X 在区间 $\left(-\frac{\pi}{2},\frac{\pi}{2}\right)$ 内服从均匀分布,$Y=\sin X$,试求随机变量 Y 的概率密度函数。

解 $Y=\sin X$ 对应的函数 $y=g(x)=\sin x$ 在 $\left(-\frac{\pi}{2},\frac{\pi}{2}\right)$ 上恒有 $g'(x)=\cos x>0$,且有反函数

$$x=h(y)=\arcsin y,\quad h'(y)=\frac{1}{\sqrt{1-y^2}}。$$

又已知随机变量 X 的概率密度为

$$f_X(x)=\begin{cases}\dfrac{1}{\pi},&-\dfrac{\pi}{2}<x<\dfrac{\pi}{2},\\0,&其他,\end{cases}$$

由定理 2.2 中公式得 $Y=\sin X$ 的概率密度为

$$f_Y(y) = \begin{cases} \dfrac{1}{\pi} \cdot \dfrac{1}{\sqrt{1-y^2}}, & -1 < y < 1, \\ 0, & \text{其他。} \end{cases}$$

若在上题中 $X \sim U(0,\pi)$，此时 $y = g(x) = \sin x$ 在 $(0,\pi)$ 上不是单调函数，上述定理 2.2 的方法失效，故仍应按分布函数法来解题。

习 题 2-5

1. 设随机变量 X 的分布律如表 2-17 所示。

表 2-17

X	-2	0	1	2
P	0.3	0.3	0.4	0.1

求 $Y = (X-1)^2$ 的分布律。

2. 设随机变量 $X \sim B(3, 0.4)$，求 $Y = X^2 - 2X$ 的分布律。

3. 随机变量 X 在区间 $(0,1)$ 上服从均匀分布，求：

(1) $Y = e^X$ 的概率密度函数；　　(2) $Y = -2\ln X$ 的概率密度函数。

4. 设随机变量 X 的概率密度函数为

$$f_X(x) = \begin{cases} \dfrac{3}{2} x^2, & -1 < x < 1, \\ 0, & \text{其他,} \end{cases}$$

(1) 求 $Y = 3X$ 的概率密度函数；(2) $Y = X^2$ 的概率密度函数。

5. 设随机变量 X 服从参数为 1 的指数分布，求以下函数的概率密度函数：

(1) $Y = 2X + 1$；　　(2) $Y = e^X$；　　(3) $Y = X^2$。

扫码查看
习题参考答案

综合练习二

一、选择题

1. 设随机变量 X 服从 $X \sim B(4, 0.2)$，则 $P\{X > 3\} = ($ 　　$)$。

A. 0.0016　　　　B. 0.0272　　　　C. 0.4096　　　　D. 0.8192

2. 设随机变量 X 的分布函数为 $F(x)$，下列结论中不一定成立的是（　　）。

A. $F(+\infty) = 1$　　B. $F(-\infty) = 0$　　C. $0 \leqslant F(x) \leqslant 1$　　D. $F(x)$ 为连续函数

3. 下列各函数中是随机变量的分布函数的是（　　）。

A. $F_1(x) = \dfrac{1}{1+x^2}, \ -\infty < x < +\infty$

B. $F_2(x) = \begin{cases} 0, & x \leqslant 0, \\ \dfrac{x}{1+x}, & x > 0 \end{cases}$

C. $F_3(x) = e^{-x}$, $-\infty < x < +\infty$

D. $F_4(x) = \dfrac{3}{4} + \dfrac{1}{2\pi}\arctan x$, $-\infty < x < +\infty$

4. 设随机变量 X 的概率密度为 $f(x) = \dfrac{1}{2}e^{-|x|}$ $(-\infty < x < +\infty)$，则其分布函数 $F(x)$ 是（   ）。

A. $F(x) = \begin{cases} \dfrac{1}{2}e^x, & x < 0, \\ 1, & x \geqslant 0 \end{cases}$

B. $F(x) = \begin{cases} \dfrac{1}{2}e^x, & x < 0, \\ 1 - \dfrac{1}{2}e^{-x}, & x \geqslant 0 \end{cases}$

C. $F(x) = \begin{cases} 1 - \dfrac{1}{2}e^{-x}, & x < 0, \\ 1, & x \geqslant 0 \end{cases}$

D. $F(x) = \begin{cases} \dfrac{1}{2}e^{-x}, & x < 0, \\ 1 - \dfrac{1}{2}e^{-x}, & 0 \leqslant x < 1, \\ 1, & x \geqslant 1 \end{cases}$

5. 设随机变量 X 的概率密度函数为 $f(x) = \begin{cases} \dfrac{a}{x^2}, & x > 10, \\ 0, & x \leqslant 10, \end{cases}$ 则常数 $a = $（   ）。

A. -10 　　　　 B. $-\dfrac{1}{500}$ 　　　　 C. $\dfrac{1}{500}$ 　　　　 D. 10

6. 如果函数 $f(x) = \begin{cases} x, & a \leqslant x \leqslant b, \\ 0, & \text{其他} \end{cases}$ 是某连续型随机变量 X 的概率密度函数，则区间 $[a,b]$ 可以是（   ）。

A. $[0,1]$ 　　　 B. $[0,2]$ 　　　 C. $[0,\sqrt{2}]$ 　　　 D. $[1,2]$

7. 设连续型随机变量 X 的概率密度函数为 $f(x) = \begin{cases} \dfrac{x}{2}, & 0 < x < 2, \\ 0, & \text{其他}, \end{cases}$ 则 $P\{-1 < X < 1\} = $（   ）。

A. 0 　　　　 B. 0.25 　　　　 C. 0.5 　　　　 D. 1

8. 设随机变量 X 在区间 $[2,4]$ 上服从均匀分布，则 $P\{3 < X < 4\} = $（   ）。

A. $P\{2.25 < X < 3.25\}$ 　　　　 B. $P\{1.5 < X < 2.5\}$

C. $P\{3.5 < X < 4.5\}$ 　　　　 D. $P\{4.5 < X < 5.5\}$

9. 设随机变量 X 的概率密度函数为 $f(x) = \dfrac{1}{2\sqrt{2\pi}}e^{-\frac{(x+1)^2}{8}}$，则 X 服从（   ）。

A. $N(-1,2)$ 　 B. $N(-1,4)$ 　 C. $N(-1,8)$ 　 D. $N(-1,16)$

10. 已知随机变量 X 的概率密度函数为 $f_X(x)$，令 $Y = -2X$，则 Y 的概率密度函数 $f_Y(y)$ 为（   ）。

A. $2f_X(-2y)$ 　　 B. $f_X\left(-\dfrac{y}{2}\right)$ 　　 C. $\dfrac{-1}{2}f_X\left(-\dfrac{y}{2}\right)$ 　　 D. $\dfrac{1}{2}f_X\left(-\dfrac{y}{2}\right)$

11. 任何一个连续型随机变量的概率密度 $f(x)$ 一定满足（　　）。

A. $0 \leqslant f(x) \leqslant 1$

B. $\lim\limits_{x \to \infty} f(x) = 1$

C. $\int_{-\infty}^{+\infty} f(x)\mathrm{d}x = 1$

D. 在定义域内单调非减

12. 设随机变量 X 服从参数为 2 的指数分布，则随机变量 $Y = 1 - \mathrm{e}^{-2X}$（　　）。

A. 在 $(0,1)$ 上服从均匀分布

B. 仍服从指数分布

C. 服从正态分布

D. 服从参数为 2 的泊松分布

13. 设随机变量 X 服从正态分布 $N(0,4)$，则 $P(X < 1) =$（　　）。

A. $\int_0^1 \dfrac{1}{\sqrt{2\pi}} \mathrm{e}^{-\frac{x^2}{8}} \mathrm{d}x$

B. $\int_0^1 \dfrac{1}{4} \mathrm{e}^{-\frac{x}{4}} \mathrm{d}x$

C. $\dfrac{1}{\sqrt{2\pi}} \mathrm{e}^{-\frac{1}{2}}$

D. $\int_{-\infty}^{\frac{1}{2}} \dfrac{1}{2\sqrt{2\pi}} \mathrm{e}^{-\frac{x^2}{8}} \mathrm{d}x$

14. 下列各函数中可以作为某随机变量的分布函数的是（　　）。

A. $F(x) = \dfrac{1}{1 + x^2}$

B. $F(x) = \sin x$

C. $F(x) = \begin{cases} \dfrac{1}{1+x^2}, & x \leqslant 0, \\ 1, & x > 0 \end{cases}$

D. $F(x) = \begin{cases} 0, & x < 0, \\ 1.1, & 0 \leqslant x \leqslant 1, \\ 1, & x > 1 \end{cases}$

15. 设随机变量 X 的概率密度函数 $f(x) = \dfrac{1}{2\sqrt{\pi}} \mathrm{e}^{-\frac{(x+3)^2}{4}}$ $(-\infty < x < +\infty)$，则 $Y =$（　　）时，$Y \sim N(0,1)$。

A. $\dfrac{x+3}{2}$

B. $\dfrac{x+3}{\sqrt{2}}$

C. $\dfrac{x-3}{2}$

D. $\dfrac{x-3}{\sqrt{2}}$

二、填空题

1. 设随机变量 X 的分布律如表 2-18 所示。

表 2-18

X	1	2	3
P_k	$\dfrac{1}{6}$	$\dfrac{1}{3}$	$\dfrac{1}{2}$

记 X 的分布函数为 $F(x)$，则 $F(2) = $ _____。

2. 设随机变量 X 服从参数为 $\lambda(\lambda > 0)$ 的泊松分布，且 $P\{X=0\} = \dfrac{1}{2} P\{X=2\}$，则 $\lambda = $ _____。

3. 设随机变量 X 为连续型随机变量，c 是一个常数，则 $P\{X = c\} = $ _____。

4. 设非负随机变量 X 的密度函数为 $f(x) = Ax^3 \mathrm{e}^{-\frac{x^2}{2}}$ $(x > 0)$，则 $A = $ _____。

5. 设连续型随机变量 X 的分布函数为 $F(x) = \begin{cases} 1 - \mathrm{e}^{-2x}, & x > 0, \\ 0, & x \leqslant 0, \end{cases}$ 其概率密度函数为 $f(x)$，则 $f(1) = $ _____。

6. 设随机变量 X 服从 $N(0,1)$，$\Phi(x)$ 为其分布函数，则 $\Phi(x) + \Phi(-x) = $ _____。

7. 设随机变量 X 服从 $N(\mu,\sigma^2)$，其分布函数为 $F(x)$，$\Phi(x)$ 为标准正态分布函数，$F(x)$ 与 $\Phi(x)$ 之间的关系是 $F(x)=$ _____。

8. 设随机变量 X 服从 $N(\mu,\sigma^2)$，$\mu\neq 0,\sigma>0$，且 $P\left\{\dfrac{x-\mu}{\sigma}<\alpha\right\}=\dfrac{1}{2}$，则 $\alpha=$ _____。

三、解答题

1. 已知 ξ 的分布函数为

$$F(x)=\begin{cases}0, & x<0,\\[2mm] \dfrac{1}{2}, & 0\leqslant x<1,\\[2mm] \dfrac{2}{3}, & 1\leqslant x<2,\\[2mm] \dfrac{11}{12}, & 2\leqslant x<3,\\[2mm] 1, & 3\leqslant x,\end{cases}$$

求 $P\{\xi\leqslant 3\}$，$P\{\xi=1\}$，$P\left\{\xi>\dfrac{1}{2}\right\}$，$P\{2<\xi<4\}$。

2. 一袋中有 5 只乒乓球，编号为 1,2,3,4,5，在其中同时取 3 只，以 X 表示取出的 3 只球中的最大号码，写出随机变量 X 的分布律。

3. 甲、乙两名篮球队员轮流投篮，直至某人投中为止，如果甲投中的概率为 0.4，乙投中的概率为 0.6，并假设甲先投，试分别求出投篮终止时甲、乙两人投篮次数的分布律。

4. 射手向目标独立地进行了 3 次射击，每次击中率为 0.8，求击中目标的次数的分布律，并求 3 次射击中至少击中 2 次的概率。

5. 甲、乙两人投篮，投中的概率分别为 0.6,0.7，现各投 3 次，求：

（1）两人投中次数相等的概率；

（2）甲比乙投中次数多的概率。

6. 有甲乙两种味道和颜色都极为相似的名酒各 4 杯，如果从中挑 4 杯，能将甲种酒全部挑出来，算是成功一次。

（1）某人随机地去猜，问他试验成功一次的概率是多少？

（2）某人声称他通过品尝能区分两种酒，他连续试验 10 次，成功了 3 次，试推断他是猜对的，还是他确有区分能力？（假设各次试验是相互独立的）

7. 有一繁忙的汽车站，每天有大量的汽车通过，设每辆车在一天的某时段出事故的概率为 0.0001，在某天的该时段内有 1000 辆汽车通过，问出事故的车辆数不小于 2 的概率是多少？（利用泊松定理）

8. 某公安局在长度为 t 的时间间隔内收到的紧急呼救的次数 X 服从参数为 $\dfrac{1}{2}t$ 的泊松分布，而与时间间隔起点无关（时间以 h 计），求：

（1）某一天 12:00 至 15:00 没收到呼救的概率。

（2）某一天 12:00 至 17:00 至少收到 1 次呼救的概率。

9. 有 2500 名同一年龄和同社会阶层的人购买了保险公司的人寿保险,在一年中每个人死亡的概率为 0.002,每个参加保险的人在 1 月 1 日须交 12 元保险费,而在死亡时其家属可从保险公司领取 2000 元赔偿金。求:

(1) 保险公司亏本的概率;

(2) 保险公司获利分别不少于 10000 元、20000 元的概率。

10. 某地抽样调查结果表明,考生的外语成绩(百分制)近似服从正态分布,平均成绩为 72 分,96 分以上的占考生总数的 2.3%,试求考生的外语成绩在 60—84 分之间的概率。

11. 在电源电压不超过 200 伏,200—240 伏和超过 240 伏三种情况下,某种电子元件损坏的概率分别为 0.1,0.001,0.2,假设电源电压服从 $N(200,625)$,试求:

(1) 电子元件损坏的概率;

(2) 该电子元件损坏时,电源电压在 200—240 伏的概率。

12. 某种型号的电子元件的使用寿命 X(以小时计) 具有以下的概率密度函数

$$f(x) = \begin{cases} \dfrac{1000}{x^2}, & x > 1000, \\ 0, & \text{其他。} \end{cases}$$

现有一大批此种元件,设各元件工作相互独立,求:

(1) 任取 1 只,其使用寿命大于 1500 小时的概率是多少?

(2) 任取 4 只,4 只使用寿命都大于 1500 小时的概率是多少?

(3) 任取 4 只,4 只中至少有 1 只使用寿命大于 1500 小时的概率是多少?

(4) 若已知一只元件的使用寿命大于 1500 小时,则该元件的使用寿命大于 2000 小时的概率是多少?

扫码查看
习题参考答案

第三章 多维随机变量及其分布

第二章我们所讨论的都是一维随机变量,但在实际问题中,常常需要同时用两个或两个以上的随机变量来描述。例如描述一个人的体貌特征时要用到"身高""体重"这两个指标;考虑飞机在飞行过程中的空间位置,需要知道其经度、纬度、高度。本章将主要讨论二维随机变量及其分布,然后推广到 n 维随机变量的情况。

第一节 二维随机变量

一、二维随机变量的概念及分布

我们可以将第二章随机变量的定义进行推广。

定义 3.1 设 E 是一个随机试验,它的样本空间为 $\Omega = \{\omega\}$,$X = X(\omega)$ 和 $Y = Y(\omega)$ 都是定义在 Ω 上的随机变量,由它们构成的随机变量有序对 (X,Y) 称为**二维随机向量**或**二维随机变量**(如图 3-1 所示)。

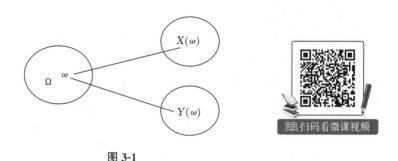

扫码看微课视频

图 3-1

一维随机变量可看成直线上的随机点,二维随机变量 (X,Y) 可看成平面上的随机点,随机点的取值为实数对 (x,y)。

二维随机变量 (X,Y) 的性质不仅与 X 及 Y 有关,而且依赖于这两个随机变量之间的相互关系。因此,逐个地研究 X 或 Y 的性质是不够的,还要将 (X,Y) 作为一个整体来进行研究。

对二维随机变量,我们也只讨论离散型与连续型两大类,与一维随机变量类似,对二维随机变量也是借助分布函数来研究。

定义 3.2　设 (X,Y) 是二维随机变量,对于任意实数 x 和 y,二元函数

$$F(x,y) = P\{(X \leqslant x) \bigcap (Y \leqslant y)\} \xlongequal{\text{记作}} P\{X \leqslant x, Y \leqslant y\}$$

称为 X 和 Y 的**联合分布函数**,也称为二维随机变量 (X,Y) 的**分布函数**。

分布函数 $F(x,y)$ 在 (x,y) 处的函数值就是随机点 (X,Y) 落入图 3-2 所示的无穷矩形域内(含边界)的概率。

依照上述几何解释及有关的概率性质,就可以算出随机点 (X,Y) 落入图 3-3 所示的矩形域 $\{(x,y)|x_1 < x \leqslant x_2, y_1 < y \leqslant y_2\}$ 的概率,为

$$P\{x_1 < x \leqslant x_2, y_1 < y \leqslant y_2\} = F(x_2,y_2) - F(x_1,y_2) - F(x_2,y_1) + F(x_1,y_1)。$$

$$(3-1)$$

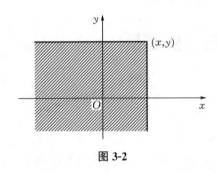

图 3-2

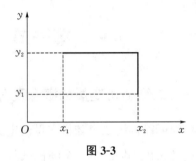

图 3-3

二维随机变量 (X,Y) 的分布函数 $F(x,y)$ 具有以下基本性质:

(1) $0 \leqslant F(x,y) \leqslant 1$ $(-\infty < x < +\infty, -\infty < y < +\infty)$,且

对于任意固定的 y,$F(-\infty,y) = 0$;

对于任意固定的 x,$F(x,-\infty) = 0$,$F(-\infty,-\infty) = 0$,$F(+\infty,+\infty) = 1$。

(2) $F(x,y)$ 是关于 x,y 的单调不减函数,即

对任意固定的 y,当 $x_1 < x_2$ 时,必有 $F(x_1,y) \leqslant F(x_2,y)$;

对任意固定的 x,当 $y_1 < y_2$ 时,必有 $F(x,y_1) \leqslant F(x,y_2)$。

(3) $F(x,y)$ 关于 x 或 y 均右连续,$F(x+0,y) = F(x,y)$,$F(x,y+0) = F(x,y)$。

(4) 对于任意 (x_1,y_1),(x_2,y_2),且 $x_2 > x_1$,$y_2 > y_1$,下述不等式成立:

$$F(x_2,y_2) - F(x_1,y_2) - F(x_2,y_1) + F(x_1,y_1) \geqslant 0。$$

这一性质由 (3-1) 式及概率的非负性容易得到。

如果二维随机变量 (X,Y) 全部可能取值是有限对或可列无限多对,则称 (X,Y) 是**离散型的随机变量**。

设二维离散型随机变量 (X,Y) 所有可能取值为 $(x_i,y_i)(i,j = 1,2,\cdots)$,记 $P\{X = x_i, Y = y_j\} = p_{ij}(i,j = 1,2,\cdots)$,则由概率的定义有

(1) $p_{ij} \geqslant 0, i,j = 1,2,\cdots$;

(2) $\sum\limits_{i=1}^{\infty} \sum\limits_{j=1}^{\infty} p_{ij} = 1$。

我们称 $P\{X=x_i,Y=y_j\}=p_{ij}(i,j=1,2,\cdots)$ 为二维离散型随机变量 (X,Y) 的**分布律**，或称为随机变量 X 和 Y 的**联合分布律**。(X,Y) 的分布律也常用表 3-1 表示。

表 3-1

Y ＼ X	y_1	y_2	...	y_j	...
x_1	p_{11}	p_{12}	...	p_{1j}	...
x_2	p_{21}	p_{22}	...	p_{2j}	...
...	...	...	...	...	...
x_i	p_{i1}	p_{i2}	...	p_{ij}	...
...	...	...	...	...	...

将 (X,Y) 看成一个随机点的坐标，由图 3-2 知，离散型随机变量 X 和 Y 的联合分布函数为

$$F(x,y)=\sum_{x_i\leqslant x}\sum_{y_j\leqslant y}p_{ij},\tag{3-2}$$

其中和式是对一切满足 $x_i\leqslant x,y_j\leqslant y$ 的 i,j 来求和。

例 1 设随机变量 X 在 $1,2,3,4$ 四个整数中等可能地取一个值，若一随机变量 Y 在 $1-X$ 中等可能地取一整数值，试求 (X,Y) 的分布律。

解 由乘法公式容易求得 (X,Y) 的分布律。易知 $\{X=i,Y=j\}$ 的取值情况是：$i=1,2,3,4,j$ 取不大于 i 的正整数，且

$$P\{X=i,Y=j\}=P\{X=i\}P\{Y=j\mid X=i\}=\frac{1}{4}\cdot\frac{1}{i},i=1,2,3,4,j\leqslant i,$$

于是，(X,Y) 的分布律如表 3-2 所示。

表 3-2

Y ＼ X	1	2	3	4
1	$\frac{1}{4}$	0	0	0
2	$\frac{1}{8}$	$\frac{1}{8}$	0	0
3	$\frac{1}{12}$	$\frac{1}{12}$	$\frac{1}{12}$	0
4	$\frac{1}{16}$	$\frac{1}{16}$	$\frac{1}{16}$	$\frac{1}{16}$

例 2 二维随机变量(X,Y)的分布律如表 3-3 所示。

表 3-3

$X \backslash Y$	0	1
1	$\frac{1}{4}$	$\frac{1}{8}$
2	$\frac{1}{2}$	$\frac{1}{8}$

求:(1) (X,Y)的分布函数$F(x,y)$;(2) $P\{1\leqslant X<2,-1<Y<3\}$。

解 (1) 当$x<1$或$y<0$时,$F(x,y)=0$;

当$1\leqslant x<2,0\leqslant y<1$时,$F(x,y)=P\{X=1,Y=0\}=\frac{1}{4}$;

当$1\leqslant x<2,y\geqslant 1$时,$F(x,y)=P\{X=1,Y=0\}+P\{X=1,Y=1\}=\frac{1}{4}+\frac{1}{8}=\frac{3}{8}$;

当$x\geqslant 2,0\leqslant y<1$时,$F(x,y)=P\{X=1,Y=0\}+P\{X=2,Y=0\}=\frac{1}{4}+\frac{1}{2}=\frac{3}{4}$;

当$x\geqslant 2,y\geqslant 1$时,$F(x,y)=1$。

(2) $P\{1\leqslant X<2,-1<Y<3\}=P\{X=1,Y=0\}+P\{X=1,Y=1\}=\frac{3}{8}$。

与一维随机变量相似,对于二维随机变量(X,Y)的分布函数$F(x,y)$,如果存在非负可积函数$f(x,y)$,使对于任意x,y有

$$F(x,y)=\int_{-\infty}^{y}\int_{-\infty}^{x}f(u,v)\mathrm{d}u\mathrm{d}v,$$

则称(X,Y)是**连续型的二维随机变量**,函数$f(x,y)$称为二维随机变量(X,Y)的**概率密度**,或称随机变量X和Y的**联合概率密度**。

按定义,概率密度$f(x,y)$具有以下性质:

(1) $f(x,y)\geqslant 0$;

(2) $\int_{-\infty}^{+\infty}\int_{-\infty}^{+\infty}f(x,y)\mathrm{d}x\mathrm{d}y=F(+\infty,+\infty)=1$;

(3) 设G是xOy平面上的区域,点(X,Y)落在G内的概率为

$$P\{(X,Y)\in G\}=\iint_{G}f(x,y)\mathrm{d}x\mathrm{d}y;$$

(4) 若$f(x,y)$在点(x,y)处连续,则有

$$\frac{\partial^2 F(x,y)}{\partial x\partial y}=f(x,y)。$$

例 3 设二维随机变量(X,Y)具有概率密度

$$f(x,y)=\begin{cases}A\mathrm{e}^{-(2x+y)}, & x>0,y>0,\\ 0, & \text{其他。}\end{cases}$$

（1）求常数 A；　　　　（2）求分布函数 $F(x,y)$；　　　　（3）求 $P\{Y\leqslant X\}$。

解　（1）因为 $\int_{-\infty}^{+\infty}\int_{-\infty}^{+\infty}f(x,y)\mathrm{d}x\,\mathrm{d}y=1$，所以 $A\int_{-\infty}^{+\infty}\int_{-\infty}^{+\infty}\mathrm{e}^{-(2x+y)}\mathrm{d}x\,\mathrm{d}y=1$，即

$A\int_{0}^{+\infty}\mathrm{e}^{-2x}\mathrm{d}x\int_{0}^{+\infty}\mathrm{e}^{-y}\mathrm{d}y=1$，所以 $A=2$。

（2）当 $x<0$ 或 $y<0$ 时，$f(x,y)=0$，所以 $F(x,y)=0$；

当 $x\geqslant 0,y\geqslant 0$，

$$F(x,y)=\int_{0}^{x}\int_{0}^{y}2\mathrm{e}^{-(2u+v)}\mathrm{d}u\,\mathrm{d}v=\int_{0}^{x}2\mathrm{e}^{-2u}\mathrm{d}u\int_{0}^{y}\mathrm{e}^{-v}\mathrm{d}v=(1-\mathrm{e}^{-2x})(1-\mathrm{e}^{-y})。$$

所以　　　　　　　　$F(x,y)=\begin{cases}(1-\mathrm{e}^{-2x})(1-\mathrm{e}^{-y}),&x\geqslant 0,y\geqslant 0,\\0,&其他。\end{cases}$

（3）随机事件 $\{Y\leqslant X\}$ 相当于随机点落入区域 $G=\{(x,y)\,|\,y\leqslant x\}$，如图 3-4 所示，所以

$$P\{Y\leqslant X\}=P\{(X,Y)\in G\}=\iint_{G}f(x,y)\mathrm{d}x\,\mathrm{d}y$$

$$=\int_{0}^{+\infty}\mathrm{d}y\int_{y}^{+\infty}2\mathrm{e}^{-(2x+y)}\mathrm{d}x=\frac{1}{3}。$$

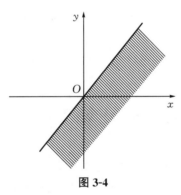

图 3-4

二、常见的二维随机变量的分布

1. 均匀分布

设 G 是 xOy 平面上的有限区域，且其面积为 S，若二维随机变量 (X,Y) 的概率密度为

$$f(x,y)=\begin{cases}\dfrac{1}{S},&(x,y)\in G,\\0,&(x,y)\notin G,\end{cases}$$

则称二维随机变量 (X,Y) 服从区域 G 上的**均匀分布**，记作 $(X,Y)\sim U_{G}$。

例如，若二维随机变量 (X,Y) 在圆域 $x^2+y^2\leqslant R^2$ 上服从均匀分布，则其概率密度为

$$f(x,y)=\begin{cases}\dfrac{1}{\pi R^2},&x^2+y^2\leqslant R^2,\\0,&其他。\end{cases}$$

2. 正态分布

若二维随机变量(X,Y)的概率密度为

$$f(x,y)=\frac{1}{2\pi\sigma_1\sigma_2\sqrt{1-\rho^2}}\exp\left\{-\frac{1}{2(1-\rho^2)}\left[\frac{(x-\mu_1)^2}{\sigma_1^2}-2\rho\frac{(x-\mu_1)(y-\mu_2)}{\sigma_1\sigma_2}+\frac{(y-\mu_2)^2}{\sigma_2^2}\right]\right\},$$

其中，$x,y\in\mathbf{R},\mu_1,\mu_2,\sigma_1,\sigma_2,\rho$都是常数，且$\sigma_1>0,\sigma_2>0,-1<\rho<1$，则称$(X,Y)$服从参数为$\mu_1,\mu_2,\sigma_1,\sigma_2,\rho$的**二维正态分布**，记作$(X,Y)\sim N(\mu_1,\mu_2,\sigma_1^2,\sigma_2^2,\rho)$（这五个参数的意义将在第四章说明）。

以上关于二维随机变量的情况，不难推广到n维随机变量的情况。

一般地，设E是一个随机试验，它的样本空间$\Omega=\{\omega\}$，$X_1=X_1(\omega)$，$X_2=X_2(\omega)$，$\cdots$，$X_n=X_n(\omega)$是定义在Ω上的随机变量，由它们构成的一个n维向量$(X_1,X_2,\cdots,X_n)$叫作n**维随机向量**或n**维随机变量**。

对于任意n个实数$x_1,x_2,\cdots,x_n$，n元函数

$$F(x_1,x_2,\cdots,x_n)=P\{X_1\leqslant x_1,X_2\leqslant x_2,\cdots,X_n\leqslant x_n\}$$

称为n维随机变量$(X_1,X_2,\cdots,X_n)$的**分布函数**。它具有类似于二维随机变量的分布函数的性质。

习　题　3-1

1. 判断二元函数$F(x,y)=\begin{cases}1,&x+y>0,\\0,&x+y<0\end{cases}$是否是某个二维随机变量$(X,Y)$的分布函数。

2. 100件产品中有50件一等品，30件二等品，20件三等品，从中不放回地抽取5件，以X,Y分别表示取出5件中一等品、二等品的件数，求(X,Y)的联合分布律。

3. 将一枚均匀硬币抛掷3次，以X记正面出现的次数，以Y记正面出现次数与反面出现次数之差的绝对值，求二维随机变量(X,Y)的联合分布律。

4. 设随机变量(X,Y)的联合密度函数为

$$f(x,y)=\begin{cases}k\mathrm{e}^{-(3x+4y)},&x>0,y>0,\\0,&\text{其他}。\end{cases}$$

求：(1) 常数k；　(2) (X,Y)的联合分布函数$F(x,y)$；　(3) $P\{0<X\leqslant1,0<Y\leqslant2\}$。

5. 设随机变量(X,Y)的概率密度函数为

$$f(x,y)=\begin{cases}k(6-x-y),&0<x<2,2<y<4,\\0,&\text{其他}。\end{cases}$$

求：(1) 常数k；　(2) $P\{X<1,Y<3\}$；　(3) $P\{X<1.5\}$；
(4) $P\{X+Y<4\}$。

6. 袋中有1个红球，2个黑球，3个白球，现有放回地从袋中取2次，每次取1个，以X,Y,Z分别表示2次取球所得的红、黑与白球的个数。

(1) 求$P\{X=1|Z=0\}$；(2) 求二维随机变量(X,Y)的概率分布。

第二节　边缘分布

二维随机变量(X,Y)作为一个整体,具有分布函数$F(X,Y)$,而X和Y都是随机变量,各自也有分布函数,将它们分别记为$F_X(x)$,$F_Y(y)$,依次称为二维随机变量(X,Y)关于X和Y的**边缘分布函数**。

边缘分布函数可以由(X,Y)的分布函数$F(X,Y)$所确定,事实上,

$$F_X(x)=P\{X\leqslant x\}=P\{X\leqslant x,Y<+\infty\}=F(x,+\infty);$$
$$F_Y(y)=P\{Y\leqslant y\}=P\{X<+\infty,Y\leqslant y\}=F(+\infty,y)。$$

一、离散型随机变量的边缘分布律

设离散型随机变量(X,Y)的分布律为$p_{ij}(i,j=1,2,\cdots)$,则有X,Y的分布律分别为

$$P\{X=x_i\}=\sum_{j=1}^{\infty}p_{ij},\quad i=1,2,\cdots,$$
$$P\{Y=y_j\}=\sum_{i=1}^{\infty}p_{ij},\quad j=1,2,\cdots,$$

记

$$p_{i\cdot}=P\{X=x_i\}=\sum_{j=1}^{\infty}p_{ij},\quad i=1,2,\cdots,$$
$$p_{\cdot j}=P\{Y=y_j\}=\sum_{i=1}^{\infty}p_{ij},\quad j=1,2,\cdots。$$

分别称$p_{i\cdot}(i=1,2,\cdots)$,$p_{\cdot j}(j=1,2,\cdots)$为随机变量$(X,Y)$关于$X$和$Y$的**边缘分布律**。

例1　盒子里装有3个黑球、2个白球和2个红球,在其中任取4个球,记取到黑球的个数为X,取到红球的个数为Y,求(X,Y)的联合分布律和边缘分布律。

解　按古典概型计算,从7个球中任取4个,共有$C_7^4=35$种取法。设在4个球中,黑球有i个,红球有j个,则白球数是$4-i-j$个的取法有$N(X=i,Y=j)=C_3^iC_2^jC_2^{4-i-j}$种,其中$i=0,1,2,3,j=0,1,2,2\leqslant i+j\leqslant4$,如

$$P\{X=0,Y=2\}=\frac{C_3^0C_2^2C_2^2}{35}=\frac{1}{35}。$$

类似计算结果见如下联合分布律表3-4。

表 3-4

Y＼X	0	1	2	3	$p_{\cdot j}$
0	0	0	$\frac{3}{35}$	$\frac{2}{35}$	$\frac{1}{7}$
1	0	$\frac{6}{35}$	$\frac{12}{35}$	$\frac{2}{35}$	$\frac{4}{7}$
2	$\frac{1}{35}$	$\frac{6}{35}$	$\frac{3}{35}$	0	$\frac{2}{7}$
$p_{i\cdot}$	$\frac{1}{35}$	$\frac{12}{35}$	$\frac{18}{35}$	$\frac{4}{35}$	

则有边缘分布律表 3-5 和表 3-6。

表 3-5

X	0	1	2	3
p_k	$\dfrac{1}{35}$	$\dfrac{12}{35}$	$\dfrac{18}{35}$	$\dfrac{4}{35}$

表 3-6

Y	0	1	2
p_k	$\dfrac{1}{7}$	$\dfrac{4}{7}$	$\dfrac{2}{7}$

我们常常将边缘分布律写在联合分布律表格的边缘上,如表 3-5、表 3-6 所示,这就是"边缘分布律"这个名称的来源。

二、连续型随机变量的边缘概率密度

对于连续型随机变量(X,Y),设它的概率密度为 $f(x,y)$,由于

$$F_X(x)=F(x,+\infty)=\int_{-\infty}^{x}\left[\int_{-\infty}^{+\infty}f(x,y)\mathrm{d}y\right]\mathrm{d}x,$$

则 X 是一个连续型随机变量,其概率密度为

$$f_X(x)=\int_{-\infty}^{+\infty}f(x,y)\mathrm{d}y。$$

同样,Y 也是一个连续型随机变量,其概率密度为

$$f_Y(y)=\int_{-\infty}^{+\infty}f(x,y)\mathrm{d}x。$$

分别称 $f_X(x),f_Y(y)$ 为随机变量(X,Y) 关于 X 和 Y 的**边缘概率密度**。

例 2　设随机变量 X 和 Y 的联合概率密度函数为(见图 3-5)

$$f(x,y)=\begin{cases}6,&x^2\leqslant y\leqslant x,\\0,&\text{其他},\end{cases}$$

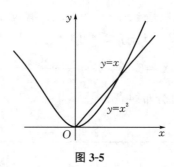

图 3-5

求边缘概率密度 $f_X(x),f_Y(y)$。

解　$f_X(x)=\int_{-\infty}^{+\infty}f(x,y)\mathrm{d}y=\begin{cases}\int_{x^2}^{x}6\mathrm{d}y,&0\leqslant x\leqslant 1,\\0,&\text{其他}\end{cases}=\begin{cases}6(x-x^2),&0\leqslant x\leqslant 1,\\0,&\text{其他};\end{cases}$

$f_Y(y)=\int_{-\infty}^{+\infty}f(x,y)\mathrm{d}x=\begin{cases}\int_{y}^{\sqrt{y}}6\mathrm{d}x,&0\leqslant y\leqslant 1,\\0,&\text{其他}\end{cases}=\begin{cases}6(\sqrt{y}-y),&0\leqslant y\leqslant 1,\\0,&\text{其他}。\end{cases}$

例 3 设 $(X,Y) \sim N(\mu_1, \mu_2, \sigma_1^2, \sigma_2^2, \rho)$，求边缘概率密度 $f_X(x)$，$f_Y(y)$。

解 由题意知二维随机变量 (X,Y) 的概率密度

$$f(x,y) = \frac{1}{2\pi\sigma_1\sigma_2\sqrt{1-\rho^2}} \exp\left\{ \frac{-1}{2(1-\rho^2)}\left[\frac{(x-\mu_1)^2}{\sigma_1^2} - 2\rho\frac{(x-\mu_1)(y-\mu_2)}{\sigma_1\sigma_2} + \frac{(y-\mu_2)^2}{\sigma_2^2} \right] \right\}。$$

又

$$f_X(x) = \int_{-\infty}^{+\infty} f(x,y)\mathrm{d}y,$$

由于 $\dfrac{(y-\mu_2)^2}{\sigma_2^2} - 2\rho\dfrac{(x-\mu_1)(y-\mu_2)}{\sigma_1\sigma_2} = \left(\dfrac{y-\mu_2}{\sigma_2} - \rho\dfrac{x-\mu_1}{\sigma_1}\right)^2 - \rho^2\dfrac{(x-\mu_1)^2}{\sigma_1^2},$

于是

$$f_X(x) = \frac{1}{2\pi\sigma_1\sigma_2\sqrt{1-\rho^2}} e^{-\frac{(x-u_1)^2}{2\sigma_1^2}} \int_{-\infty}^{+\infty} e^{-\frac{1}{2(1-\rho^2)}\left(\frac{y-u_2}{\sigma_2} - \rho\frac{x-u_1}{\sigma_1}\right)^2} \mathrm{d}y。$$

令

$$t = \frac{1}{\sqrt{1-\rho^2}}\left(\frac{y-u_2}{\sigma_2} - \rho\frac{x-u_1}{\sigma_1}\right),$$

则有

$$f_X(x) = \frac{1}{2\pi\sigma_1} e^{-\frac{(x-u_1)^2}{2\sigma_1^2}} \int_{-\infty}^{+\infty} e^{-\frac{t^2}{2}} \mathrm{d}y,$$

即

$$f_X(x) = \frac{1}{\sqrt{2\pi}\sigma_1} e^{-\frac{(x-u_1)^2}{2\sigma_1^2}}, \quad -\infty < x < +\infty。$$

同理

$$f_Y(y) = \frac{1}{\sqrt{2\pi}\sigma_2} e^{-\frac{(y-u_2)^2}{2\sigma_2^2}}, \quad -\infty < y < +\infty。$$

我们看到二维正态分布的两个边缘分布都是一维正态分布，并且都不依赖于参数 ρ，即对于给定的 $\mu_1, \mu_2, \sigma_1, \sigma_2$，不同的 ρ 对应不同的二维正态分布，它们的边缘分布却都是一样的。这一事实表明，仅有关于 X 和 Y 的边缘分布，一般来说是不能确定随机变量 X 和 Y 的联合分布的。

习 题 3-2

1. 完成表 3-7。

表 3-7

X \ Y	y_1	y_2	y_3	$p_{i\cdot}$
x_1	0.1	0.1		0.4
x_2	0.2		0.2	
$p_{\cdot j}$				1

2. 把两封信随机地投入已经编好号的 3 个邮箱内，设 X，Y 分别表示投入第 1,2 个邮箱内信的数目，求 (X,Y) 的联合分布律及边缘分布律。

3. 设二维随机变量 (X,Y) 的概率密度为

$$f(x,y) = \begin{cases} A\sin(x+y), & 0 \leqslant x \leqslant \dfrac{\pi}{2}, 0 \leqslant y \leqslant \dfrac{\pi}{2}, \\ 0, & \text{其他。} \end{cases}$$

求：(1) 常数 A；　　(2) X 和 Y 的边缘概率密度。

扫码查看
习题参考答案

4. 设二维随机变量 (X,Y) 的概率密度为

$$f(x,y) = \begin{cases} 2xy, & (x,y) \in G, \\ 0, & (x,y) \notin G, \end{cases}$$

其中，G 是由直线 $y = \dfrac{x}{2}, y = 0, x = 2$ 所围成的区域。求 X 和 Y 的边缘概率密度。

5. 设二维随机变量 (X,Y) 在以原点为圆心，R 为半径的圆上服从均匀分布，求 (X,Y) 的联合概率密度和边缘概率密度。

第三节　条件分布

在第一章中我们讨论了随机事件的条件概率，现在把条件概率的概念推广到二维随机变量 (X,Y) 中去，考虑在一个随机变量 X（或 Y）取某确定值时，求另一个随机变量 Y（或 X）的分布，这就是条件分布问题。

下面分别对离散型和连续型随机变量给出条件分布定义和计算方法。

一、离散型随机变量的条件分布律

设 (X,Y) 为二维离散型随机变量，其分布律为

$$P\{X = x_i, Y = y_j\} = p_{ij}, \quad i,j = 1,2,\cdots;$$

(X,Y) 关于 X 和 Y 的边缘分布律分别为

$$p_{i\cdot} = P\{X = x_i\} = \sum_{j=1}^{\infty} p_{ij}, \quad i = 1,2,\cdots;$$

$$p_{\cdot j} = P\{Y = y_j\} = \sum_{i=1}^{\infty} p_{ij}, \quad j = 1,2,\cdots。$$

定义 3.3　对于固定的 i，若 $p_{i\cdot} > 0$，则称

$$P\{Y = y_j \mid X = x_i\} = \frac{P\{X = x_i, Y = y_j\}}{P\{X = x_i\}} = \frac{p_{ij}}{p_{i\cdot}}, j = 1,2,\cdots$$

为在 $X = x_i$ 条件下随机变量 Y 的**条件分布律**。

同样，对于固定的 j，若 $p_{\cdot j} > 0$，则称

$$P\{X = x_i \mid Y = y_j\} = \frac{P\{X = x_i, Y = y_j\}}{P\{Y = y_j\}} = \frac{p_{ij}}{p_{\cdot j}}, i = 1,2,\cdots$$

为在 $Y = y_j$ 条件下随机变量 X 的**条件分布律**。

不难验证条件分布律满足分布律的基本性质。

例 1　在一汽车工厂中，一辆汽车有两道工序是由机器人完成的，其一是紧固 3 只螺栓，其二是焊接 2 处焊点，以 X 表示由机器人紧固的不良螺栓的数目，以 Y 表示由机器人

焊接的不良焊点的数目，据积累的资料知(X,Y)具有如下分布律表 3-8。

表 3-8

$Y \backslash X$	0	1	2	3	$P\{Y=j\}$
0	0.840	0.030	0.020	0.010	0.900
1	0.060	0.010	0.008	0.002	0.080
2	0.010	0.005	0.004	0.001	0.020
$P\{X=i\}$	0.910	0.045	0.032	0.013	1.000

求：(1) 在$X=1$的条件下，Y的条件分布律；　(2) 在$Y=0$的条件下，X的条件分布律。

解　(1) 在$X=1$的条件下，Y的条件分布律为

$$P\{Y=0|X=1\}=\frac{P\{X=1,Y=0\}}{P\{X=1\}}=\frac{0.030}{0.045}=\frac{6}{9},$$

$$P\{Y=1|X=1\}=\frac{P\{X=1,Y=1\}}{P\{X=1\}}=\frac{0.010}{0.045}=\frac{2}{9},$$

$$P\{Y=2|X=1\}=\frac{P\{X=1,Y=2\}}{P\{X=1\}}=\frac{0.005}{0.045}=\frac{1}{9},$$

或写成表 3-9。

表 3-9

$Y=k$	0	1	2
$P\{Y=k\|X=1\}$	$\frac{6}{9}$	$\frac{2}{9}$	$\frac{1}{9}$

同样可得在$Y=0$的条件下X的条件分布律表 3-10。

表 3-10

$X=k$	0	1	2	3
$P\{X=k\|Y=0\}$	$\frac{84}{90}$	$\frac{3}{90}$	$\frac{2}{90}$	$\frac{1}{90}$

二、连续型随机变量的条件分布

对于连续型随机变量(X,Y)，因为对于任意实数x(或y)，有

$$P\{X=x\}=0, P\{Y=y\}=0,$$

所以不能直接利用条件概率公式讨论条件分布问题，需要借助极限方法来处理。

定义 3.4　对于任意给定的$\varepsilon>0$，有$P\{x-\varepsilon<X\leqslant x+\varepsilon\}>0$，若对任意的$y$，极限

$$\lim_{\varepsilon\to 0^+}P\{Y\leqslant y|x-\varepsilon<X\leqslant x+\varepsilon\}=\lim_{\varepsilon\to 0^+}\frac{P\{x-\varepsilon<X\leqslant x+\varepsilon,Y\leqslant y\}}{P\{x-\varepsilon<X\leqslant x+\varepsilon\}}$$

存在,则称此极限为在 $X=x$ 条件下 Y 的**条件分布函数**,记作 $P\{Y \leqslant y \,|\, X=x\}$ 或 $F_{Y|X}(y \,|\, x)$。

类似地定义 $F_{X|Y}(x \,|\, y)$ 如下:

设二维随机变量 (X,Y) 的分布函数为 $F(x,y)$,概率密度为 $f(x,y)$,若 $f(x,y)$ 在点 (x,y) 处连续,则边缘概率密度 $f_X(x)$ 在点 x 连续,且 $f_X(x)>0$,则有

$$F_{Y|X}(y\,|\,x)=\lim_{\varepsilon\to 0^+}\frac{P\{x-\varepsilon<X\leqslant x+\varepsilon,Y\leqslant y\}}{P\{x-\varepsilon<X\leqslant x+\varepsilon\}}=\lim_{\varepsilon\to 0^+}\frac{F(x+\varepsilon,y)-F(x-\varepsilon,y)}{F_X(x+\varepsilon)-F_X(x-\varepsilon)}$$

$$=\lim_{\varepsilon\to 0^+}\frac{[F(x+\varepsilon,y)-F(x-\varepsilon,y)]/2\varepsilon}{[F_X(x+\varepsilon)-F_X(x-\varepsilon)]/2\varepsilon}$$

$$=\frac{\dfrac{\partial F(x,y)}{\partial x}}{\dfrac{\mathrm{d}F_X(x)}{\mathrm{d}x}}=\frac{\displaystyle\int_{-\infty}^{y}f(x,y)\mathrm{d}y}{f_X(x)}=\int_{-\infty}^{y}\frac{f(x,y)}{f_X(x)}\mathrm{d}y,$$

即
$$F_{Y|X}(y\,|\,x)=\int_{-\infty}^{y}\frac{f(x,y)}{f_X(x)}\mathrm{d}y。$$

用 $f_{Y|X}(y\,|\,x)$ 表示在 $X=x$ 条件下 Y 的条件概率密度函数,则由上式可得

$$f_{Y|X}(y\,|\,x)=\frac{f(x,y)}{f_X(x)}。$$

同样,可得在 $Y=y$ 条件下 X 的条件概率密度函数

$$f_{X|Y}(x\,|\,y)=\frac{f(x,y)}{f_Y(y)}。$$

例 2 设 (X,Y) 在圆域 $G=\{(x,y)\,|\,x^2+y^2\leqslant 1\}$ 上服从均匀分布,求条件概率密度函数 $f_{X|Y}(x\,|\,y)$。

解 由题意知,(X,Y) 的概率密度为

$$f(x,y)=\begin{cases}\dfrac{1}{\pi}, & x^2+y^2\leqslant 1,\\[2mm]0, & \text{其他},\end{cases}$$

且有边缘概率密度函数

$$f_Y(y)=\int_{-\infty}^{+\infty}f(x,y)\mathrm{d}x=\begin{cases}\dfrac{1}{\pi}\displaystyle\int_{-\sqrt{1-y^2}}^{\sqrt{1-y^2}}\mathrm{d}x=\dfrac{2}{\pi}\sqrt{1-y^2}, & -1\leqslant y\leqslant 1,\\[2mm]0, & \text{其他}。\end{cases}$$

于是当 $-1<y<1$ 时,有

$$f_{X|Y}(x\,|\,y)=\begin{cases}\dfrac{\dfrac{1}{\pi}}{\dfrac{2}{\pi}\sqrt{1-y^2}}=\dfrac{1}{2\sqrt{1-y^2}}, & -\sqrt{1-y^2}\leqslant x\leqslant\sqrt{1-y^2},\\[2mm]0, & \text{其他}。\end{cases}$$

例 3 设数 X 在区间 $(0,1)$ 随机地取值,当观察到 $X=x\,(0<x<1)$ 时,数 Y 在区间 $(x,1)$ 上随机取值,求 Y 的概率密度 $f_Y(y)$。

解 由题意知 X 的概率密度为

$$f_X(x) = \begin{cases} 1, & 0 < x < 1, \\ 0, & \text{其他}。 \end{cases}$$

对于任意给定的 $x(0 < x < 1)$，在 $X = x$ 条件下 Y 的条件概率密度为

$$f_{Y|X}(y|x) = \begin{cases} \dfrac{1}{1-x}, & x < y < 1, \\ 0, & \text{其他}。 \end{cases}$$

于是可得 X 和 Y 的联合概率密度为

$$f(x, y) = f_{Y|X}(y|x)f_X(x) = \begin{cases} \dfrac{1}{1-x}, & 0 < x < y < 1, \\ 0, & \text{其他}。 \end{cases}$$

因此得到关于 Y 的边缘概率密度为

$$f_Y(y) = \int_{-\infty}^{+\infty} f(x, y)\mathrm{d}x = \begin{cases} \displaystyle\int_0^y \dfrac{1}{1-x}\mathrm{d}x = -\ln(1-y), & 0 < y < 1, \\ 0, & \text{其他}。 \end{cases}$$

习 题 3-3

1. 设二维随机变量 (X, Y) 的分布律如表 3-11 所示，求 $X = 1$ 条件下 Y 的条件分布律，$Y = 0$ 条件下 X 的条件分布律。

表 3-11

$\diagdown$ $\begin{smallmatrix}Y\\X\end{smallmatrix}$	0	$\dfrac{3}{2}$	2
-1	$\dfrac{1}{12}$	$\dfrac{2}{12}$	$\dfrac{3}{12}$
1	0	$\dfrac{1}{12}$	$\dfrac{1}{12}$
2	$\dfrac{3}{12}$	$\dfrac{1}{12}$	0

2. 一射手对目标进行射击，击中目标的概率为 p，射击直至击中目标 2 次为止。设 X 表示首次击中目标所进行的射击次数，Y 表示总共进行的射击次数。试求：

(1) (X, Y) 的分布律；   (2) $Y = n$ 时 X 的条件分布律。

3. 以 X 表示某医院一天出生的婴儿的个数，Y 表示其中男婴的个数，设 X 和 Y 的联合分布律为 $P\{X = n, Y = m\} = \dfrac{\mathrm{e}^{-14}(7.14)^m(6.68)^{n-m}}{m!\,(n-m)!}$ $(m = 0, 1, 2, \cdots, n; n = 0, 1, 2, \cdots)$。

(1) 求边缘分布律；   (2) 求条件分布律。

4. 设随机变量 (X, Y) 的概率密度为

$$f(x, y) = \begin{cases} 1, & |y| < x, 0 < x < 1, \\ 0, & \text{其他}。 \end{cases}$$

求条件概率密度函数 $f_{Y|X}(y|x)$，$f_{X|Y}(x|y)$。

5. 设随机变量(X,Y)的概率密度为

$$f(x,y)=\begin{cases}e^{-y}, & 0<x<y,\\ 0, & \text{其他。}\end{cases}$$

试求:(1) (X,Y)的边缘概率密度;(2) (X,Y)的条件概率密度;
(3) $P\{X>2\,|\,Y<4\}$。

扫码查看
习题参考答案

第四节　随机变量的独立性

一、相互独立的概念

本节我们将利用两个事件相互独立的概念引出两个随机变量相互独立的概念。

定义 3.5　设$F(x,y)$及$F_X(x)$,$F_Y(y)$分别为二维随机变量(X,Y)的分布函数及边缘分布函数,若对于所有x,y有

$$P\{X\leqslant x,Y\leqslant y\}=P\{X\leqslant x\}\cdot P\{Y\leqslant y\},$$

即　　　　　　　　　　　$F(x,y)=F_X(x)\cdot F_Y(y),$　　　　　　　　　　(3-2)

则称随机变量X和Y**相互独立**。

本章第一节里曾经指出,由边缘分布不能确定联合分布,但随机变量相互独立的时候,联合分布可由(3-2)式确定。从这个意义上讲,独立性是一个相当重要的概念。

二、离散型随机变量的独立性

对离散型随机变量(X,Y),我们可以得到更为简明的独立性定义。

定义 3.6　设(X,Y)为离散型二维随机变量,对于(X,Y)的所有可能取值(x_i,y_j)有

$$P\{X=x_i,Y=y_j\}=P\{X=x_i\}\cdot P\{Y=y_j\},$$

即$p_{ij}=p_i.\,p._j$,则称随机变量X和Y**相互独立**。

例 1　袋中有 2 个白球,3 个黑球,从中一次取 1 个,共取两次,令

$$X=\begin{cases}0, & \text{第一次取到白球,}\\ 1, & \text{第一次取到黑球;}\end{cases}\quad Y=\begin{cases}0, & \text{第二次取到白球,}\\ 1, & \text{第二次取到黑球。}\end{cases}$$

讨论:X与Y的独立性。(1) 有放回时;　　　(2) 无放回时。

解　(1) 有放回时,易得X与Y的联合分布律与边缘分布律如表 3-12 所示。

表 3-12

X ＼ Y	0	1	$p_i.$
0	$\dfrac{2}{5}\cdot\dfrac{2}{5}$	$\dfrac{2}{5}\cdot\dfrac{3}{5}$	$\dfrac{2}{5}$
1	$\dfrac{3}{5}\cdot\dfrac{2}{5}$	$\dfrac{3}{5}\cdot\dfrac{3}{5}$	$\dfrac{3}{5}$
$p._j$	$\dfrac{2}{5}$	$\dfrac{3}{5}$	

直接验算知 $p_{ij} = p_{i\cdot} p_{\cdot j}$ $(i,j=1,2)$,

或 $P\{X=m, Y=n\} = P\{X=m\} \cdot P\{Y=n\}$ $(m,n=0,1)$,

因而 X 和 Y 相互独立.

（2）无放回时，X 与 Y 的联合分布律与边缘分布律如表 3-13 所示.

表 3-13

Y \ X	0	1	$p_{i\cdot}$
0	$\dfrac{2}{5} \cdot \dfrac{1}{4}$	$\dfrac{2}{5} \cdot \dfrac{3}{4}$	$\dfrac{2}{5}$
1	$\dfrac{3}{5} \cdot \dfrac{2}{4}$	$\dfrac{3}{5} \cdot \dfrac{2}{4}$	$\dfrac{3}{5}$
$p_{\cdot j}$	$\dfrac{2}{5}$	$\dfrac{3}{5}$	

显然，$P\{X=0, Y=0\} = \dfrac{2}{20} \neq P\{X=0\} \cdot P\{Y=0\}$,所以，$X$ 与 Y 不相互独立.

三、连续型随机变量的独立性

对于连续型随机变量 (X,Y),也可以得到与定义 3.5 等价的定义.

定义 3.7 设 (X,Y) 为连续型二维随机变量,其概率密度为 $f(x,y)$,关于 X 和 Y 的边缘概率密度分别为 $f_X(x)$ 和 $f_Y(y)$,如果对于一切 x,y 有

$$f(x,y) = f_X(x) \cdot f_Y(y),$$

则称随机变量 X 和 Y **相互独立**.

例 2 设 (X,Y) 的概率密度为

$$f(x,y) = \begin{cases} \dfrac{15}{2}x^2, & 0<x<1, x^2<y<1, \\ 0, & \text{其他}. \end{cases}$$

判断 X 和 Y 是否相互独立.

解 由 (X,Y) 的概率密度可知,X 和 Y 的边缘概率密度分别为

$$f_X(x) = \int_{-\infty}^{+\infty} f(x,y)\mathrm{d}y = \begin{cases} \int_{x^2}^{1} \dfrac{15}{2}x^2 \mathrm{d}y = \dfrac{15}{2}x^2(1-x^2), & 0<x<1, \\ 0, & \text{其他}; \end{cases}$$

$$f_Y(y) = \int_{-\infty}^{+\infty} f(x,y)\mathrm{d}x = \begin{cases} \int_{0}^{\sqrt{y}} \dfrac{15}{2}x^2 \mathrm{d}x = \dfrac{5}{2}y^{\frac{3}{2}}, & 0<y<1, \\ 0, & \text{其他}. \end{cases}$$

易见,$f(x,y) \neq f_X(x) \cdot f_Y(y)$,所以 X 和 Y 不相互独立.

例 3 一负责人到达办公室的时间均匀分布在 $8:00$—$12:00$,他的秘书到达办公室的时间均匀分布在 $7:00$—$9:00$,设他们两人到达的时间相互独立,求他们两人到达办公室

的时间相差不超过 5 分钟 $\left(\dfrac{1}{12}\text{小时}\right)$ 的概率。

解　设 X 和 Y 分别表示负责人和他的秘书到达办公室的时间，由题意知 X 和 Y 的概率密度分别为

$$f_X(x)=\begin{cases}\dfrac{1}{4}, & 8<x<12,\\ 0, & \text{其他};\end{cases} \qquad f_Y(y)=\begin{cases}\dfrac{1}{2}, & 7<x<9,\\ 0, & \text{其他}。\end{cases}$$

因为 X 和 Y 相互独立，故 (X,Y) 的概率密度为

$$f(x,y)=f_X(x)\cdot f_Y(y)=\begin{cases}\dfrac{1}{8}, & 8<x<12,7<y<9,\\ 0, & \text{其他}。\end{cases}$$

按题意，即要求概率 $P\left\{|X-Y|\leqslant\dfrac{1}{12}\right\}$。画出区域 $|x-y|\leqslant\dfrac{1}{12}$ 及长方形区域 $\{(x,y)\,|\,8<x<12,7<y<9\}$，它们的公共部分是四边形 $B'BCC'$，记为 G（如图 3-6）。

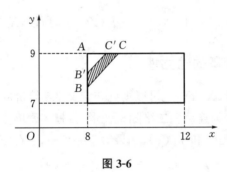

图 3-6

显然，仅当 (X,Y) 在 G 内取值时，他们到达的时间相差才不超过 $\dfrac{1}{12}$ 小时，因此所求概率为

$$P\left\{|X-Y|\leqslant\dfrac{1}{12}\right\}=\iint\limits_{G}f(x,y)\mathrm{d}x\mathrm{d}y=\dfrac{1}{8}S_G,$$

而 G 的面积　$S_G=S_{\triangle ABC}-S_{\triangle AB'C'}=\dfrac{1}{2}\times\left(\dfrac{13}{12}\right)^2-\dfrac{1}{2}\times\left(\dfrac{11}{12}\right)^2=\dfrac{1}{6}$，

于是　　　　　　　　　　$P\left\{|X-Y|\leqslant\dfrac{1}{12}\right\}=\dfrac{1}{48}$，

即负责人和他的秘书到达办公室的时间相差不超过 5 分钟的概率为 $\dfrac{1}{48}$。

例 4　设 (X,Y) 服从参数 $\mu_1,\mu_2,\sigma_1,\sigma_2,\rho$ 的二维正态分布，证明：X,Y 相互独立等价于 $\rho=0$。

证　设 $\rho=0$，这时 (X,Y) 的概率密度函数为

$$f(x,y)=\dfrac{1}{2\pi\sigma_1\sigma_2}\exp\left\{-\dfrac{1}{2}\left[\dfrac{(x-\mu_1)^2}{\sigma_1^2}+\dfrac{(y-\mu_2)^2}{\sigma_2^2}\right]\right\},$$

由第二节相关的计算结果可知，X,Y 的边缘概率密度函数为

$$f_X(x) = \frac{1}{\sqrt{2\pi}\,\sigma_1} \mathrm{e}^{-\frac{(x-u_1)^2}{2\sigma_1^2}} \quad (-\infty < x < +\infty),$$

$$f_Y(y) = \frac{1}{\sqrt{2\pi}\,\sigma_2} \mathrm{e}^{-\frac{(y-u_2)^2}{2\sigma_2^2}} \quad (-\infty < y < +\infty),$$

可见 $\qquad\qquad\qquad f(x,y) = f_X(x) \cdot f_Y(y),$

因此，X,Y 相互独立。

反之，设 X,Y 相互独立，那么 $f(x,y) = f_X(x) \cdot f_Y(y)$，即

$$\frac{1}{2\pi\sigma_1\sigma_2\sqrt{1-\rho^2}} \exp\left\{\frac{-1}{2(1-\rho^2)}\left[\frac{(x-\mu_1)^2}{\sigma_1^2} - 2\rho\,\frac{(x-\mu_1)(y-\mu_2)}{\sigma_1\sigma_2} + \frac{(y-\mu_2)^2}{\sigma_2^2}\right]\right\}$$

$$= \frac{1}{\sqrt{2\pi}\,\sigma_1}\mathrm{e}^{-\frac{(x-\mu_1)^2}{2\sigma_1^2}} \cdot \frac{1}{\sqrt{2\pi}\,\sigma_2}\mathrm{e}^{-\frac{(y-\mu_2)^2}{2\sigma_2^2}}。$$

令 $x = \mu_1, y = \mu_2$ 时，则等式可化为

$$\frac{1}{2\pi\sigma_1\sigma_2\sqrt{1-\rho^2}} = \frac{1}{2\pi\sigma_1\sigma_2},$$

从而得到 $\rho = 0$，问题得证。

以上关于二维随机变量独立性的一些概念，容易推广到 n 维随机变量的情形。

n 维随机变量 $(X_1, X_2, \cdots, X_n)$ 的联合分布函数定义为

$$F(x_1, x_2, \cdots, x_n) = P\{X_1 \leqslant x_1, X_2 \leqslant x_2, \cdots, X_n \leqslant x_n\},$$

其中 $x_1, x_2, \cdots, x_n$ 为任意实数。

若存在非负可积函数 $f(x_1, x_2, \cdots, x_n)$，使对于任意实数 $x_1, x_2, \cdots, x_n$ 有

$$F(x_1, x_2, \cdots, x_n) = \int_{-\infty}^{x_n} \int_{-\infty}^{x_{n-1}} \cdots \int_{-\infty}^{x_1} f(x_1, x_2, \cdots, x_n) \mathrm{d}x_1 \mathrm{d}x_2 \cdots \mathrm{d}x_n,$$

则称 $f(x_1, x_2, \cdots, x_n)$ 为 $(X_1, X_2, \cdots, X_n)$ 的**概率密度函数**。

设 $(X_1, X_2, \cdots, X_n)$ 的分布函数 $F(x_1, x_2, \cdots, x_n)$ 已知，则 $(X_1, X_2, \cdots, X_n)$ 的 $k(1 \leqslant k < n)$ 维边缘分布函数也随之确定。例如 $(X_1, X_2, \cdots, X_n)$ 关于 X_1、关于 (X_1, X_2) 的边缘分布函数分别为

$$F_{X_1}(x_1) = F(x_1, \infty, \infty, \cdots, \infty),$$

$$F_{X_1, X_2}(x_1, x_2) = F(x_1, x_2, \infty, \infty, \cdots, \infty)。$$

又若 $f(x_1, x_2, \cdots, x_n)$ 为 $(X_1, X_2, \cdots, X_n)$ 的概率密度函数，则 $(X_1, X_2, \cdots, X_n)$ 关于 X_1、关于 (X_1, X_2) 的边缘概率密度函数分别为

$$f_{X_1}(x_1) = \int_{-\infty}^{+\infty} \int_{-\infty}^{+\infty} \cdots \int_{-\infty}^{+\infty} f(x_1, x_2, \cdots, x_n) \mathrm{d}x_2 \mathrm{d}x_3 \cdots \mathrm{d}x_n,$$

$$f_{X_1, X_2}(x_1, x_2) = \int_{-\infty}^{+\infty} \int_{-\infty}^{+\infty} \cdots \int_{-\infty}^{+\infty} f(x_1, x_2, \cdots, x_n) \mathrm{d}x_3 \mathrm{d}x_4 \cdots \mathrm{d}x_n。$$

若对于所有的 $x_1, x_2, \cdots, x_n$ 有

$$F(x_1, x_2, \cdots, x_n) = F_{X_1}(x_1) F_{X_2}(x_2) \cdots F_{X_n}(x_n),$$

则称 $X_1, X_2, \cdots, X_n$ 是相互独立的。

若对于所有的 $x_1, x_2, \cdots, x_m$ 和 $y_1, y_2, \cdots, y_n$,有

$$F(x_1, x_2, \cdots, x_m, y_1, y_2, \cdots, y_n) = F_1(x_1, x_2, \cdots, x_m) F_2(y_1, y_2, \cdots, y_n),$$

其中 F_1, F_2, F 依次为随机变量 $(X_1, X_2, \cdots, X_m)$,$(Y_1, Y_2, \cdots, Y_n)$ 和 $(X_1, X_2, \cdots, X_m, Y_1, Y_2, \cdots, Y_n)$ 的分布函数,则称随机变量 $(X_1, X_2, \cdots, X_m)$ 和 $(Y_1, Y_2, \cdots, Y_n)$ 是相互独立的。

我们有以下的定理,它在数理统计中是很有用的。

定理 3.1 设 $(X_1, X_2, \cdots, X_m)$ 和 $(Y_1, Y_2, \cdots, Y_n)$ 相互独立,则 $X_i (i = 1, 2, \cdots, m)$ 和 $Y_j (j = 1, 2, \cdots, n)$ 相互独立。 又若 h, g 是连续函数,则 $h(X_1, X_2, \cdots, X_m)$ 和 $g(Y_1, Y_2, \cdots, Y_n)$ 相互独立。

证明略。

习 题 3-4

1. 设随机变量 X, Y 相互独立,表 3-14 列出了二维随机变量 (X, Y) 联合分布律及关于 X 和 Y 的边缘分布律中的部分数值,试将其余数值填入表中空白处。

表 3-14

X \ Y	y_1	y_2	y_3	$p_{i \cdot}$
x_1		$\frac{1}{8}$		
x_2	$\frac{1}{8}$			
$p_{\cdot j}$	$\frac{1}{6}$			1

2. 已知随机变量 X 和 Y 的分布律如表 3-15、表 3-16 所示,且 $P\{XY = 0\} = 1$。

表 3-15

X	-1	0	1
P	$\frac{1}{4}$	$\frac{1}{2}$	$\frac{1}{4}$

表 3-16

Y	0	1
P	$\frac{1}{2}$	$\frac{1}{2}$

(1) 求 X 和 Y 的联合分布律; (2) X 和 Y 是否相互独立,为什么?

3. 设随机变量 (X, Y) 的联合概率密度为

$$f(x, y) = \begin{cases} 4xy, & 0 \leqslant x \leqslant 1, 0 \leqslant y \leqslant 1, \\ 0, & \text{其他。} \end{cases}$$

试判断 X 和 Y 是否相互独立。

4. 一电子仪器由两个部件构成,以 X 和 Y 分别表示两个部件的使用寿命(单位:小时),已知 (X, Y) 的联合分布函数为

$$F(x, y) = \begin{cases} 1 - e^{-\frac{x}{2}} - e^{-\frac{y}{2}} + e^{-\frac{x+y}{2}}, & 0 \leqslant x, 0 \leqslant y, \\ 0, & \text{其他。} \end{cases}$$

（1）试问 X 和 Y 是否相互独立？

（2）求两个部件的使用寿命都超过 100 小时的概率。

5. 设 X 和 Y 是两个相互独立的随机变量，X 在 $(0,1)$ 上服从均匀分布，Y 的概率密度为

$$f_Y(y) = \begin{cases} \dfrac{1}{2}\mathrm{e}^{-\frac{y}{2}}, & 0 < y, \\ 0, & 其他。\end{cases}$$

扫码查看
习题参考答案

（1）求 X 和 Y 的联合概率密度；

（2）设含有 a 的二次方程为 $a^2 + 2Xa + Y = 0$，试求方程有实根的概率。

第五节　　两个随机变量的函数的分布

第二章已经讨论了一个随机变量的函数的分布，本节将讨论两个随机变量的函数的分布问题，即当二维随机变量 (X,Y) 的分布已知时，求随机变量 $Z = g(X,Y)$ 的分布，求一维随机变量的函数的分布的基本方法仍然适用。

一、离散型情形

若 (X,Y) 为离散型随机变量，其概率分布为

$$P\{X = x_i, Y = y_j\} = p_{ij}, \quad i,j = 1,2,\cdots,$$

则 $Z = g(X,Y)$ 的概率分布的一般求法是：先确定函数 $Z = g(X,Y)$ 的全部可能取值 $z = g(x_i,y_j)(i,j = 1,2,\cdots)$，再确定相应的概率

$$P\{Z = g(x_i,y_j)\} = P\{X = x_i, Y = y_j\} = p_{ij},$$

然后将 $z = g(x_i,y_j)(i,j = 1,2,\cdots)$ 中相同的值合并，相应的概率相加，并将 z 值按从小到大的顺序重新排列，且与其概率对应，即得 $Z = g(X,Y)$ 的概率分布。

例 1　设 (X,Y) 的分布律如表 3-17 所示。

表 3-17

Y\X	-1	1	2
-1	$\dfrac{5}{20}$	$\dfrac{2}{20}$	$\dfrac{6}{20}$
2	$\dfrac{3}{20}$	$\dfrac{3}{20}$	$\dfrac{1}{20}$

求：（1）$X + Y$；　（2）$X - Y$；　（3）XY；　（4）$\dfrac{X}{Y}$；　（5）$\max(X,Y)$ 的分布律。

解　由 (X,Y) 的分布律可列表 3-18 如下。

表 3-18

P	$\dfrac{5}{20}$	$\dfrac{2}{20}$	$\dfrac{6}{20}$	$\dfrac{3}{20}$	$\dfrac{3}{20}$	$\dfrac{1}{20}$
(X,Y)	$(-1,-1)$	$(-1,1)$	$(-1,2)$	$(2,-1)$	$(2,1)$	$(2,2)$
$X+Y$	-2	0	1	1	3	4
$X-Y$	0	-2	-3	3	1	0
XY	1	-1	-2	-2	2	4
$\dfrac{X}{Y}$	1	-1	$-\dfrac{1}{2}$	-2	2	1
$\max(X,Y)$	-1	1	2	2	2	2

于是,可以得表 3-19、表 3-20、表 3-21、表 3-22、表 3-23 如下。

表 3-19

$X+Y$	-2	0	1	3	4
P	$\dfrac{5}{20}$	$\dfrac{2}{20}$	$\dfrac{9}{20}$	$\dfrac{3}{20}$	$\dfrac{1}{20}$

表 3-20

$X-Y$	0	-2	-3	3	1
P	$\dfrac{6}{20}$	$\dfrac{2}{20}$	$\dfrac{6}{20}$	$\dfrac{3}{20}$	$\dfrac{3}{20}$

表 3-21

XY	1	-1	-2	2	4
P	$\dfrac{5}{20}$	$\dfrac{2}{20}$	$\dfrac{9}{20}$	$\dfrac{3}{20}$	$\dfrac{1}{20}$

表 3-22

$\max(X,Y)$	-1	1	2
P	$\dfrac{5}{20}$	$\dfrac{2}{20}$	$\dfrac{13}{20}$

表 3-23

$\dfrac{X}{Y}$	1	-1	$-\dfrac{1}{2}$	-2	2
P	$\dfrac{6}{20}$	$\dfrac{2}{20}$	$\dfrac{6}{20}$	$\dfrac{3}{20}$	$\dfrac{3}{20}$

例2 设 X,Y 相互独立,且 $X \sim P(\lambda_1)$,$Y \sim P(\lambda_2)$,证明:$Z = X+Y \sim P(\lambda_1+\lambda_2)$。

证 由题意知

$$P\{X=k\} = \frac{\lambda_1^k \mathrm{e}^{-\lambda_1}}{k!} \quad (k=0,1,\cdots);$$

$$P\{Y=k\} = \frac{\lambda_2^k \mathrm{e}^{-\lambda_2}}{k!} \quad (k=0,1,\cdots)。$$

$Z = X+Y$ 的所有可能取值为 $0,1,2,\cdots$,所以

$$
\begin{aligned}
P\{Z=k\} &= P\{X+Y=k\} \\
&= P\{X=0,Y=k\} + P\{X=1,Y=k-1\} + \cdots + P\{X=k,Y=0\} \\
&= \sum_{i=0}^{k} P\{X=i,Y=k-i\} = \sum_{i=0}^{k} (P\{X=i\}P\{Y=k-i\}) \quad (X,Y \text{ 相互独立})
\end{aligned}
$$

$$= \sum_{i=0}^{k} \Big(\frac{\lambda_1^i e^{-\lambda_1}}{i!} \frac{\lambda_2^{k-i} e^{-\lambda_2}}{(k-i)!} \Big) = \frac{e^{-\lambda_1} e^{-\lambda_2}}{k!} \sum_{i=0}^{k} \frac{k!}{i!(k-i)!} \lambda_1^i \lambda_2^{k-i}$$

$$= \frac{e^{-(\lambda_1+\lambda_2)}}{k!} \sum_{i=0}^{k} C_k^i \lambda_1^i \lambda_2^{k-i} = \frac{(\lambda_1+\lambda_2)^k}{k!} e^{-(\lambda_1+\lambda_2)}, \quad k=0,1,2,\cdots,$$

即
$$Z = X+Y \sim P(\lambda_1+\lambda_2)。$$

二、连续型情形

1. $Z=X+Y$ 的分布

设 (X,Y) 为二维连续型随机变量,概率密度为 $f(x,y)$,则 $Z=X+Y$ 仍为连续型随机变量,其分布函数为

$$F_Z(z) = P\{Z \leqslant z\} = \iint_{x+y \leqslant z} f(x,y)\mathrm{d}x\,\mathrm{d}y,$$

这里,积分区域是位于直线 $x+y=z$ 左下方的半平面(如图 3-7)。

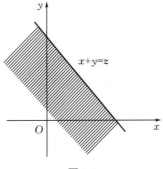

图 3-7

化为累次积分得

$$F_Z(z) = \int_{-\infty}^{+\infty} \Big[\int_{-\infty}^{z-y} f(x,y)\mathrm{d}x \Big] \mathrm{d}y \xlongequal{\text{令} x = u-y} \int_{-\infty}^{+\infty} \Big[\int_{-\infty}^{z} f(u-y,y)\mathrm{d}u \Big] \mathrm{d}y$$

$$= \int_{-\infty}^{z} \Big[\int_{-\infty}^{+\infty} f(u-y,y)\mathrm{d}y \Big] \mathrm{d}u,$$

所以,

$$f_Z(z) = F_Z'(z) = \int_{-\infty}^{+\infty} f(z-y,y)\mathrm{d}y。$$

同理,由 $\iint_{x+y \leqslant z} f(x,y)\mathrm{d}x\,\mathrm{d}y = \int_{-\infty}^{+\infty} \Big[\int_{-\infty}^{z-x} f(x,y)\mathrm{d}y \Big] \mathrm{d}x$ 可以得到

$$f_Z(z) = \int_{-\infty}^{+\infty} f(x,z-x)\mathrm{d}x。$$

特别地,当 X,Y 相互独立时。我们有

$$f_Z(z) = \int_{-\infty}^{+\infty} f_X(z-y) f_Y(y)\mathrm{d}y, \tag{3-3}$$

或
$$f_Z(z) = \int_{-\infty}^{+\infty} f_X(x) f_Y(z-x)\mathrm{d}x。 \tag{3-4}$$

(3-3) 式和(3-4) 式称为**卷积公式**。

例 3 设 X,Y 是两个相互独立的随机变量,它们都服从 $N(0,1)$ 分布,求 $Z=X+Y$ 的概率密度函数。

解 由题意,X,Y 的概率密度分别为

$$f_X(x) = \frac{1}{\sqrt{2\pi}} \mathrm{e}^{-\frac{x^2}{2}}, \quad -\infty < x < +\infty,$$

$$f_Y(y) = \frac{1}{\sqrt{2\pi}} \mathrm{e}^{-\frac{y^2}{2}}, \quad -\infty < y < +\infty。$$

由卷积公式得

$$f_Z(z) = \int_{-\infty}^{+\infty} f_X(x) f_Y(z-x) \mathrm{d}x = \frac{1}{2\pi} \int_{-\infty}^{+\infty} \mathrm{e}^{-\frac{x^2}{2}} \cdot \mathrm{e}^{-\frac{(z-x)^2}{2}} \mathrm{d}x$$

$$= \frac{1}{2\pi} \mathrm{e}^{-\frac{z^2}{4}} \int_{-\infty}^{+\infty} \mathrm{e}^{-(x-\frac{z}{2})^2} \mathrm{d}x \xrightarrow{t=x-\frac{z}{2}} \frac{1}{2\pi} \mathrm{e}^{-\frac{z^2}{4}} \int_{-\infty}^{+\infty} \mathrm{e}^{-t^2} \mathrm{d}t = \frac{1}{2\sqrt{\pi}} \mathrm{e}^{-\frac{z^2}{4}},$$

可见,$Z=X+Y$ 服从 $N(0,2)$ 分布。

一般地,设 X,Y 相互独立,$X \sim N(\mu_1, \sigma_1^2)$,$Y \sim N(\mu_2, \sigma_2^2)$,由上面计算结果可知 $Z=X+Y$ 仍服从正态分布,且有 $Z \sim N(\mu_1+\mu_2, \sigma_1^2+\sigma_2^2)$。推而广之,若 $X_i \sim N(\mu_i, \sigma_i^2)$ $(i=1,2,\cdots,n)$,且它们相互独立,则它们的和仍服从正态分布,且有

$$Z = X_1 + X_2 + \cdots + X_n \sim N(\mu_1+\mu_2+\cdots+\mu_n, \sigma_1^2+\sigma_2^2+\cdots+\sigma_n^2)。$$

更一般地,

$$Z = k_1 X_1 + k_2 X_2 + \cdots + k_n X_n$$
$$\sim N(k_1\mu_1 + k_2\mu_2 + \cdots + k_n\mu_n, k_1^2\sigma_1^2 + k_2^2\sigma_2^2 + \cdots + k_n^2\sigma_n^2)。$$

即有限个相互独立的正态随机变量的线性组合仍然服从正态分布。

例 4 设随机变量 X,Y 相互独立,都服从 $[0,1]$ 上的均匀分布,求 $Z=X+Y$ 的概率密度函数。

解 依题意知

$$f_X(x) = \begin{cases} 1, & 0 \leqslant x \leqslant 1, \\ 0, & \text{其他}; \end{cases} \qquad f_Y(y) = \begin{cases} 1, & 0 \leqslant y \leqslant 1, \\ 0, & \text{其他}; \end{cases}$$

则 X 和 Y 的联合概率密度为

$$f(x,y) = \begin{cases} 1, & 0 \leqslant x \leqslant 1, 0 \leqslant y \leqslant 1, \\ 0, & \text{其他}。 \end{cases}$$

分布函数为

$$F(z) = P\{X+Y \leqslant z\} = \iint_{x+y \leqslant z} f(x,y) \mathrm{d}x \mathrm{d}y。$$

由图 3-8 可知:

当 $z \leqslant 0$ 时,有 $F(z) = 0$;

当 $0 < z \leqslant 1$ 时,有 $F(z) = \iint_{0 \leqslant x+y \leqslant z} \mathrm{d}x \mathrm{d}y = \frac{1}{2} z^2$(即三角形 AOB 的面积);

当 $1 < z \leqslant 2$ 时,有 $F(z) = \iint\limits_{\substack{0 \leqslant x+y \leqslant z \\ 0 \leqslant x \leqslant 1 \\ 0 \leqslant y \leqslant 1}} \mathrm{d}x\mathrm{d}y = -\dfrac{z^2}{2} + 2z - 1$ (即多边形 $OCDEF$ 的面积);

当 $2 < z$ 时,有 $F(z) = 1$;

于是,$Z = X + Y$ 的概率密度为 $f_Z(z) = \begin{cases} z, & 0 \leqslant z \leqslant 1, \\ 2-z, & 1 \leqslant z \leqslant 2, \\ 0, & \text{其他}_{\circ} \end{cases}$

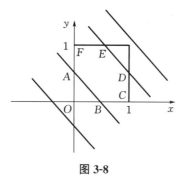

图 3-8

2. $Z = \dfrac{Y}{X}$ 及 $Z = XY$ 的分布

设 (X,Y) 为二维连续型随机变量,概率密度为 $f(x,y)$,则 $Z = \dfrac{Y}{X}$ 及 $Z = XY$ 仍为连续型随机变量,其概率密度分别为

$$f_{\frac{Y}{X}}(z) = \int_{-\infty}^{+\infty} |x| f(x, xz)\mathrm{d}x, \quad f_{XY}(z) = \int_{-\infty}^{+\infty} \dfrac{1}{|x|} f\left(x, \dfrac{z}{x}\right)\mathrm{d}x_{\circ}$$

又若 X,Y 相互独立,设 (X,Y) 关于 X,Y 的边缘密度分别为 $f_X(x), f_Y(y)$,则上式可化为

$$f_{\frac{Y}{X}}(z) = \int_{-\infty}^{+\infty} |x| f_X(x) f_Y(xz)\mathrm{d}x, \quad f_{XY}(z) = \int_{-\infty}^{+\infty} \dfrac{1}{|x|} f_X(x) f_Y\left(\dfrac{z}{x}\right)\mathrm{d}x_{\circ}$$

证 $Z = \dfrac{Y}{X}$ 的分布函数为(见图 3-9)

$$F_{\frac{Y}{X}}(z) = P\left\{\dfrac{Y}{X} \leqslant z\right\} = \iint\limits_{G_1 \cup G_2} f(x,y)\mathrm{d}x\mathrm{d}y$$

$$= \iint\limits_{\frac{y}{x} \leqslant z, x < 0} f(x,y)\mathrm{d}y\mathrm{d}x + \iint\limits_{\frac{y}{x} \leqslant z, x > 0} f(x,y)\mathrm{d}y\mathrm{d}x$$

$$= \int_{-\infty}^{0} \left[\int_{zx}^{\infty} f(x,y)\mathrm{d}y\right]\mathrm{d}x + \int_{0}^{\infty} \left[\int_{-\infty}^{zx} f(x,y)\mathrm{d}y\right]\mathrm{d}x$$

$$\xupplaceequal{\text{令}y=xu} \int_{-\infty}^{0} \left[\int_{z}^{-\infty} xf(x,xu)\mathrm{d}u\right]\mathrm{d}x + \int_{0}^{\infty} \left[\int_{-\infty}^{z} xf(x,xu)\mathrm{d}u\right]\mathrm{d}x$$

$$= \int_{-\infty}^{0} \left[\int_{-\infty}^{z} (-x)f(x,xu)\mathrm{d}u\right]\mathrm{d}x + \int_{0}^{\infty} \left[\int_{-\infty}^{z} xf(x,xu)\mathrm{d}u\right]\mathrm{d}x$$

$$= \int_{-\infty}^{\infty} \left[\int_{-\infty}^{z} |x| f(x,xu)\mathrm{d}u\right]\mathrm{d}x$$

$$= \int_{-\infty}^{z} \left[\int_{-\infty}^{\infty} |x| f(x,xu)\mathrm{d}x\right]\mathrm{d}u_{\circ}$$

由此,概率密度函数 $f_{\frac{Y}{X}}$ 得证。类似可证明概率密度函数 $f_{XY}(z)$。

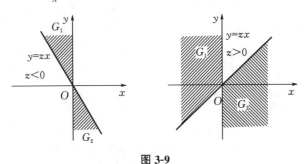

图 3-9

例 5　某公司提供一种地震保险,保险费 Y、保险赔付费 X 的概率密度分别为

$$f(y)=\begin{cases}\dfrac{y}{25}\mathrm{e}^{-\frac{y}{5}}, & y>0,\\[2mm] 0, & \text{其他};\end{cases}\qquad g(x)=\begin{cases}\dfrac{1}{5}\mathrm{e}^{-\frac{x}{5}}, & x>0,\\[2mm] 0, & \text{其他}。\end{cases}$$

设 X 与 Y 相互独立,求 $Z=\dfrac{Y}{X}$ 的概率密度。

解　当 $z<0$ 时,$f_Z(z)=0$;

当 $z>0$ 时,Z 的概率密度为

$$f_Z(z)=\int_0^\infty x\cdot\frac{1}{5}\mathrm{e}^{-\frac{x}{5}}\cdot\frac{xz}{25}\mathrm{e}^{-\frac{xz}{5}}\mathrm{d}x=\frac{z}{125}\int_0^\infty x^2\mathrm{e}^{-x\cdot\frac{1+z}{5}}\mathrm{d}x$$

$$=\frac{z}{125}\frac{\Gamma(3)}{\left(\dfrac{1+z}{5}\right)^3}=\frac{2z}{(1+z)^3}。$$

3. $M=\max\{X,Y\}$ 及 $N=\min\{X,Y\}$ 的分布

设 X 与 Y 是相互独立的随机变量,它们的分布函数分别为 $F_X(x),F_Y(y)$。

由于事件 $\{\max(X,Y)\leqslant z\}$ 等同事件 $\{X\leqslant z,Y\leqslant z\}$,所以随机变量 $M=\max\{X,Y\}$ 的分布函数为

$$F_M(z)=P\{M\leqslant z\}=P\{\max(X,Y)\leqslant z\}=P\{X\leqslant z,Y\leqslant z\}$$

$$=P\{X\leqslant z\}P\{Y\leqslant z\}=F_X(z)F_Y(z)。$$

类似地,$N=\min\{X,Y\}$ 的分布函数为

$$F_N(z)=P\{N\leqslant z\}=1-P\{N>z\}=1-P\{X>z,Y>z\}$$

$$=1-P\{X>z\}P\{Y>z\}$$

$$=1-(1-P\{X\leqslant z\})(1-P\{Y\leqslant z\}),$$

即　　　　　　　　　$$F_N(z)=1-[1-F_X(z)][1-F_Y(z)]。$$

可以把上述结论推广到 n 个相互独立的随机变量的情形。

设 $X_1,X_2,\cdots,X_n$ 是 n 个相互独立的随机变量,它们的分布函数分别为 $F_{X_i}(x_i)(i=1,2,\cdots,n)$,则 $M=\max\{X_1,X_2,\cdots,X_n\}$ 及 $N=\min\{X_1,X_2,\cdots,X_n\}$ 的分布函数分别为

$$F_M(z) = F_{X_1}(z) F_{X_2}(z) \cdots F_{X_n}(z),$$

$$F_N(z) = 1 - [1 - F_{X_1}(z)][1 - F_{X_2}(z)] \cdots [1 - F_{X_n}(z)].$$

特别地,当 $X_1, X_2, \cdots, X_n$ 相互独立且具有相同分布函数 $F(x)$ 时,有

$$F_M(z) = [F(z)]^n, \quad F_N(z) = 1 - [1 - F(z)]^n.$$

例6 设某种型号的电子管的使用寿命(以小时计)近似地服从 $N(160, 20^2)$ 分布,随机地选取 4 只,求其中没有一只使用寿命小于 180 h 的概率。

解 用 $X_i (i = 1, 2, 3, 4)$ 表示这 4 只电子管的使用寿命,则 $X_i \sim N(160, 20^2)$。

"没有一只寿命小于 180h" 等同于 "每只使用寿命均大于等于 180 h",而事件

$$\{X_1 \geqslant 180, X_2 \geqslant 180, X_3 \geqslant 180, X_4 \geqslant 180\} = \{\min(X_1, X_2, X_3, X_4) \geqslant 180\},$$

故所求概率为

$$P\{N \geqslant 180\} = 1 - P\{N < 180\} = 1 - F_N(180)$$

$$= 1 - \{1 - [1 - F(180)]^4\}$$

$$= [1 - F(180)]^4 = \left[1 - \Phi\left(\frac{180 - 160}{20}\right)\right]^4$$

$$= [1 - \Phi(1)]^4 = 0.00063.$$

习 题 3-5

1. 已知随机变量 X 与 Y 的联合分布律如表 3-24 所示。

表 3-24

Y \ X	0	1	2
0	0.10	0.25	0.15
1	0.15	0.20	0.15

求:(1) X 的分布律; (2) $X + Y$ 的分布律。

2. 设随机变量 (X, Y) 的概率密度为

$$f(x, y) = \begin{cases} 6x, & 0 \leqslant x \leqslant 1, 0 \leqslant y, x + y \leqslant 1, \\ 0, & 其他。 \end{cases}$$

求 $Z = X + Y$ 的概率密度。

3. 设 X, Y 是相互独立的随机变量,其概率密度分别为

$$f_X(x) = \begin{cases} 1, & 0 \leqslant x \leqslant 1, \\ 0, & 其他; \end{cases} \quad f_Y(y) = \begin{cases} 2y, & 0 \leqslant y \leqslant 1, \\ 0, & 其他。 \end{cases}$$

求 $Z = X + Y$ 的概率密度。

4. 设随机变量 (X, Y) 的概率密度为

$$f(x,y)=\begin{cases}\dfrac{1}{2}(x+y)\mathrm{e}^{-(x+y)}, & 0<x,0<y,\\[2mm] 0, & \text{其他。}\end{cases}$$

(1) 问 X 和 Y 是否相互独立?　　(2) 求 $Z=X+Y$ 的概率密度。

5. 设随机变量 (X,Y) 的概率密度为

$$f(x,y)=\begin{cases}x\,\mathrm{e}^{-x(1+y)}, & 0<x,0\leqslant y,\\ 0, & \text{其他。}\end{cases}$$

求 $Z=XY$ 的概率密度。

6. 设随机变量 (X,Y) 的概率密度为

$$f(x,y)=\begin{cases}b\,\mathrm{e}^{-(x+y)}, & 0<x<1,0<y<+\infty,\\ 0, & \text{其他。}\end{cases}$$

(1) 确定常数 b;

(2) 求边缘概率密度 $f_X(x),f_Y(y)$;

(3) 求函数 $U=\max\{X,Y\}$ 的分布函数。

7. 设随机变量 (X,Y) 的分布律如表 3-25 所示。

扫码查看
习题参考答案

表 3-25

X \ Y	0	1	2	3	4	5
0	0.00	0.01	0.03	0.05	0.07	0.09
1	0.01	0.02	0.04	0.05	0.06	0.08
2	0.01	0.03	0.05	0.05	0.05	0.06
3	0.01	0.02	0.04	0.06	0.06	0.05

(1) 求 $P\{X=2\,|\,Y=2\},P\{Y=3\,|\,X=0\}$;

(2) 求 $U=\max\{X,Y\}$ 的分布律;

(3) 求 $V=\min\{X,Y\}$ 的分布律;

(4) 求 $W=X+Y$ 的分布律。

8. 设 X,Y 是相互独立的随机变量,它们都服从正态分布 $N(0,\sigma^2)$,试验证随机变量 $Z=\sqrt{X^2+Y^2}$ 具有概率密度

$$f(z)=\begin{cases}\dfrac{z}{\sigma^2}\mathrm{e}^{-\frac{z^2}{2\sigma^2}}, & z\geqslant 0,\\[2mm] 0, & \text{其他。}\end{cases}$$

扫码看微课视频

我们称 Z 服从参数为 $\sigma(\sigma>0)$ 的瑞利(Rayleigh)分布。

综合练习三

一、填空题

1. 设随机变量(X,Y)的概率分布如表 3-26 所示。

表 3-26

X \ Y	1	2	3
1	$\dfrac{1}{6}$	$\dfrac{1}{9}$	$\dfrac{1}{18}$
2	$\dfrac{1}{3}$	α	β

若 X,Y 相互独立,则 $\alpha = \underline{\qquad}$,$\beta = \underline{\qquad}$ 。

2. 设随机变量(X,Y)的概率密度为

$$f(x,y) = \begin{cases} x^2 + \dfrac{xy}{k}, & 0 \leqslant x \leqslant 1, 0 \leqslant y \leqslant 2, \\ 0, & \text{其他}。 \end{cases}$$

则 $k = \underline{\qquad}$,$P\{X+Y \geqslant 1\} = \underline{\qquad}$ 。

3. 设(X,Y)为二维连续型随机变量,则 $P\{(X,Y) \mid X+Y=0\} = \underline{\qquad}$ 。

4. 设随机变量 $X \sim N(0,2^2)$,$Y \sim N(0,3^2)$,且 X,Y 相互独立,则随机变量 $Z = X - 2Y \sim \underline{\qquad}$ 。

5. 设随机变量(X,Y)的概率密度为 $f(x,y) = \begin{cases} \dfrac{1}{2}, & 0 \leqslant x \leqslant 1, 0 \leqslant y \leqslant 2, \\ 0, & \text{其他}, \end{cases}$ 则 X,Y 中至少有一个小于 $\dfrac{1}{2}$ 的概率为 $\underline{\qquad}$ 。

二、选择题

1. 随机变量 X 和 Y 的边缘分布可由它们的联合分布确定,联合分布(　　)由边缘分布确定。

    A. 不能   B. 为正态分布时可以

    C. 也可   D. 当 X 和 Y 相互独立时可以

2. X 和 Y 是相互独立的随机变量,且都服从$[0,1]$上的均匀分布,则方程 $x^2 + Xx + Y = 0$ 有实根的概率为(　　)。

    A. $\dfrac{1}{3}$ B. $\dfrac{1}{4}$ C. $\dfrac{1}{12}$ D. $\dfrac{5}{12}$

3. 设随机变量(X,Y)的分布函数为

$$F(x,y) = \begin{cases} 1 - e^{-0.01x} - e^{-0.01y} + e^{-0.01(x+y)}, & 0 < x, 0 < y, \\ 0, & \text{其他}。 \end{cases}$$

则 $P\{X \geqslant 120, Y \geqslant 120\}$ 的值为(　　)。

    A. $1 - 2e^{-1.2} + e^{-2.4}$ B. $e^{-2.4}$ C. $e^{-1.2} - 1$ D. $e^{-1.2}$

4. 若随机变量 $Y = X_1 + X_2, X_i \sim N(0,1)(i=1,2)$，则（　　）。

A. Y 不一定服从正态分布

B. $Y \sim N(0,1)$

C. $Y \sim N(0,\sqrt{2})$

D. $Y \sim N(0,2)$

5. 设 X 和 Y 是两随机变量，且 $P\{X \leqslant 1, Y \leqslant 1\} = \dfrac{4}{9}$，$P\{X \leqslant 1\} = P\{Y \leqslant 1\} = \dfrac{5}{9}$，则 $P\{\min(X,Y) \leqslant 1\} = （　　）$。

A. $\dfrac{1}{3}$　　　　　B. $\dfrac{2}{3}$　　　　　C. $\dfrac{4}{9}$　　　　　D. $\dfrac{20}{81}$

三、解答题

1. 设二维随机变量 (X,Y) 的概率密度为

$$f(x,y) = \begin{cases} 4xy, & 0 \leqslant x \leqslant 1, 0 \leqslant y \leqslant 1, \\ 0, & 其他。 \end{cases}$$

求 (X,Y) 的分布函数 $F(x,y)$。

2. 设二维随机变量 (X,Y) 的概率密度为 $f(x,y) = \dfrac{k}{\pi^2(4+x^2)(9+y^2)}$，求关于 X,Y 的边缘概率密度。

3. 已知随机变量 (X,Y) 的联合密度函数为

$$f(x,y) = \begin{cases} \dfrac{6}{5}x^2(4xy+1), & 0 < x < 1, 0 < y < 1, \\ 0, & 其他。 \end{cases}$$

求条件密度函数 $f_{X|Y}(x|y), f_{Y|X}(y|x)$。

4. 设二维随机变量 (X,Y) 服从圆域 $G: x^2 + y^2 \leqslant R^2$ 上的均匀分布，证明：X 与 Y 不独立。

5. 设二维随机变量 (X,Y) 的概率密度为

$$f(x,y) = \begin{cases} k e^{-(5x+6y)}, & 0 < x, 0 < y, \\ 0, & 其他。 \end{cases}$$

（1）求常数 k；　　　（2）证明：X 与 Y 相互独立。

6. 设 X,Y 是相互独立的随机变量，$X \sim B(n_1,p), Y \sim B(n_2,p)$，证明：$Z = X + Y \sim B(n_1 + n_2, p)$。

7. 设 X,Y 是相互独立的随机变量，均服从几何分布，即

$$P\{X = k\} = P\{Y = k\} = q^{k-1}p, \quad 0 < p < 1, p + q = 1,$$

求 $Z = \max(X,Y)$ 的分布。

8. 设随机变量 X_1, X_2, X_3 相互独立，其中 X_1, X_2 均服从标准正态分布，X_3 的概率分布为 $P(X_3 = 0) = P(X_3 = 1) = \dfrac{1}{2}$，$Y = X_3 X_1 + (1-X_3)X_2$。

（1）求二维随机变量 (X_1,Y) 的分布函数，结果用标准正态分布 $\Phi(x)$ 表示；

（2）证明：随机变量 Y 服从标准正态分布。

扫码查看习题参考答案

第四章　　随机变量的数字特征

　　随机变量的分布律、概率密度或分布函数都能完整地描述随机变量,但在一些实际问题中,随机变量的分布函数并不容易求得,有时只需要知道随机变量的某些特征指标,例如分布的中心位置、分散程度等,这种由随机变量的分布所确定的,能刻画随机变量某一方面特征的数值统称为数字特征。随机变量的数字特征在理论和实践上都具有十分重要的意义。

　　本章将主要介绍随机变量几个重要的数字特征:数学期望、方差、相关系数、协方差和矩。

第一节　　数 学 期 望

一、离散型随机变量的数学期望

　　很多情况下,我们需要找到能够体现随机变量 X "平均"取值大小的一个数值。由于随机变量取值为 $x_1, x_2, \cdots, x_n$,由此可计算出其算数平均值为 $\bar{x} = \dfrac{1}{n} \sum\limits_{i=1}^{n} x_i$,但这并不是实际意义上的平均,因为 X 取各个值的概率不同,概率大的取到的几率也大,就会造成在实际计算中权重变大。

　　例 1　一射手进行打靶练习,成绩统计如表 4-1。

表 4-1

环数	10	9	8	7
次数	5	2	2	1

　　根据表 4-1,可计算出该射手在本次练习中平均击中环数为

$$\bar{x} = \frac{x_1 N_1 + x_2 N_2 + x_3 N_3 + x_4 N_4}{N} = \sum_{i=1}^{4} x_i \frac{N_i}{N}$$

$$= 10 \times \frac{5}{10} + 9 \times \frac{2}{10} + 8 \times \frac{2}{10} + 7 \times \frac{1}{10} = 9.1(\text{环})。$$

由前面所学的知识可知,当射击次数 $N \to \infty$ 时,$\dfrac{N_i}{N}$ 接近于概率 p_i,由此可以看出,随机变量的均值是这个随机变量取得一切可能数值与取得这个值对应概率乘积的总和,也是以相应的概率为权重进行加权平均。

定义 4.1　设离散型随机变量 X 的概率分布为

$$P\{X = x_i\} = p_i, \quad i = 1, 2, 3, \cdots。$$

若级数 $\sum_{i=1}^{\infty} x_i p_i$ 绝对收敛，则称级数 $\sum_{i=1}^{\infty} x_i p_i$ 为随机变量 X 的**数学期望**，记为 $E(X)$，即

$$E(X) = \sum_{i=1}^{\infty} x_i p_i。$$

扫码看微课视频

若级数 $\sum_{i=1}^{\infty} x_i p_i$ 发散，则称 $E(X)$ 不存在，数学期望简称**期望**，又称均值。

下面我们来计算一些重要离散型随机变量的数学期望。

（1）0-1 分布

设 X 的分布律如表 4-2 所示。

表 4-2

X	0	1
P	$1-p$	p

则 X 的数学期望为

$$E(X) = 0 \times (1-p) + 1 \times p = p。$$

（2）二项分布

设 X 服从二项分布，其分布律为

$$P(X = k) = C_n^k p^k (1-p)^{n-k}, \quad k = 0, 1, 2, \cdots, n, 0 < p < 1,$$

则 X 的数学期望为

$$E(X) = \sum_{k=0}^{n} k C_n^k p^k (1-p)^{n-k} = \sum_{k=0}^{n} k \frac{n!}{k!\,(n-k)!} p^k (1-p)^{n-k}$$

$$= np \sum_{k=0}^{n} \frac{(n-1)!}{(k-1)!\,[(n-1)-(k-1)]!} p^{k-1} (1-p)^{[(n-1)-(k-1)]},$$

令 $k - 1 = t$，则

$$E(X) = np \sum_{t=0}^{n-1} \frac{(n-1)!}{t!\,[(n-1)-t]!} p^t (1-p)^{[(n-1)-t]}$$

$$= np \left[p + (1-p) \right]^{n-1} = np。$$

（3）泊松分布

设 X 服从泊松分布，其分布律为

$$P(X = k) = \frac{\lambda^k}{k!} e^{-\lambda}, \quad k = 0, 1, 2, \cdots, \lambda > 0,$$

则 X 的数学期望为

$$E(X) = \sum_{k=0}^{\infty} k \frac{\lambda^k}{k!} e^{-\lambda} = \lambda e^{-\lambda} \sum_{k=1}^{\infty} \frac{\lambda^{k-1}}{(k-1)!}。$$

令 $k - 1 = t$，则有

$$E(X)=\lambda\,\mathrm{e}^{-\lambda}\sum_{k=0}^{\infty}\frac{\lambda^{t}}{t!}=\lambda\,\mathrm{e}^{-\lambda}\cdot\mathrm{e}^{\lambda}=\lambda。$$

例 2　某商店对某种家用电器采用先使用后付款的销售方式,用 X 表示该种电器的使用寿命(以年记),规定:

$$X\leqslant 1,\text{一台付款 }1500\text{ 元};\qquad\quad 1<X\leqslant 2,\text{一台付款 }2000\text{ 元};$$
$$2<X\leqslant 3,\text{一台付款 }2400\text{ 元};\qquad\quad 3<X,\text{一台付款 }2600\text{ 元}。$$

设该家用电器的使用寿命 X 服从指数分布,概率密度为

$$f(x)=\begin{cases}\dfrac{1}{10}\mathrm{e}^{-\frac{x}{10}}, & 0<x,\\[2mm] 0, & x\leqslant 0。\end{cases}$$

试求该商店销售一台电器收费 Y 的数学期望。

解　$P\{X\leqslant 1\}=\displaystyle\int_{-\infty}^{1}f(x)\mathrm{d}x=\int_{0}^{1}\frac{1}{10}\mathrm{e}^{-\frac{x}{10}}\mathrm{d}x=1-\mathrm{e}^{-0.1}=0.0952,$

$$P\{1<X\leqslant 2\}=\int_{1}^{2}f(x)\mathrm{d}x=\int_{1}^{2}\frac{1}{10}\mathrm{e}^{-\frac{x}{10}}\mathrm{d}x=0.0861,$$

$$P\{2<X\leqslant 3\}=\int_{2}^{3}f(x)\mathrm{d}x=\int_{2}^{3}\frac{1}{10}\mathrm{e}^{-\frac{x}{10}}\mathrm{d}x=0.0779,$$

$$P\{3<X\}=\int_{3}^{+\infty}f(x)\mathrm{d}x=\int_{3}^{+\infty}\frac{1}{10}\mathrm{e}^{-\frac{x}{10}}\mathrm{d}x=0.7408。$$

销售一台电器收费 Y 的分布律如表 4-3 所示。

表 4-3

Y	1500	2000	2400	2600
P_k	0.0952	0.0861	0.0779	0.7408

所以,$E(Y)=1500\times0.0952+2000\times0.0861+2400\times0.0779+2600\times0.7408=2428.04$,即平均每台收费 2428.04 元。

有关数学期望,历史上有一个著名的分赌本问题。在 17 世纪中叶,一位赌徒向法国数学家帕斯卡提出一个使他苦恼很久的分赌本问题:甲、乙两赌徒赌技相同,各出赌注 50 法郎,每局中无平局。他们约定,谁先赢 3 局,则得全部赌本 100 法郎,当甲赢 2 局、乙赢 1 局时,因故要中止赌博,现问这 100 法郎如何分才算公平?

这个问题引起了不少人的兴趣,大家都认识到:平均分对甲不公平,全部归甲对乙不公平,合理的分法是按一定的比例,甲多分些,乙少分些,所以,问题的焦点在于按怎样的比例来分。以下有两种分法:

(1) 基于已赌局数:甲赢 2 局、乙赢 1 局,则甲得 100 法郎的 $\dfrac{2}{3}$,乙得 100 法郎的 $\dfrac{1}{3}$。

(2) 1654 年帕斯卡提出如下分法:设想再赌下去,则甲最终所得 X 为一随机变量,其可能取值为 0 或 100,再赌 2 局必可结束,其结果不外乎以下四种情况之一:

甲甲、甲乙、乙甲、乙乙

因为赌技相同,所以在这四种情况中有三种情况可使甲获得 100 法郎,只有一种情况(乙乙)下甲获得 0 法郎,即 X 的分布律如表 4-4 所示。

表 4-4

X	0	100
P_k	0.25	0.75

经上述分析,帕斯卡认为,甲的“期望”所得应为 $0 \times 0.25 + 100 \times 0.75 = 75$(法郎),即甲得 75 法郎,乙得 25 法郎。这种分法不仅考虑了已赌局数,还包括了对再赌下去的一种“期望”,它比第一种分法更合理。

这就是数学期望这个名称的由来,其实这个名称称为“均值”更形象易懂。对上例而言,也就是再赌下去的话,甲“平均”可以赢 75 法郎。

二、连续型随机变量的数学期望

设连续型随机变量 X 的概率密度为 $f(x)$,若反常积分 $\int_{-\infty}^{+\infty} x f(x) \mathrm{d}x$ 绝对收敛,则称反常积分 $\int_{-\infty}^{+\infty} x f(x) \mathrm{d}x$ 的值为随机变量 X 的数学期望,记为 $E(X)$,即

$$E(X) = \int_{-\infty}^{+\infty} x f(x) \mathrm{d}x。$$

若反常积分 $\int_{-\infty}^{+\infty} x f(x) \mathrm{d}x$ 发散,则 $E(X)$ 不存在。

下面我们来计算一些重要连续型随机变量的数学期望。

(1) **均匀分布**

设 X 服从 $[a,b]$ 上的均匀分布,其概率密度函数为

$$f(x) = \begin{cases} \dfrac{1}{b-a}, & a \leqslant x \leqslant b, \\ 0, & \text{其他}, \end{cases}$$

则 X 的数学期望为

$$E(x) = \int_{-\infty}^{+\infty} x f(x) \mathrm{d}x = \int_a^b \frac{x}{b-a} \mathrm{d}x = \frac{a+b}{2}。$$

(2) **指数分布**

设 X 服从指数分布,其分布密度为

$$f(x) = \begin{cases} \lambda \mathrm{e}^{-\lambda x}, & x > 0, \\ 0, & x \leqslant 0, \end{cases}$$

则 X 的数学期望为

$$E(x) = \int_{-\infty}^{+\infty} x f(x) \mathrm{d}x = \int_0^{+\infty} \lambda x \mathrm{e}^{-\lambda x} \mathrm{d}x = -x \mathrm{e}^{-\lambda x} \Big|_0^{+\infty} + \int_0^{+\infty} \mathrm{e}^{-\lambda x} \mathrm{d}x$$

$$= \frac{1}{\lambda} \int_0^{+\infty} \lambda \mathrm{e}^{-\lambda x} \mathrm{d}x = \frac{1}{\lambda}。$$

（3）**正态分布**

设 $X \sim N(\mu, \sigma^2)$，其分布密度为 $f(x) = \dfrac{1}{\sqrt{2\pi}\,\sigma} \mathrm{e}^{-\frac{(x-\mu)^2}{2\sigma^2}}$，则 X 的数学期望为

$$E(x) = \int_{-\infty}^{+\infty} x f(x)\,\mathrm{d}x = \frac{1}{\sqrt{2\pi}\,\sigma} \int_{-\infty}^{+\infty} x\, \mathrm{e}^{-\frac{(x-\mu)^2}{2\sigma^2}}\,\mathrm{d}x。$$

令 $\dfrac{x-\mu}{\sigma} = t$，则

$$E(x) = \frac{1}{\sqrt{2\pi}} \int_{-\infty}^{+\infty} (\mu + \sigma t)\, \mathrm{e}^{-\frac{t^2}{2}}\,\mathrm{d}t。$$

注意到

$$\frac{\mu}{\sqrt{2\pi}} \int_{-\infty}^{+\infty} \mathrm{e}^{-\frac{t^2}{2}}\,\mathrm{d}t = \mu, \qquad \frac{1}{\sqrt{2\pi}} \int_{-\infty}^{+\infty} \sigma t\, \mathrm{e}^{-\frac{t^2}{2}}\,\mathrm{d}t = 0,$$

故有 $\qquad\qquad\qquad\qquad\qquad\qquad E(X) = \mu。$

需要注意的是并非所有随机变量都有数学期望，如下面一个例子。

例 3　设随机变量 X 服从柯西（Cauchy）分布，其概率密度为

$$f(x) = \frac{1}{\pi(1+x^2)}, \quad -\infty < x < +\infty,$$

试证 $E(X)$ 不存在。

证　由于

$$\int_{-\infty}^{+\infty} |x| f(x)\,\mathrm{d}x = \int_{-\infty}^{+\infty} |x|\, \frac{1}{\pi(1+x^2)}\,\mathrm{d}x = \infty,$$

因此 $E(X)$ 不存在。

三、二维随机变量的数学期望

对二维随机变量 (X, Y)，定义它的数学期望为 $E(X, Y) = (E(X), E(Y))$。

设二维离散型随机变量 (X, Y) 的联合分布律为

$$P\{X = x_i, Y = y_j\} = p_{ij}, \quad i, j = 1, 2, \cdots,$$

则 $\quad E(X) = \displaystyle\sum_{i=1}^{+\infty} x_i p_{i\cdot} = \sum_{i=1}^{+\infty} \sum_{j=1}^{+\infty} x_i p_{ij}, \quad E(Y) = \sum_{j=1}^{+\infty} y_j p_{\cdot j} = \sum_{i=1}^{+\infty} \sum_{j=1}^{+\infty} y_j p_{ij}。$

设二维连续型随机变量 (X, Y) 的联合概率密度为 $f(x, y)$，则

$$E(X) = \int_{-\infty}^{+\infty} x f_X(x)\,\mathrm{d}x = \int_{-\infty}^{+\infty}\int_{-\infty}^{+\infty} x f(x, y)\,\mathrm{d}x\,\mathrm{d}y,$$

$$E(Y) = \int_{-\infty}^{+\infty} y f_Y(y)\,\mathrm{d}y = \int_{-\infty}^{+\infty}\int_{-\infty}^{+\infty} y f(x, y)\,\mathrm{d}x\,\mathrm{d}y。$$

例 4　设随机变量 (X, Y) 的联合概率密度为

$$f(x, y) = \begin{cases} \dfrac{3}{2x^3 y^2}, & \dfrac{1}{x} < y < x,\ 1 < x, \\ 0, & \text{其他。} \end{cases}$$

求数学期望 $E(Y)$。

解　由题意得

$$E(Y) = \int_{-\infty}^{+\infty}\int_{-\infty}^{+\infty} yf(x,y)\mathrm{d}x\,\mathrm{d}y = \int_{1}^{+\infty}\mathrm{d}x\int_{\frac{1}{x}}^{x}\frac{3}{2x^3 y}\mathrm{d}y$$

$$= \frac{3}{2}\int_{1}^{+\infty}\frac{1}{x^3}\big[\ln y\big]_{\frac{1}{x}}^{x}\mathrm{d}x = 3\int_{1}^{+\infty}\frac{\ln x}{x^3}\mathrm{d}x$$

$$= \Big[-\frac{3}{2}\frac{\ln x}{x^2}\Big]_{1}^{+\infty} + \frac{3}{2}\int_{1}^{+\infty}\frac{1}{x^3}\mathrm{d}x = \frac{3}{4}。$$

四、随机变量函数的数学期望

我们经常需要求随机变量的函数的数学期望,可以用下面介绍的几个定理直接计算随机变量函数的数学期望。

定理 4.1　设 Z 是随机变量 X 的函数 $Z = g(X)$,$g(x)$ 为连续实函数。

(1) 若离散型随机变量 X 的概率分布为 $P\{X = x_i\} = p_i (i = 1,2,3,\cdots)$,

且级数 $\sum\limits_{i=1}^{\infty} g(x_i)p_i$ 绝对收敛,则随机变量函数 $g(X)$ 的数学期望为

$$E\big[g(X)\big] = \sum_{i=1}^{\infty} g(x_i)p_i。$$

(2) 若连续型随机变量 X 的概率密度为 $f(x)$,且反常积分 $\int_{-\infty}^{+\infty} g(x)f(x)\mathrm{d}x$ 绝对收敛,则随机变量函数 $g(X)$ 的数学期望为

$$E\big[g(X)\big] = \int_{-\infty}^{+\infty} g(x)f(x)\mathrm{d}x。$$

定理 4.2　设 Z 是随机变量 X,Y 的函数 $Z = g(X,Y)$,$g(x,y)$ 为连续实函数。

(1) 若 (X,Y) 为离散型随机变量,分布律为 $P\{X = x_i, Y = y_j\} = p_{ij} (i,j = 1,2,\cdots)$,

如果 $\sum\limits_{j=1}^{\infty}\sum\limits_{i=1}^{\infty} g(x_i,y_j)p_{ij}$ 绝对收敛,则有

$$E(Z) = E(g(X,Y)) = \sum_{j=1}^{\infty}\sum_{i=1}^{\infty} g(x_i,y_j)p_{ij}。$$

(2) 若 (X,Y) 为连续型随机变量,概率密度为 $f(x,y)$,且反常积分 $\int_{-\infty}^{+\infty}\int_{-\infty}^{+\infty} g(x,y)f(x,y)\mathrm{d}x\,\mathrm{d}y$ 绝对收敛,则有

$$E(Z) = E(g(X,Y)) = \int_{-\infty}^{+\infty}\int_{-\infty}^{+\infty} g(x,y)f(x,y)\mathrm{d}x\,\mathrm{d}y。$$

利用上述定理计算随机变量的函数的数学期望是显而易见的,不必知道 Z 的分布,只需知道 X 或 (X,Y) 的分布律或密度函数就够了。

例 5　随机变量 X 的分布律如表 4-5 所示。

表 4-5

X	-2	-1	0	1	2	3
P_k	0.1	0.2	0.25	0.2	0.15	0.1

求随机变量 X 的函数 $Z_1 = 2X, Z_2 = X^2$ 的数学期望。

解　由定理得

$$E(Z_1) = (-2 \times 2) \times 0.1 + (-1 \times 2) \times 0.2 + 0 \times 2 \times 0.25$$
$$+ 1 \times 2 \times 0.2 + 2 \times 2 \times 0.15 + 3 \times 2 \times 0.1$$
$$= 0.8;$$

$$E(Z_2) = (-2)^2 \times 0.1 + (-1)^2 \times 0.2 + 0^2 \times 0.25 + 1^2 \times 0.2 + 2^2 \times 0.15 + 3^2 \times 0.1$$
$$= 2.3。$$

例 6　设风速 v 在 $(0, a)$ 上服从均匀分布,概率密度为

$$f(v) = \begin{cases} \dfrac{1}{a}, & 0 < v < a, \\ 0, & \text{其他。} \end{cases}$$

又设飞机机翼受到的正压力 F 是 v 的函数 $F = kv^2 (k > 0,$ 为常数$)$,求 F 的数学期望。

解　由题意

$$E(F) = \int_{-\infty}^{+\infty} kv^2 f(v) \mathrm{d}v = \int_0^a kv^2 \frac{1}{a} \mathrm{d}v = \frac{1}{3} ka^2。$$

例 7　按季节出售的某种应时商品,每售出 1 kg 获利 6 元,如到季末尚有剩余商品,则每千克净亏损 2 元。设某商店在季节内这种商品的销售量 X(kg) 是一个随机变量,X 在区间 $(8, 16)$ 内服从均匀分布,为使商店所获得利润最大,问商店应进多少货?

解　设进货量为 t,易知应取 $8 < t < 16$,进货 t 所得利润记作 $W_t(X)$,则有

$$W_t(X) = \begin{cases} 6X - 2(t - X), & 8 < X < t (\text{有积压}), \\ 6t, & t < X < 16 (\text{无积压})。 \end{cases}$$

利润 $W_t(X)$ 是随机变量,如何获得最大利润? 自然是取"平均利润"的最大值,即求 t,使 $E[W_t(X)]$ 最大,X 的概率密度为

$$f(x) = \begin{cases} \dfrac{1}{8}, & 8 < x < 16, \\ 0, & \text{其他,} \end{cases}$$

所以,

$$E[W_t(X)] = \int_{-\infty}^{+\infty} W_t(x) f(x) \mathrm{d}x = \frac{1}{8} \int_8^{16} W_t(x) \mathrm{d}x$$
$$= \frac{1}{8} \int_8^t [6x - 2(t - x)] \mathrm{d}x + \frac{1}{8} \int_t^{16} 6t \, \mathrm{d}x$$
$$= -\frac{t^2}{2} + 14t - 32。$$

令 $\dfrac{\mathrm{d}E[W_t(X)]}{\mathrm{d}t} = -t + 14 = 0$,解得 $t = 14$,而 $\dfrac{\mathrm{d}^2 E[W_t(X)]}{\mathrm{d}t^2} = -1 < 0$,故知当 $t = 14$ 时,$E[W_t(X)]$ 取极大值,易知这也是最大值。所以,进货 14 kg 时平均利润最大。

例 8　(竞拍问题)某甲和其余三人参加一个项目的竞拍,价格以千元记,价高者获胜。若甲中标,他就将此项目以 10 千元转让给其他人,可以认为其他三人的竞拍价是相互独立的,且都在 7—11 千元之间均匀分布,问甲应如何报价才能使获益的数学期望最大 (若甲中标必须将此项目以他自己的报价买下)。

解 设 X_1, X_2, X_3 是其他三人的报价,由题意 X_1, X_2, X_3 相互独立,且在 $(7, 11)$ 上服从均匀分布,其分布函数为

$$F(u) = \begin{cases} 0, & u < 7, \\ \dfrac{u-7}{4}, & 7 \leqslant u < 11, \\ 1, & u \geqslant 11, \end{cases}$$

以 Y 记三人最大出价,即 $Y = \max\{X_1, X_2, X_3\}$,$Y$ 的分布函数为

$$F_Y(u) = \begin{cases} 0, & u < 7, \\ \left(\dfrac{u-7}{4}\right)^3, & 7 \leqslant u < 11, \\ 1, & 11 \leqslant u \text{。} \end{cases}$$

若甲的报价为 x,按题意 $7 \leqslant x < 10$ 知甲能赢得这一项目的概率为

$$p = P\{Y \leqslant x\} = F_Y(x) = \left(\frac{x-7}{4}\right)^3, \quad 7 \leqslant x < 10\text{。}$$

记 $G(x)$ 为甲的赚钱数,$G(x)$ 是一个随机变量,它的分布律如表 4-6 所示。

表 4-6

$G(x)$	$10 - x$	0
P_k	$\left(\dfrac{x-7}{4}\right)^3$	$1 - \left(\dfrac{x-7}{4}\right)^3$

于是,甲赚钱数的数学期望为

$$E[G(x)] = \left(\frac{x-7}{4}\right)^3 \times (10 - x),$$

令

$$\frac{\mathrm{d}}{\mathrm{d}x} E[G(x)] = \frac{1}{4^3}[(x-7)^2(37-4x)] = 0,$$

得

$$x_1 = \frac{37}{4}, \quad x_2 = 7(\text{舍去})\text{。}$$

故知当甲的报价为 $x = \dfrac{37}{4}$ 千元时,他赚钱数的数学期望达到极大值,还可知这也是最大值。

例 9 设 (X, Y) 的概率密度函数为

$$f(x, y) = \begin{cases} \dfrac{x+y}{3}, & 0 \leqslant x \leqslant 2, 0 \leqslant y \leqslant 1, \\ 0, & \text{其他。} \end{cases}$$

求 $E(X), E(XY), E(X^2 + Y^2)$。

解 $E(X) = \iint\limits_D x f(x, y) \mathrm{d}x\, \mathrm{d}y = \int_0^2 \mathrm{d}x \int_0^1 \frac{x(x+y)}{3} \mathrm{d}y$

$\qquad\qquad = \frac{1}{6} \int_0^2 x(2x+1) \mathrm{d}x = \frac{11}{9};$

$$E(XY) = \iint\limits_{D} xyf(x,y)\mathrm{d}x\,\mathrm{d}y = \int_0^2 \mathrm{d}x \int_0^1 \frac{xy(x+y)}{3}\mathrm{d}y$$

$$= \int_0^2 \left(\frac{1}{6}x^2 + \frac{x}{9}\right)\mathrm{d}x = \frac{8}{9};$$

$$E(X^2 + Y^2) = \iint\limits_{D}(x^2 + y^2)f(x,y)\mathrm{d}x\,\mathrm{d}y$$

$$= \int_0^2 \mathrm{d}x \int_0^1 \frac{x^2(x+y)}{3}\mathrm{d}y + \int_0^2 \mathrm{d}x \int_0^1 \frac{y^2(x+y)}{3}\mathrm{d}y = \frac{13}{6}。$$

五、数学期望的性质

由数学期望的定义,数学期望具有下列性质:

(1) 设 c 是常数,则有 $E(c) = c$;

(2) 设 X 是随机变量,设 c 是常数,则有 $E(cX) = cE(X)$;

(3) 设 X,Y 是随机变量,则有 $E(X+Y) = E(X) + E(Y)$;

(4) 设 X,Y 是相互独立的随机变量,则有 $E(XY) = E(X)E(Y)$。

证 (1)(2)(3)证明略,只在连续型的情况下证明(4)。

设 X,Y 是相互独立的随机变量,其边缘概率密度分别为 $f_X(x)$,$f_Y(y)$,则联合概率密度为 $f(x,y) = f_X(x)f_Y(y)$,故有

$$E(XY) = \int_{-\infty}^{+\infty}\int_{-\infty}^{+\infty} xyf(x,y)\mathrm{d}x\,\mathrm{d}y = \int_{-\infty}^{+\infty}\int_{-\infty}^{+\infty} xyf_X(x)f_Y(y)\mathrm{d}x\,\mathrm{d}y$$

$$= \int_{-\infty}^{+\infty} xf_X(x)\mathrm{d}x \int_{-\infty}^{+\infty} yf_Y(y)\mathrm{d}y = E(X)E(Y)。$$

例 10 一民航公司的客车载有 20 位旅客自机场开出,沿途旅客有 10 个车站可以下车,若到达一个车站没有旅客下车就不停车。以 X 表示停车的次数,求 $E(X)$。(设每位旅客在每个车站下车是等可能的,并设各旅客是否下车相互独立)

解 引入随机变量

$$X_i = \begin{cases} 0, & \text{在第 } i \text{ 站没有人下车,} \\ 1, & \text{在第 } i \text{ 站有人下车,} \end{cases} \quad i = 1,2,\cdots,10。$$

易知 $X = X_1 + X_2 + \cdots + X_{10}$,下面求 $E(X)$。

由题意,任一旅客在第 i 站不下车的概率为 $\frac{9}{10}$,因此 20 位旅客都不在第 i 站下车的概率为 $\left(\frac{9}{10}\right)^{20}$,在第 i 站有人下车的概率为 $1 - \left(\frac{9}{10}\right)^{20}$,也即是

$$P(X_i = 0) = \left(\frac{9}{10}\right)^{20},\, P(X_i = 1) = 1 - \left(\frac{9}{10}\right)^{20},\, i = 1,2,\cdots,10。$$

因此
$$E(X_i) = 1 - \left(\frac{9}{10}\right)^{20},\, i = 1,2,\cdots,10,$$

从而

$$E(X) = E(X_1 + X_2 + \cdots + X_{10}) = E(X_1) + E(X_2) + \cdots + E(X_{10})$$

$$= 10 \times \left[1 - \left(\frac{9}{10} \right)^{20} \right] = 8.784 (次)。$$

本例将 X 分解成 n 个随机变量之和,然后利用随机变量和的数学期望等于随机变量数学期望之和这一性质来求数学期望,这种处理方法具有一定的普遍意义。

习 题 4-1

1. 某工厂一天生产的产品中次品数 X 的分布律如表 4-7 所示。

表 4-7

X	0	1	2	3
P	0.3	0.4	0.1	0.2

求平均每天生产的次品数。

2. 设随机变量 X 的分布律如表 4-8 所示。

表 4-8

X	1	0	2	3
P	$\frac{1}{8}$	$\frac{1}{4}$	$\frac{3}{8}$	$\frac{1}{4}$

求 $E(X^2)$,$E(-2X+1)$。

3. 设随机变量 X 的概率密度为

$$f(x) = \begin{cases} x, & 0 \leqslant x < 1, \\ 2-x, & 1 \leqslant x < 2, \\ 0, & 其他。 \end{cases}$$

求 X 的数学期望 $E(X)$。

4. 设 X 的分布函数为

$$F(x) = \begin{cases} 0, & x < 0, \\ Ax^2, & 0 \leqslant x \leqslant 1, \\ 1, & x > 1。 \end{cases}$$

求常数 A 和 X 的数学期望 $E(X)$。

5. 设随机变量 X_1, X_2 的概率密度分别为

$$f_{X_1}(x) = \begin{cases} 2e^{-2x}, & x > 0, \\ 0, & x \leqslant 0, \end{cases} \quad f_{X_2}(x) = \begin{cases} 4e^{-4x}, & x > 0, \\ 0, & x \leqslant 0, \end{cases}$$

求:(1) $E(X_1 + X_2)$,$E(2X_1 - 3X_2^2)$; (2) 设 X_1, X_2 相互独立,求 $E(X_1 X_2)$。

6. 设随机变量 X 的概率密度为 $f(x) = \begin{cases} kx^\alpha, & 0 < x < 1, \\ 0, & 其他, \end{cases}$ 其中 $k, \alpha > 0$,又已知 $E(X) = 0.75$,求 k, α 的值。

7. 设随机变量 X 的概率密度为 $f(x)=\begin{cases}e^{-x}, & x>0, \\ 0, & x\leqslant 0.\end{cases}$ 求：(1) $Y=2X$；(2) $Y=e^{-2X}$ 的数学期望。

8. 甲、乙两台机器一天中生产出次品的概率分布分别如表 4-9、表 4-10 所示。

表 4-9

X	0	1	2	3
P	0.4	0.3	0.2	0.1

表 4-10

Y	0	1	2	3
P	0.3	0.5	0.2	0

若两台机器的日产量相同,问哪台机器较好?

9. 国际市场每年对我国某种出口商品需求量 X 都是一个随机变量,它在 $[2000, 4000]$(单位:t)上服从均匀分布,若每售出 1 吨,可得外汇 3 万美元,如销售不出而积压,则每吨需保养费 1 万美元。问应组织多少货源,才能使平均收益最大?

10. 设某产品每周需求量为 Q,Q 的可能取值为 $1,2,3,4,5$,(等可能取各值),生产每件产品成本是 $C_1=3$ 元,每件产品售价 $C_2=9$ 元,没有售出的产品以每件 $C_3=1$ 元的费用存入仓库,问生产者每周生产多少件产品可使所有利润的期望最大?

11. 若有 n 把看上去样子相同的钥匙,其中只有一把能打开门上的锁。现用它们去试开门上的锁,设取到每只钥匙是等可能的,若把每把钥匙试开一次后除去,求试开次数 X 的期望。

12. 将 n 个球放入 M 个盒子中,设每只球落入每个盒子是等可能的,求有球的盒子数 X 的期望。

扫码查看
习题参考答案

第二节　方　　差

一、方差的定义

随机变量 X 的数学期望表示了随机变量的加权平均值,它表示 X 的所有取值的分布"中心",它是随机变量的一个重要数字特征,但存在着一定的局限性。例如,某班两组同学的"概率论与数理统计"成绩如表 4-11 所示。

表 4-11

甲组 X	55	65	75	85	95
乙组 Y	65	70	75	80	85

分析哪组同学成绩考得较好。

　　计算得出二者的数学期望均为 75,这说明仅凭数学期望这一数字特征并不能比较哪组的成绩更好一些。通常可以考虑谁的成绩更加稳定一些,也就是看哪组的成绩更加集中于平均值附近,即衡量随机变量关于数学期望的离散程度(如图 4-1)。

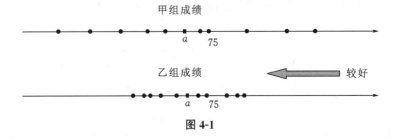

甲组成绩

乙组成绩　　　　　　　　　　　　较好

图 4-1

　　一般对于随机变量 X,用 $X-E(X)$ 表示随机变量 X 与其均值的偏差,但是因为 $E[X-E(X)]=0$,故经常采用绝对误差的数学期望 $E|X-E(X)|$ 来描述随机变量 X 的分散程度。但是,绝对值的运算有很多不便之处,通常采用 $E[X-E(X)]^2$ 来描述随机变量 X 取值的分散程度,由上例中甲、乙两组成绩可以计算出:

$$E[X-E(X)]^2 = \frac{1}{5}\times(55-75)^2 + \frac{1}{5}\times(65-75)^2 + \frac{1}{5}\times(75-75)^2$$
$$+ \frac{1}{5}\times(85-75)^2 + \frac{1}{5}\times(95-75)^2 = 200,$$

$$E[Y-E(Y)]^2 = \frac{1}{5}\times(65-75)^2 + \frac{1}{5}\times(70-75)^2 + \frac{1}{5}\times(75-75)^2$$
$$+ \frac{1}{5}\times(80-75)^2 + \frac{1}{5}\times(85-75)^2 = 50,$$

由此可见乙组同学的成绩更稳定些。

　　定义 4.2　设 X 是一个随机变量,若 $E[X-E(X)]^2$ 存在,就称其为 X 的方差,记为 $D(X)$ 或 $\text{Var}(X)$,即

$$D(X) = \text{Var}(X) = E[X-E(X)]^2,$$

同时还引入与随机变量 X 具有相同量纲的量 $\sqrt{D(X)}$,称 $\sqrt{D(X)}$ 为**均方差**或**标准差**,记为 $\sigma(X)$。

扫码看微课视频

　　根据定义可知,随机变量 X 的方差反映了随机变量的取值与其数学期望的偏离程度。若 X 取值比较集中,则 $D(X)$ 较小,说明数据偏离较小;反之,若 X 取值比较分散,则 $D(X)$ 较大,说明数据偏离较大,参差不齐。

　　方差是随机变量 X 的函数 $[X-E(X)]^2$ 的数学期望。

　　(1)若 X 是离散型随机变量,分布律为 $p_k = P(X=x_k), k=1,2,\cdots$,则

$$D(X) = \sum_{k=1}^{\infty}[x_k-E(X)]^2 p_k.$$

　　(2)若 X 是连续型随机变量,它的概率密度为 $f(x)$,则

$$D(X) = \int_{-\infty}^{+\infty}[x-E(X)]^2 f(x)\mathrm{d}x.$$

　　方差常用的计算公式为 $D(X) = E(X^2) - [E(X)]^2$。

证　由方差的定义及数学期望的性质,有

$$D(X) = E\{[X - E(X)]^2\} = E\{X^2 - 2XE(X) + [E(X)]^2\}$$
$$= E(X^2) - 2E(X)E(X) + [E(X)]^2$$
$$= E(X^2) - [E(X)]^2 \, 。$$

二、方差的性质

方差具有以下性质:

(1) 设 c 是常数,则有 $D(c) = 0$;

(2) 设 c 是常数,则有 $D(cX) = c^2 D(X), D(X + c) = D(X)$;

(3) $D(X \pm Y) = D(X) + D(Y) \pm 2E\{[X - E(X)][Y - E(Y)]\}$,

当 X, Y 是相互独立时,$D(X \pm Y) = D(X) + D(Y)$;

(4) 若 $X_1, X_2, \cdots, X_n$ 是相互独立的随机变量,则

$$D(\sum_{i=1}^{n} C_i X_i) = \sum_{i=1}^{n} C_i^2 D(X_i);$$

(5) $D(X) = 0$ 的充要条件是 X 以概率为 1 取常数,即

$$P(X = c) = 1 \, 。$$

下面仅证明性质(3)。

由方差定义知:

$$D(X \pm Y) = E\{[X - E(X)] \pm [Y - E(Y)]\}^2$$
$$= E[X - E(X)]^2 + E[Y - E(Y)]^2 \pm 2E\{[X - E(X)][Y - E(Y)]\}$$
$$= D(X) + D(Y) \pm 2E\{[X - E(X)][Y - E(Y)]\} \, 。$$

当 X, Y 是相互独立时,$X - E(X)$ 与 $Y - E(Y)$ 也相互独立,由期望性质可得

$$E\{[X - E(X)][Y - E(Y)]\} = E[X - E(X)]E[Y - E(Y)] = 0,$$

所以,　　　　　　　　　　$D(X \pm Y) = D(X) + D(Y) \, 。$

三、常用分布的方差

1. 0-1 分布

设 X 服从参数为 P 的 0-1 分布,其分布律如表 4-12 所示。

表 4-12

X	0	1
P	$1 - p$	p

由上一节知识可知

$$E(X) = p,$$
$$E(X^2) = 0^2 \times (1 - p) + 1^2 \times p = p,$$
$$D(X) = E(X^2) - [E(X)]^2 = p - p^2 = p(1 - p) \, 。$$

2. 二项分布

由二项分布定义知 X 是 n 重伯努利试验中事件 A 发生的次数，且每次试验中事件 A 发生的概率为 p，引入随机变量：

$$X_k = \begin{cases} 1, & A \text{ 在第 } k \text{ 次试验中发生}, \\ 0, & A \text{ 在第 } k \text{ 次试验中不发生}, \end{cases} \quad k = 1, 2, \cdots, n。$$

易知 $X = X_1 + X_2 + \cdots + X_n$，且 $X_1, X_2, \cdots, X_n$ 独立同分布，X_k 的分布律均为

$$P(X_k = 1) = p, P(X_k = 0) = 1 - p, \quad k = 1, 2, \cdots n,$$

那么 $X = X_1 + X_2 + \cdots + X_n$ 服从 $B(n, p)$，因为

$$E(X_i) = 1 \cdot p + 0 \cdot (1 - p) = p,$$
$$D(X_i) = E(X_i^2) - E(X_i)^2 = 1^2 \times p + 0^2 \times (1 - p) - p^2$$
$$= p(1 - p), \quad i = 1, 2, \cdots, n。$$

由于 $X_1, X_2, \cdots, X_n$ 相互独立，所以

$$D(X) = \sum_{i=1}^{n} D(X_i) = np(1 - p)。$$

3. 泊松分布

由于 $D(X) = E(X^2) - [E(X)]^2$，而

$$E(X) = \lambda,$$

$$E(X^2) = \sum_{k=1}^{\infty} k^2 \frac{\lambda^k}{k!} \mathrm{e}^{-\lambda} = \lambda \sum_{k=1}^{\infty} \frac{k\lambda^{k-1}}{(k-1)!} \mathrm{e}^{-\lambda} = \lambda \mathrm{e}^{-\lambda} \sum_{k=0}^{\infty} \frac{(k+1)\lambda^k}{k!}$$

$$= \lambda \mathrm{e}^{-\lambda} \sum_{k=0}^{\infty} \frac{k\lambda^k}{k!} + \lambda \mathrm{e}^{-\lambda} \sum_{k=0}^{\infty} \frac{\lambda^k}{k!} = \lambda \mathrm{e}^{-\lambda} (\lambda \mathrm{e}^{\lambda} + \mathrm{e}^{\lambda}) = \lambda^2 + \lambda,$$

因而

$$D(X) = \lambda。$$

4. 均匀分布 $U(a, b)$

若随机变量 $X \sim U(a, b)$，其分布的密度函数为

$$f(x) = \begin{cases} \dfrac{1}{b-a}, & a < x < b, \\ 0, & \text{其他}, \end{cases} \quad E(X) = \frac{a+b}{2},$$

$$E(X^2) = \int_a^b \frac{x^2}{b-a} \mathrm{d}x = \frac{b^3 - a^3}{3(b-a)} = \frac{b^2 + ab + a^2}{3},$$

故

$$D(X) = \frac{b^2 + ab + a^2}{3} - \left(\frac{a+b}{2}\right)^2 = \frac{(b-a)^2}{12}。$$

5. 指数分布

若随机变量 X 服从参数为 θ 的指数分布，其密度函数为

$$f(x) = \begin{cases} \lambda \mathrm{e}^{-\lambda x}, & x > 0, \\ 0, & x \leqslant 0, \end{cases}$$

$$E(X^2) = \int_0^{+\infty} x^2 f(x) \mathrm{d}x = \int_0^{+\infty} \lambda x^2 \mathrm{e}^{-\lambda x} \mathrm{d}x = -\int_0^{+\infty} x^2 \mathrm{d}\mathrm{e}^{-\lambda x}$$

$$= -x^2 \mathrm{e}^{-\lambda x} \Big|_0^{+\infty} + \int_0^{+\infty} 2x \mathrm{e}^{-\lambda x} \mathrm{d}x = \frac{2}{\lambda^2},$$

故 $$D(X) = E(X^2) - [E(X)]^2 = \frac{1}{\lambda^2}.$$

6. 正态分布

设随机变量 $X \sim N(\mu, \sigma^2)$，由上一节知 $E(X) = \mu$，从而

$$D(X) = \int_{-\infty}^{+\infty} [x - E(X)]^2 f(x) \mathrm{d}x = \int_{-\infty}^{+\infty} (x - \mu)^2 \frac{1}{\sqrt{2\pi}\sigma} \mathrm{e}^{-\frac{(x-\mu)^2}{2\sigma^2}} \mathrm{d}x.$$

令 $\dfrac{x-\mu}{\sigma} = t$，则

$$D(X) = \frac{\sigma^2}{\sqrt{2\pi}} \int_{-\infty}^{+\infty} t^2 \mathrm{e}^{-\frac{t^2}{2}} \mathrm{d}t = \frac{\sigma^2}{\sqrt{2\pi}} \left(-t\mathrm{e}^{-\frac{t^2}{2}} \Big|_{-\infty}^{+\infty} + \int_{-\infty}^{+\infty} \mathrm{e}^{-\frac{t^2}{2}} \mathrm{d}t \right)$$

$$= \frac{\sigma^2}{\sqrt{2\pi}} (0 + \sqrt{2\pi}) = \sigma^2.$$

例 1   设随机变量 X 的概率密度为 $f(x) = \begin{cases} 1+x, & -1 \leqslant x < 0, \\ 1-x, & 0 \leqslant x < 1, \\ 0, & \text{其他}, \end{cases}$ 求方差 $D(X)$。

解 $$E(X) = \int_{-1}^{0} x(1+x)\mathrm{d}x + \int_{0}^{1} x(1-x)\mathrm{d}x = 0,$$

$$E(X^2) = \int_{-1}^{0} x^2(1+x)\mathrm{d}x + \int_{0}^{1} x^2(1-x)\mathrm{d}x = \frac{1}{6},$$

于是 $$D(X) = E(X^2) - [E(X)]^2 = \frac{1}{6}.$$

例 2   设随机变量 X 的数学期望为 $E(X)$，方差 $D(X) = \sigma^2 (\sigma > 0)$，令 $U = \dfrac{X - E(X)}{\sigma}$，求 $E(U), D(U)$。

解 $$E(U) = E\left[\frac{X - E(X)}{\sigma}\right] = \frac{1}{\sigma} E[X - E(X)] = \frac{1}{\sigma}[E(X) - E(X)] = 0,$$

$$D(U) = D\left[\frac{X - E(X)}{\sigma}\right] = \frac{1}{\sigma^2} D[X - E(X)] = \frac{1}{\sigma^2} D(X) = \frac{\sigma^2}{\sigma^2} = 1.$$

常称 U 为 X 的标准化随机变量。

为使用方便，将某些常用分布的数学期望和方差列在表 4-13 中，以后可以直接使用。

表 4-13   几种常用的概率分布及其数学期望与方差

分布名称	参数	分布律或概率密度	期望	方差
0-1 分布	$0 < p < 1, q = 1 - p$	$P\{X = k\} = p^k(1-p)^{1-k}$, $k = 0, 1$	p	$p(1-p)$
二项分布 $b(n, p)$	$n \geqslant 1, 0 < p < 1$	$P\{X = k\} = C_n^k p^k (1-p)^{n-k}$, $k = 0, 1, \cdots, n$	np	$np(1-p)$

分布名称	参数	分布律或概率密度	期望	方差
泊松分布 $p(\lambda)$	$\lambda > 0$	$P\{X=k\} = \dfrac{\lambda^k}{k!}\mathrm{e}^{-\lambda}$, $k=0,1,\cdots$	λ	λ
均匀分布 $U(a,b)$	$b > a$	$f(x)=\begin{cases}\dfrac{1}{b-a}, & a<x<b,\\ 0, & \text{其他}\end{cases}$	$\dfrac{a+b}{2}$	$\dfrac{(b-a)^2}{12}$
指数分布 $E(\lambda)$	$\lambda > 0$	$f(x)=\begin{cases}\lambda\mathrm{e}^{-\lambda x}, & x>0,\\ 0, & x\leqslant 0\end{cases}$	$\dfrac{1}{\lambda}$	$\dfrac{1}{\lambda^2}$
正态分布 $N(\mu,\sigma^2)$	μ 任意, $\sigma>0$	$f(x)=\dfrac{1}{\sqrt{2\pi}\sigma}\mathrm{e}^{-\frac{(x-\mu)^2}{2\sigma^2}}$, $x\in\mathbf{R}$	μ	σ^2

例 3 某人有一笔资金,可投入两个项目:房产和商业,其收益都与市场状态有关。若把未来市场划分为好、中、差三个等级,各个等级发生的概率分别为 0.2、0.7、0.1。通过调查,该投资者认为投资于房产的收益 X(万元)和投资于商业的收益 Y(万元)的分布分别如表 4-14、表 4-15 所示。

表 4-14

X	11	3	-3
P	0.2	0.7	0.1

表 4-15

Y	6	4	-1
P	0.2	0.7	0.1

请问:该投资者如何进行投资为好?

解 先分析数学期望:
$$E(X)=11\times0.2+3\times0.7+(-3)\times0.1=4.0(\text{万元}),$$
$$E(Y)=6\times0.2+4\times0.7+(-1)\times0.1=3.9(\text{万元}),$$
从平均收益来看,投资房产收益大,可比投资商业多收益 0.1 万元。

下面我们再来分析它们各自的方差
$$D(X)=15.4, \quad D(Y)=3.29,$$
及标准差 $\quad \sigma(X)=\sqrt{15.4}=3.92, \quad \sigma(Y)=\sqrt{3.29}=1.81。$

因为标准差(方差也一样)越大,则收益的波动大,从而风险也大,所以从标准差看,投资房产的风险比投资商业的风险大一倍多。若收益与风险综合权衡,该投资者还是应该选择投资商业为好,虽然平均收益少 0.1 万元,但风险要小一半以上。

四、切比雪夫不等式

19 世纪俄国数学家切比雪夫在研究统计规律时,论证并用标准差表达了一个不等式,这个不等式具有普遍的意义,被称作切比雪夫定理。

定理 4.3　设随机变量 X 的均值 $E(X)=\mu$ 及方差 $D(X)=\sigma^2$ 存在,则对于任意正数 ε,有不等式

$$P\{\,|\,X-E(X)\,|\geqslant\varepsilon\} \leqslant \frac{D(X)}{\varepsilon^2} \ \text{或} \ P\{\,|\,X-E(X)\,|<\varepsilon\} \geqslant 1-\frac{D(X)}{\varepsilon^2}$$

成立,即

$$P\{\,|\,X-\mu\,|\geqslant\varepsilon\} \leqslant \frac{\sigma^2}{\varepsilon^2} \ \text{或} \ P\{\,|\,X-\mu\,|<\varepsilon\} \geqslant 1-\frac{\sigma^2}{\varepsilon^2}。$$

我们称该不等式为**切比雪夫不等式**。

证　(仅对连续性的随机变量进行证明)设 $f(x)$ 为 X 的密度函数(如图 4-2),则

$$P\{\,|\,X-E(X)\,|\geqslant\varepsilon\} = \int_{|x-\mu|\geqslant\varepsilon} f(x)\mathrm{d}x \leqslant \int_{|x-\mu|\geqslant\varepsilon} \frac{(x-\mu)^2}{\varepsilon^2}f(x)\mathrm{d}x$$

$$\leqslant \frac{1}{\varepsilon^2}\int_{-\infty}^{+\infty}(x-\mu)^2 f(x)\mathrm{d}x \leqslant \frac{1}{\varepsilon^2}\times\sigma^2 = \frac{D(X)}{\varepsilon^2}。$$

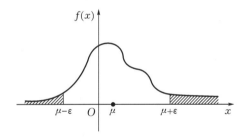

图 4-2

从定理看,如果 $D(X)$ 越小,则随机变量 X 在 $(E(X)-\varepsilon, E(X)+\varepsilon)$ 中取值的概率就越大,这说明方差是一个反映随机变量的取值与其分布中心($E(X)$)偏离程度的数量指标。利用切比雪夫不等式可以在随机变量 X 分布未知的情况下估算事件 $\{\,|\,X-E(X)\,|<\varepsilon\}$ 的概率下限,例如分别取 $\varepsilon=3\sigma, 4\sigma$,则可以得到

$$P\{\,|\,X-\mu\,|<3\sigma\} \geqslant 0.8889, \quad P\{\,|\,X-\mu\,|<4\sigma\} \geqslant 0.9375。$$

例 4　已知某班某门课的平均成绩为 80 分,标准差为 10 分,试估计及格率。

解　设 X 表示任抽一学生的成绩,则

$$P\{60\leqslant X\leqslant 100\}=P\{\,|\,X-80\,|\leqslant 20\} \geqslant P\{\,|\,X-80\,|<20\} \geqslant 1-\frac{100}{20^2}=75\%。$$

这个估计是比较粗糙的,如果已经知道随机变量的分布,那么所需求的概率可以确切地计算出来,也就没有必要用这一不等式作估计了。

习　题　4-2

1. 设随机变量 X 的概率分布律如表 4-16 所示。

表 4-16

X	-1	0	2	3
P	$\dfrac{1}{8}$	$\dfrac{1}{4}$	$\dfrac{3}{8}$	$\dfrac{1}{4}$

求 $D(X)$。

2. 设随机变量 X 的概率密度函数为

$$f(x)=\begin{cases} 2x, & 0<x<1, \\ 0, & \text{其他。} \end{cases}$$

求方差 $D(X)$。

3. 设随机变量 $X \sim b(n,p)$，$E(X)=2.4$，$D(X)=1.44$，求 n 和 p。

4. 设随机变量 X 的概率密度函数为

$$f(x)=\begin{cases} x, & 0\leqslant x<1, \\ 2-x, & 1\leqslant x<2, \\ 0, & \text{其他。} \end{cases}$$

求方差 $D(X)$。

5. 设随机变量 X 的概率密度函数为

$$f(x)=\begin{cases} \dfrac{2}{\pi}\cos^2 x, & |x|<\dfrac{\pi}{2}, \\ 0, & |x|\geqslant\dfrac{\pi}{2}。 \end{cases}$$

求数学期望 $E(X)$ 和方差 $D(X)$。

6. 设二维随机变量 (X,Y) 的概率密度为

$$f(x,y)=\begin{cases} 15xy^2, & 0\leqslant y\leqslant x\leqslant 1, \\ 0, & \text{其他。} \end{cases}$$

求 $D(X)$ 和 $D(Y)$。

7. 设随机变量 X_1,X_2,X_3,X_4 相互独立，且有

$$E(X_i)=i, \quad D(X_i)=5-i(i=1,2,3,4), \quad Y=2X_1-X_2+3X_3-\frac{1}{2}X_4,$$

求 $E(Y)$ 和 $D(Y)$。

8. 设有甲、乙两种棉花，从中各抽取等量的样品进行检验，结果如表 4-17、表 4-18 所示。

表 4-17

X	28	29	30	31	32
P	0.1	0.15	0.5	0.15	0.1

表 4-18

Y	28	29	30	31	32
P	0.13	0.17	0.4	0.17	0.13

其中 X,Y 分别表示甲、乙两种棉花的纤维的长度(单位:毫米),求 $D(X)$ 与 $D(Y)$,且评定它们的质量。

9. 若 X 和 Y 独立,证明: $D(XY)=D(X)D(Y)+[E(X)]^2D(Y)+[E(Y)]^2D(X)$。

10. 一台设备由三大部件构成,在设备运转过程中各部件需要调整的概率相应为 $0.1,0.2,0.3$,假设各部件的状态相互独立,以 X 表示同时需要调整的部件数,试求 X 的数学期望 $E(X)$ 和方差 $D(X)$。

11. 设随机变量 X 服从瑞利分布,其概率密度为

$$f(x)=\begin{cases} \dfrac{x}{\sigma^2}e^{-\frac{x^2}{2\sigma^2}}, & x>0, \\ 0, & x\leqslant 0, \end{cases} \qquad \sigma>0,\text{是常数}。$$

求 $E(X)$, $D(X)$。

12. 设随机变量 X 服从几何分布,其分布律为

$$P\{X=k\}=p(1-p)^{k-1}, \quad k=1,2,\cdots, \quad 0<p<1\text{是常数},$$

求 $E(X)$, $D(X)$。

13. 在每次试验中,事件 A 发生的概率为 0.5,利用切比雪夫不等式估计在 1000 次独立重复的试验中,事件 A 发生的次数在 400 至 600 之间的概率。

14. 利用切比雪夫不等式确定一枚质地均匀的硬币至少需要抛多少次,才能保证正面出现的频率在 0.4 至 0.6 之间的概率不小于 0.9。

15. 设随机变量 X 的概率密度为

$$f(x)=\begin{cases} \dfrac{x^m e^{-x}}{m!}, & x>0, \\ 0, & x\leqslant 0, \end{cases}$$

试利用切比雪夫不等式证明: $P\{0<X<2(m+1)\}\geqslant\dfrac{m}{m+1}$。

第三节　协方差与相关系数

协方差及相关系数是描述两个随机变量之间相互关系的数字特征量。

一、协方差

在上一节方差性质(3)的证明中,如果两个随机变量 X 与 Y 相互独立,则有 $E\{[X-E(X)][Y-E(Y)]\}=0$,这说明当 $E\{[X-E(X)][Y-E(Y)]\}\neq 0$ 时,随机变量 X 与 Y 不是相互独立,而是存在一定关系的。

定义 4.3　$E\{[X-E(X)][Y-E(Y)]\}$ 称为随机变量 X 与 Y 的**协方差**，记为 $\mathrm{Cov}(X,Y)$，即

$$\mathrm{Cov}(X,Y)=E\{[X-E(X)][Y-E(Y)]\}。$$

对于任意两个随机变量 X 与 Y，有 $D(X\pm Y)=D(X)+D(Y)\pm 2\mathrm{Cov}(X,Y)$。由协方差的定义及数学期望的性质可得下列计算公式：

$$\mathrm{Cov}(X,Y)=E(XY)-E(X)E(Y)。$$

协方差有如下的性质：

(1) $\mathrm{Cov}(X,X)=D(X)$；

(2) $\mathrm{Cov}(X,Y)=\mathrm{Cov}(Y,X)$；

(3) $\mathrm{Cov}(aX,bY)=ab\mathrm{Cov}(X,Y)$，其中 a,b 为常数；

(4) $\mathrm{Cov}(X_1+X_2,Y)=\mathrm{Cov}(X_1,Y)+\mathrm{Cov}(X_2,Y)$；

(5) $\mathrm{Cov}(c,X)=0$，c 为任意常数；

(6) 如果随机变量 X 与 Y 相互独立，则 $\mathrm{Cov}(X,Y)=0$。

二、相关系数

虽然协方差 $\mathrm{Cov}(X,Y)$ 可以用来描述随机变量 X 与 Y 的相关性，但它是具有量纲的量，在使用过程中由于所选单位不同，其结果会相差很大，这在实际中往往会带来诸多不便，为避免这种情形发生，下面我们引入一个无量纲的量——相关系数。

定义 4.4　设随机变量 X 与 Y 的方差存在且大于 0，将 $\mathrm{Cov}(X,Y)$ 除以 X 和 Y 的标准差所得到的结果称为**相关系数**，记作 ρ_{XY}，即 $\rho_{XY}=\dfrac{\mathrm{Cov}(X,Y)}{\sqrt{D(x)}\ \sqrt{D(Y)}}$。

令 $X^*=\dfrac{X-E(X)}{\sqrt{D(X)}}$，$\quad Y^*=\dfrac{Y-E(Y)}{\sqrt{D(Y)}}$，称 X^*,Y^* 分别为 X,Y 的**标准化随机变量**。易知

$$E(X^*)=E(Y^*)=0,\quad D(X^*)=D(Y^*)=1,$$

则　　　　　　$$\rho_{XY}=\frac{\mathrm{Cov}(X,Y)}{\sqrt{D(x)}\ \sqrt{D(Y)}}=\mathrm{Cov}(X^*,Y^*)=E(X^*Y^*),$$

因此，ρ_{XY} 也称为标准协方差。

相关系数是一个无量纲的量，反映了随机变量 X 与 Y 的相关程度，它具有如下的性质：

(1) $|\rho_{XY}|\leqslant 1$；

(2) $|\rho_{XY}|=1$ 的充要条件是 X 与 Y 依概率 1 线性相关，即 $P\{Y=aX+b\}=1$，其中 a,b 为常数。

当相关系数 $\rho_{XY}\neq 0$ 时，称 X 与 Y 相关；当 $\rho_{XY}=0$ 时，称 X 与 Y 不相关；当 $\rho_{XY}=\pm 1$ 时，称 X 与 Y 完全相关。

假设随机变量 X 与 Y 的相关系数 ρ_{XY} 存在。当 X 和 Y 相互独立时，由数学期望的性

质及协方差、相关系数的定义知 $\text{Cov}(X,Y)=0$，从而 $\rho_{XY}=0$，即 X,Y 不相关。反之，若 X,Y 不相关，X 和 Y 不一定相互独立（见例1）。上述情况从"不相关"和"相互独立"的含义来看是明显的，这是因为不相关只是就线性关系来说的，而相互独立是就一般关系而言的。

不过，从例3可以看到，当 (X,Y) 服从二维正态分布时，X 和 Y 不相关与 X 和 Y 相互独立是等价的。

例1 设二维随机变量 (X,Y) 的分布律如表4-19所示。

表 4-19

X / Y	-1	0	1
0	0	$\dfrac{1}{3}$	0
1	$\dfrac{1}{3}$	0	$\dfrac{1}{3}$

证明：X 与 Y 不相关，但不是相互独立的。

证 易知 X,Y 的边缘分布律分别如表4-20、表4-21所示。

表 4-20

X	-1	0	1
$p_{i\cdot}$	$\dfrac{1}{3}$	$\dfrac{1}{3}$	$\dfrac{1}{3}$

表 4-21

Y	0	1
$p_{\cdot j}$	$\dfrac{1}{3}$	$\dfrac{2}{3}$

所以

$$\text{Cov}(X,Y)=E(XY)-E(X)E(Y)$$
$$=(-1)\times 1\times\frac{1}{3}+0\times 0\times\frac{1}{3}+1\times 1\times\frac{1}{3}$$
$$-\left[(-1)\times\frac{1}{3}+0\times\frac{1}{3}+1\times\frac{1}{3}\right]\left(0\times\frac{1}{3}+1\times\frac{2}{3}\right)$$
$$=0,$$

即 X 与 Y 是不相关的。但是，因为 $p_{00}=\dfrac{1}{3}\neq\dfrac{1}{3}\times\dfrac{1}{3}=p_{0\cdot}p_{\cdot 0}$，所以 X 与 Y 不是相互独立的。

例2 设 X 服从 $(-\pi,\pi)$ 上的均匀分布，$X_1=\sin X$，$X_2=\cos X$，求 $\rho_{X_1 X_2}$。

解 随机变量 X 的概率密度为 $f(x)=\begin{cases}\dfrac{1}{2\pi}, & -\pi<x<\pi,\\ 0, & \text{其他},\end{cases}$ 则

$$E(X_1)=\int_{-\infty}^{+\infty}\sin x\cdot f(x)\mathrm{d}x=\frac{1}{2\pi}\int_{-\pi}^{\pi}\sin x\,\mathrm{d}x=0,$$
$$E(X_2)=\int_{-\infty}^{+\infty}\cos x\cdot f(x)\mathrm{d}x=\frac{1}{2\pi}\int_{-\pi}^{\pi}\cos x\,\mathrm{d}x=0,$$

$$E(X_1 X_2) = \int_{-\infty}^{+\infty} \sin x \cos x \cdot f(x) \mathrm{d}x = \frac{1}{2\pi} \int_{-\pi}^{\pi} \sin x \cos x \, \mathrm{d}x = 0,$$

所以，　　　　　　$\mathrm{Cov}(X_1, X_2) = E(X_1 X_2) - E(X_1)E(X_2) = 0,$

于是 $\rho_{X_1 X_2} = 0$，即 X_1, X_2 不相关，但 $X_1^2 + X_2^2 = 1$。

由此例可知，X_1, X_2 之间虽然没有线性关系，但可能有其他的函数关系。

例 3　设 (X, Y) 服从二维正态分布，它的概率密度为

$$f(x, y) = \frac{1}{2\pi \sigma_1 \sigma_2 \sqrt{1-\rho^2}} \exp\left\{ -\frac{1}{2(1-\rho^2)} \left[\frac{(x-\mu_1)^2}{\sigma_1^2} \right.\right.$$

$$\left.\left. -2\rho \frac{(x-\mu_1)(y-\mu_2)}{\sigma_1 \sigma_2} + \frac{(y-\mu_2)^2}{\sigma_2^2} \right] \right\},$$

求 X 与 Y 的相关系数。

解　由第三章第二节例 3 已经知道 (X, Y) 的边缘概率密度为

$$f_X(x) = \frac{1}{\sqrt{2\pi}\sigma_1} e^{-\frac{(x-u_1)^2}{2\sigma_1^2}} \quad (-\infty < x < +\infty),$$

$$f_Y(y) = \frac{1}{\sqrt{2\pi}\sigma_2} e^{-\frac{(y-u_2)^2}{2\sigma_2^2}} \quad (-\infty < y < +\infty),$$

故　　　　$E(X) = u_1, E(Y) = u_2, D(X) = \sigma_1^2, D(Y) = \sigma_2^2。$

而　　$\mathrm{Cov}(X, Y) = E((X-E(X))(Y-E(Y)))$

$$= \int_{-\infty}^{+\infty} \int_{-\infty}^{+\infty} (x-u_1)(y-u_2) f(x, y) \mathrm{d}x \, \mathrm{d}y$$

$$= \frac{1}{2\pi \sigma_1 \sigma_2 \sqrt{1-\rho^2}} \int_{-\infty}^{+\infty} \int_{-\infty}^{+\infty} (x-u_1)(y-\mu_2) \cdot$$

$$\exp\left\{ -\frac{1}{2(1-\rho^2)} \left[\left(\frac{y-\mu_2}{\sigma_2} - \rho \frac{x-\mu_1}{\sigma_1} \right)^2 - \frac{(x-\mu_1)^2}{2\sigma_1^2} \right] \right\} \mathrm{d}x \, \mathrm{d}y,$$

令 $t = \frac{1}{\sqrt{1-\rho^2}} \left(\frac{y-\mu_2}{\sigma_2} - \rho \frac{x-\mu_1}{\sigma_1} \right)$，$u = \frac{x-\mu_1}{\sigma_1}$，则

$$\mathrm{Cov}(X, Y) = \frac{1}{2\pi} \int_{-\infty}^{+\infty} \int_{-\infty}^{+\infty} (\sigma_1 \sigma_2 \sqrt{1-\rho^2}\, tu + \rho \sigma_1 \sigma_2 u^2) e^{-\frac{u^2}{2} - \frac{t^2}{2}} \mathrm{d}t \, \mathrm{d}u$$

$$= \frac{\rho \sigma_1 \sigma_2}{2\pi} \left(\int_{-\infty}^{+\infty} u^2 e^{-\frac{u^2}{2}} \mathrm{d}u \right) \left(\int_{-\infty}^{+\infty} e^{-\frac{t^2}{2}} \mathrm{d}t \right) + \frac{\sigma_1 \sigma_2 \sqrt{1-\rho^2}}{2\pi} \left(\int_{-\infty}^{+\infty} u e^{-\frac{u^2}{2}} \mathrm{d}u \right) \left(\int_{-\infty}^{+\infty} t e^{-\frac{t^2}{2}} \mathrm{d}t \right)$$

$$= \frac{\rho \sigma_1 \sigma_2}{2\pi} \sqrt{2\pi} \cdot \sqrt{2\pi} = \rho \sigma_1 \sigma_2,$$

于是，　　　　　　　　$\rho_{XY} = \frac{\mathrm{Cov}(X, Y)}{\sqrt{D(x)}\,\sqrt{D(Y)}} = \rho。$

这就是说，二维正态随机变量 (X, Y) 概率密度中的参数 ρ 就是 X 和 Y 的相关系数。这也说明，二维正态随机变量 (X, Y) 的分布由 X 的数学期望 μ_1、方差 σ_1^2 和 Y 的数学期望 μ_2、方差 σ_2^2 以及 X、Y 的相关系数 ρ 完全确定。

习　题　4-3

1. 设随机变量 (X,Y) 的联合分布律如表 4-22 所示。

表 4-22

X＼Y	-1	0	1
-1	0.125	0.125	0.125
0	0.125	0	0.125
1	0.125	0.125	0.125

验证：X 与 Y 不相关，X 与 Y 不相互独立。

2. 设随机变量 X 与 Y 相互独立，且 X 与 Y 有相同的概率分布，其数学期望和方差存在，设 $U=X+Y,V=X-Y$，证明：$\rho_{UV}=0$。

3. 设随机变量 (X,Y) 服从单位圆上的均匀分布，验证：X 与 Y 不相关，也不相互独立。

4. 随机变量 (X,Y) 的概率密度为

$$f(x,y)=\begin{cases} \dfrac{1}{8}(x+y), & 0\leqslant x\leqslant 2,0\leqslant y\leqslant 2, \\ 0, & 其他。 \end{cases}$$

求 $E(X),E(Y),D(X+Y),\mathrm{Cov}(X,Y),\rho_{XY}$。

5. 已知随机变量 X 与 Y 的相关系数为 ρ，求 $X_1=aX+b$ 与 $Y_1=cY+d$ 的相关系数，其中 a,b,c,d 为常数。

6. 设 $X\sim N(\mu,\sigma^2),Y\sim N(\mu,\sigma^2),X$ 与 Y 相互独立，求 $Z_1=aX+bY,Z_2=aX-bY$ 的相关系数，其中 a,b 是不为 0 的常数。

扫码查看
习题参考答案

第四节　矩与协方差矩阵

本节介绍随机变量的几个数字特征矩与协方差矩阵。

定义 4.5　设 X 和 Y 是随机变量，若 $\mu_k=E(X^k)(k=1,2,\cdots)$ 存在，称它为 X 的 k 阶原点矩，简称 k 阶矩；若 $v_k=E\{[X-E(X)]^k\}(k=2,3,\cdots)$ 存在，称它为 X 的 k 阶中心矩；若 $E(X^kY^l)(k,l=1,2,\cdots)$ 存在，称它为 X 和 Y 的 $k+l$ 阶混合原点矩；若 $E\{[X-E(X)]^k[Y-E(Y)]^l\}(k,l=1,2,\cdots)$ 存在，称它为 X 和 Y 的 $k+l$ 阶混合中心矩。

显然，X 的数学期望 $E(X)$ 是 X 的一阶原点矩，方差 $D(X)$ 是 X 的二阶中心矩，协方差 $\mathrm{Cov}(X,Y)$ 是 X 和 Y 的二阶混合中心矩。

当 X 为离散型随机变量，其分布律为 $P\{X=x_i\}=p_i$，则

$$E(X^K) = \sum_{i=1}^{\infty} x_i^k p_i,$$

$$E[X - E(X)]^K = \sum_{i=1}^{\infty} [x_i - E(X)]^k p_i \circ$$

当 X 为连续型随机变量,其概率密度为 $f(x)$,则

$$E(X^K) = \int_{-\infty}^{+\infty} x^k f(x) \mathrm{d}x,$$

$$E[X - E(X)]^K = \int_{-\infty}^{+\infty} [x - E(X)]^k f(x) \mathrm{d}x \circ$$

定义 4.6　设随机变量 X 的三阶矩存在,则称比值

$$\beta_1 = \frac{E (X - E(X))^3}{[E (X - E(X))^2]^{\frac{3}{2}}} = \frac{\nu_3}{(\nu_2)^{\frac{3}{2}}}$$

为 X 的分布的**偏度系数**,简称**偏度**。偏度描述分布的形状特征,刻画分布的对称性。当 $\beta_1 > 0$ 时,分布为正偏或右偏;当 $\beta_1 = 0$ 时,分布关于其均值对称;当 $\beta_1 < 0$ 时,分布为负偏或左偏。

定义 4.7　设随机变量 X 的四阶矩存在,则称比值

$$\beta_2 = \frac{E (X - E(X))^4}{[E (X - E(X))^2]^2} - 3 = \frac{\nu_4}{(\nu_2)^2} - 3$$

为 X 的分布的**峰度系数**,简称**峰度**。

峰度也描述分布的形状特征,刻画分布的峰峭性。正态分布的峰度 $\beta_2 = 0$(通常考察"标准化"后的分布的峰峭性,即 $X^* = \dfrac{X - E(X)}{\sqrt{\mathrm{Var}(X)}}$ 的峰值,而标准正态分布的四阶原点矩等于 3,则得到以上的峰度系数)。当 $\beta_2 < 0$ 时,标准化后的分布形状比标准正态分布更平坦,称为低峰度;当 $\beta_2 = 0$ 时,标准化后的分布形状与标准正态分布相当;当 $\beta_2 > 0$ 时,标准化后的分布形状比标准正态分布更尖峭,称为高峰度。

下面介绍 n 维随机变量的协方差矩阵,先从二维随机变量讲起。

二维随机变量 (X_1, X_2) 有四个二阶中心矩(设它们都存在),分别记为:

$$c_{11} = E\{[X_1 - E(X_1)]^2\},$$

$$c_{12} = E\{[X_1 - E(X_1)][X_2 - E(X_2)]\},$$

$$c_{21} = E\{[X_2 - E(X_2)][X_1 - E(X_1)]\},$$

$$c_{22} = E\{[X_2 - E(X_2)]^2\},$$

将它们排成矩阵的形式为 $\begin{pmatrix} c_{11} & c_{12} \\ c_{21} & c_{22} \end{pmatrix}$,这个矩阵称为随机变量 (X_1, X_2) 的**协方差矩阵**。

若 n 维随机变量 $(X_1, X_2, \cdots, X_n)$ 的二阶混合中心矩

$$\sigma_{ij} = \mathrm{Cov}(X_i, Y_j) = E\{[X_i - E(X_i)][X_j - E(X_j)]\} (i, j = 1, 2, \cdots, n)$$

都存在,则称矩阵

$$\Sigma = \begin{pmatrix} \sigma_{11} & \sigma_{12} & \cdots & \sigma_{1n} \\ \sigma_{21} & \sigma_{22} & \cdots & \sigma_{2n} \\ \vdots & \vdots & & \vdots \\ \sigma_{n1} & \sigma_{n2} & \cdots & \sigma_{nn} \end{pmatrix}$$

为 n 维随机变量 $(X_1, X_2, \cdots, X_n)$ 的协方差矩阵。由于 $\sigma_{ij} = \sigma_{ji}\ (i \neq j, i, j = 1, 2, \cdots, n)$，因此 Σ 是一个对称矩阵。

　　一般情况下，n 维随机变量的分布是不知道的，或者太复杂，以致在数学上不易处理，因此在实际应用中协方差矩阵就显得重要了。

习　题　4-4

1. 设随机变量 X 在区间 (a, b) 内服从均匀分布，求 k 阶原点矩和三阶中心矩。

2. 设随机向量 (X, Y) 具有概率密度函数
$$f(x, y) = \begin{cases} x + y, & 0 \leqslant x \leqslant 1, 0 \leqslant y \leqslant 1, \\ 0, & \text{其他}, \end{cases}$$
求 (X, Y) 的协方差矩阵及相关系数矩阵。

扫码查看
习题参考答案

综合练习四

一、填空题

1. 设随机变量 X 服从参数为 1 的指数分布，则数学期望 $E(X + e^{-2X}) = $ _____。

2. 若随机变量 X 服从均值为 2，方差为 σ^2 的正态分布，且 $P(2 < X < 4) = 0.3$，则 $P(X < 0) = $ _____。

3. 已知离散随机变量 X 服从参数为 2 的泊松分布，即 $P(X = k) = \dfrac{2^k}{k!} e^{-2} (k = 1, 2,$ $\cdots)$，则 $Y = 3X - 2$ 的数学期望 $E(Y) = $ _____。

4. 已知连续型随机变量 X 的概率密度为 $f(x) = \dfrac{1}{\sqrt{\pi}} e^{-x^2 + 2x - 1}$，则 $E(X) = $ _____，$D(X) = $ _____。

5. 设随机变量 X 服从参数为 λ 的泊松分布，且 $P(X = 1) = P(X = 2)$，则 $E(X) = $ _____，$D(X) = $ _____。

6. 设 X 表示 10 次独立重复射击命中目标的次数，每次命中目标的概率为 0.4，则 X^2 的数学期望 $E(X^2) = $ _____。

7. 设随机变量 X 与 Y 相互独立，$D(X) = 2, D(Y) = 4$，则 $D(2X - Y) = $ _____。

8. 若随机变量 X_1, X_2, X_3 相互独立,且服从相同的两点分布 $\begin{pmatrix} 0 & 1 \\ 0.8 & 0.2 \end{pmatrix}$,则 $X =$

$\sum\limits_{i=1}^{3} X_i$ 服从_____分布,$E(X) =$_____,$D(X) =$_____。

9. 设随机变量 X 与 Y 相互独立,其概率密度分别为 $\varphi(x) = \begin{cases} 2x, & 0 \leqslant x \leqslant 1, \\ 0, & \text{其他,} \end{cases}$

$\varphi(y) = \begin{cases} \mathrm{e}^{-(y-5)}, & y > 5, \\ 0, & \text{其他,} \end{cases}$ 则 $E(XY) =$_____。

10. 设随机变量 $X \sim N(1,5)$,$Y \sim N(1,16)$,且 X 与 Y 相互独立,令 $Z = 2X - Y - 1$,则 $E(Z) =$_____,$D(Z) =$_____,Y 与 Z 相关系数 $\rho_{YZ} =$_____。

二、选择题

1. 已知随机变量 X 服从二项分布,且 $E(X) = 2.4$,$D(X) = 1.44$,则二项分布的参数 n, p 的值为(   )。

A. $n = 4, p = 0.6$　　B. $n = 6, p = 0.4$　　C. $n = 8, p = 0.3$　　D. $n = 24, p = 0.1$

2. 已知离散型随机变量 X 的可能值为 $x_1 = -1, x_2 = 0, x_3 = 1$,且 $E(X) = 0.1$,$D(X) = 0.89$,则对应于 x_1, x_2, x_3 的概率 p_1, p_2, p_3 为(   )。

A. $p_1 = 0.4, p_2 = 0.1, p_3 = 0.5$　　　　B. $p_1 = 0.1, p_2 = 0.4, p_3 = 0.5$

C. $p_1 = 0.5, p_2 = 0.1, p_3 = 0.4$　　　　D. $p_1 = 0.4, p_2 = 0.5, p_3 = 0.1$

3. 设随机变量 $X \sim \begin{pmatrix} a & b \\ 0.6 & p \end{pmatrix}$ $(a < b)$,又 $E(X) = 1.4$,$D(X) = 0.24$,则 a, b 的值为(   )。

A. $a = 1, b = 2$　　　　　　　　B. $a = -1, b = 2$

C. $a = 1, b = -2$　　　　　　　　D. $a = 0, b = 1$

4. 对两个仪器进行独立试验,设这两个仪器发生故障的概率分别为 p_1, p_2,则发生故障的仪器数的数学期望为(   )。

A. $p_1 p_2$　　　　　　　　　　B. $p_1 + p_2$

C. $p_1 + (1 - p_2)$　　　　　　　D. $p_1(1 - p_2) + p_2(1 - p_1)$

5. 人的体重 $X \sim N(100, 100)$,记 Y 为 10 个人的平均体重,则(   )。

A. $E(Y) = 100, D(Y) = 100$　　　B. $E(Y) = 100, D(Y) = 10$

C. $E(Y) = 10, D(Y) = 100$　　　　D. $E(Y) = 10, D(Y) = 10$

6. 设 X 与 Y 为两个随机变量,则下列式子中一定正确的是(   )。

A. $E(X + Y) = E(X) + E(Y)$　　　B. $D(X + Y) = D(X) + D(Y)$

C. $E(XY) = E(X)E(Y)$　　　　　　D. $D(XY) = D(X)D(Y)$

7. 现有 10 张奖券,其中 8 张为 2 元,2 张为 5 元,今某人从中随机无放回地抽取 3 张,则此人得奖金额的数学期望是(   )。

A. 6　　　　　　　　B. 12　　　　　　　　C. 7.8　　　　　　　　D. 9

8. 设随机变量 X 的分布函数为 $F(x)=\begin{cases}0, & x<0, \\ x^3, & 0\leqslant x\leqslant 1, \\ 1, & x>1,\end{cases}$ 则 $E(x)=($ ）。

A. $\displaystyle\int_0^{+\infty}x^4\mathrm{d}x$ B. $\displaystyle\int_0^1 3x^3\mathrm{d}x$

C. $\displaystyle\int_0^1 x^4\mathrm{d}x+\int_1^{+\infty}x\mathrm{d}x$ D. $\displaystyle\int_0^{+\infty}3x^3\mathrm{d}x$

9. 若随机变量 X 在区间 I 上服从均匀分布，$E(X)=3$，$D(X)=\dfrac{4}{3}$，则区间 I 为（ ）。

A.$[0,6]$ B. $[1,5]$ C. $[2,4]$ D. $[-3,3]$

10. 设随机变量 X 与 Y 的相关系数为 $\rho_{XY}=0$，则下列结论中一定不正确的是（ ）。

A. $D(X-Y)=D(X)+D(Y)$ B. X 与 Y 必相互独立

C. X 与 Y 可能服从二维均匀分布   D. $E(XY)=E(X)E(Y)$

三、计算题

1. 某种按新配方试制的中成药在 500 名病人中进行临床试验，有一半人服用，另一半人未服用。一周后，有 280 人痊愈，其中 240 人服了新药。试用概率统计方法说明新药的疗效。

2. 已知离散型随机变量 X 的分布函数

$$F(x)=\begin{cases}0, & x<-2, \\ 0.4, & -2\leqslant x<0, \\ 0.6, & 0\leqslant x<1, \\ 0.9, & 1\leqslant x<3, \\ 1, & x\geqslant 3,\end{cases}$$

求 $E(1-2X)$。

3. 设随机变量 X 的密度函数

$$f(x)=\begin{cases}ax, & 0<x<2, \\ bx+c, & 2\leqslant x\leqslant 4, \\ 0, & 其他,\end{cases}$$

已知 $E(X)=2$，$P(1<X<3)=\dfrac{3}{4}$。求：(1)a,b,c； (2)随机变量 $Y=e^X$ 的数学期望和方差。

4. 一批产品中有一、二、三等品及废品 4 种，相应的概率分别为 0.8,0.15,0.04,0.01。若其产值分别为 20 元、18 元、15 元和 0 元，求产品的平均产值。

5. 某车间完成生产线改造的天数 X 是一随机变量，其分布律如表 4-23 所示。

表 4-23

X	26	27	28	29	30
P	0.1	0.2	0.4	0.2	0.1

所得利润(单位:万元)为 $Y=5(29-X)$,求:$E(X),E(Y)$。

6. (有奖销售)某商场举办购物有奖活动,每购 1000 份物品中有一等奖 1 名,奖金 500 元;二等奖 3 名,奖金 100 元;三等奖 16 名,奖金 50 元;四等奖 100 名,可得价值 5 元的奖品一份。商场把每份价值为 7.5 元的物品以 10 元出售,求每个顾客买一份商品平均付多少钱?

7. 设二维随机变量(X,Y)的联合分布律如表 4-24 所示:

表 4-24

X Y	−1	0	2
−1	0.05	0.15	0.25
2	0.2	0.3	0.05

求:(1)$E(X),E(Y),D(X),D(Y)$; (2)$E(X-Y),D(X-Y)$。

8. 某流水生产线上每个产品不合格的概率为 $p(0<p<1)$,各产品合格与否相互独立,当出现一个不合格产品时即停机检修,设开机后第一次停机时已生产的产品个数为 X,求 X 的数学期望 $E(X)$ 和方差 $D(X)$。

9. 设随机变量 X 和 Y 的联合分布在以点$(0,1),(1,0),(1,1)$为顶点的三角形区域上服从均匀分布,试求随机变量 $U=X+Y$ 的方差。

10. 游客乘电梯从底层到电视塔顶层观光,电梯从每整点过后的第 5 分钟、25 分钟和 55 分钟从底层起行。假设一游客在早 8 点的第 X 分钟到达底层候梯处,且 X 在$(0,60)$内均匀分布,求该游客等候时间的数学期望。

11. 设某种商品每周的需求量 X 服从区间$[10,30]$上的均匀分布,而经销商店进货数量为区间$[10,30]$中的某一个整数,商店每销售一单位商品可获利 500 元;若供大于求则降价处理,每处理 1 单位商店亏损 100 元;若供不应求,则可从外部调剂供应,此时每 1 单位商品可获利 300 元。为使商店每周所获利润期望值不少于 9280 元,试确定最小进货量。

12. 已知正常男性成人血液中,每毫升白细胞数平均是 7300,均方差是 700。根据切比雪夫不等式试估计每毫升血液中含白细胞数在 5200—9400 之间的概率。

13. 随机变量 X 和 Y 相互独立,$P(X=1)=P(X=-1)=\dfrac{1}{2}$,$Y$ 服从 λ 的泊松分布,$Z=XY$。求:(1)$\mathrm{Cov}(X,Z)$; (2) 求 Z 的分布律。

扫码查看
习题参考答案

第五章　　大数定律与中心极限定理

极限定理是概率论的基本理论之一,在概率论和数理统计的理论研究和实际应用中十分重要。本章将介绍最基本的两类极限定理 —— 大数定律和中心极限定理。大数定律是描述随机变量序列的前若干项的算术平均值在满足某种条件下的稳定性问题;中心极限定理则是确定在什么条件下,大量随机变量之和的分布逼近于正态分布。

第一节　　大　数　定　律

在第一章学习概率的统计定义时,曾经讲过在 n 次独立试验中,事件 A 发生的频率 $f_n(A)$ 随着试验次数 n 的逐渐增大而趋于稳定值,并把这个稳定值定义为事件 A 的概率。即当 $n \to \infty$ 时,$f_n(A)$ 在一定意义下收敛于 $P(A)=p$,但需要注意此处的"收敛"和通常意义上的数列的收敛不同,于是有如下依概率收敛的定义。

定义 5.1　设 $Y_1,Y_2,\cdots,Y_n,\cdots$ 是一个随机变量序列,a 是一个常数,若对任意正数 ε,有

$$\lim_{n\to\infty}P\{\,|\,Y_n-a\,|<\varepsilon\}=1,$$

则称序列 $Y_1,Y_2,\cdots,Y_n,\cdots$ **依概率收敛**于 a,记为 $Y_n \xrightarrow{P} a$。

这里的收敛性是指概率意义上的收敛性,其直观解释是:对任意小的 $\varepsilon>0$,"Y_n 与 a 的偏差大于等于 ε"这一事件发生的概率很小,但是 $|Y_n-a|\geqslant\varepsilon$ 依然是可能的,只是当 n 很大时,这一事件发生的可能性很小,或者说 $|Y_n-a|<\varepsilon$ 几乎是必然要发生的。

历史上,伯努利首先从理论上证明了在独立重复试验中事件 A 出现的频率依概率收敛于事件 A 的概率,即伯努利大数定律。

定理 5.1　(伯努利大数定律)设试验 E 是可重复进行的,事件 A 在每次试验中出现的概率 $P(A)=p$（$0<p<1$）,将试验独立进行 n 次,用 n_A 表示其中事件 A 出现的次数,则对任意正数 ε,有

$$\lim_{n\to\infty}P\left\{\left|\frac{n_A}{n}-p\right|<\varepsilon\right\}=1$$

或者

$$\lim_{n\to\infty}P\left\{\left|\frac{n_A}{n}-p\right|\geqslant\varepsilon\right\}=0。$$

伯努利大数定律以严格的数学形式表达了频率的稳定性:当 n 很大时,事件 A 发生的频率与概率之间有较大偏差的可能性很小,故在实际应用中,当试验次数很多时,可用事件发生的频率来代替事件发生的概率。

若记　　$X_i = \begin{cases} 1, & \text{第 } i \text{ 次试验中事件 } A \text{ 出现}, \\ 0, & \text{第 } i \text{ 次试验中事件 } A \text{ 不出现}, \end{cases}$

则　$n_A = \sum_{i=1}^{n} X_i, \dfrac{n_A}{n} = \dfrac{1}{n}\sum_{i=1}^{n} X_i, p = \dfrac{1}{n}\sum_{i=1}^{n} P(A) = \dfrac{1}{n}\sum_{i=1}^{n} E(X_i)$,

于是定理 5.1 可写成

$$\lim_{n \to \infty} P\left\{ \left| \frac{1}{n}\sum_{i=1}^{n} X_i - \frac{1}{n}\sum_{i=1}^{n} E(X_i) \right| < \varepsilon \right\} = 1 \text{。} \tag{5-1}$$

定理 5.1 是大数定律的一种特殊情形。一般地,若随机变量序列 $X_1, X_2, \cdots, X_n, \cdots$ 的数学期望都存在,且满足(5-1)式,则称**随机变量序列** $\{X_n\}$ **满足大数定律**。下面接着介绍两个关于随机变量序列 $\{X_n\}$ 的大数定律。

定理 5.2　(切比雪夫大数定律)设随机变量 $X_1, X_2, \cdots, X_n, \cdots$ 相互独立,且存在 $E(X_i) = \mu_i, D(X_i) = \sigma_i^2, |D(X_i)| \leqslant c$,其中 $i = 1, 2, \cdots, c$ 为与 i 无关的常数,则

$$\frac{1}{n}\sum_{i=1}^{n} X_i \overset{P}{\longrightarrow} \frac{1}{n}\sum_{i=1}^{n} \mu_i,$$

即对于任意 $\varepsilon > 0$,恒有

$$\lim_{n \to \infty} P\left\{ \left| \frac{1}{n}\sum_{i=1}^{n} X_i - \frac{1}{n}\sum_{i=1}^{n} \mu_i \right| < \varepsilon \right\} = 1 \text{。}$$

证　令 $Y_n = \dfrac{1}{n}\sum_{i=1}^{n} X_i$,由于随机变量 $X_1, X_2, \cdots, X_n, \cdots$ 相互独立,则

$$E(Y_n) = \frac{1}{n}\sum_{i=1}^{n} E(X_i) = \frac{1}{n}\sum_{i=1}^{n} \mu_i,$$

$$D(Y_n) = \frac{1}{n^2}\sum_{i=1}^{n} D(X_i) \leqslant \frac{1}{n^2} nc = \frac{c}{n},$$

由切比雪夫不等式得

$$P\left\{ \left| Y_n - \frac{1}{n}\sum_{i=1}^{n} \mu_i \right| < \varepsilon \right\} \geqslant 1 - \frac{D(Y_n)}{\varepsilon^2} \geqslant 1 - \frac{c}{n\varepsilon^2} \to 1 (n \to \infty),$$

即　　　　$$\lim_{n \to \infty} P\left\{ \left| \frac{1}{n}\sum_{i=1}^{n} X_i - \frac{1}{n}\sum_{i=1}^{n} \mu_i \right| < \varepsilon \right\} = 1 \text{。}$$

注意到式中 ε 的任意性,当 n 无限增大时,n 个随机变量的算术平均值 $\dfrac{1}{n}\sum_{i=1}^{n} X_i$ 的取值"稳定"在它的期望值 μ 附近,或者说 n 很大时,$\dfrac{1}{n}\sum_{i=1}^{n} X_i$ 将几乎变为常数 μ。

定理 5.3　(切比雪夫大数定律的特殊情况)设随机变量 $X_1, X_2, \cdots, X_n, \cdots$ 相互独立,且具有相同的数学期望和方差,即 $E(X_k) = \mu, D(X_k) = \sigma^2 (k = 1, 2, \cdots)$,作前 n 个随机变量的算术平均 $\overline{X} = \dfrac{1}{n}\sum_{k=1}^{n} X_k$,则对任意正数 ε,有

$$\lim_{n \to \infty} P\{ |\overline{X} - \mu| < \varepsilon \} = \lim_{n \to \infty} P\left\{ \left| \frac{1}{n}\sum_{k=1}^{n} X_k - \frac{1}{n}\sum_{k=1}^{n} E(X_k) \right| < \varepsilon \right\} = 1 \text{。}$$

上述定理并没有要求随机变量 $X_1, X_2, \cdots, X_n, \cdots$ 同分布,只要它们相互独立且期望和方差一样,有时也需要考虑同分布的情形。而伟大的数学家辛钦证明了:只要随机变量 $X_1, X_2, \cdots, X_n, \cdots$ 同分布并且期望存在,无论方差存在与否,它们的算术平均值都会依概率收敛于数学期望,这就是著名的辛钦大数定律。

定理 5.4　(辛钦大数定律)设随机变量 $X_1, X_2, \cdots, X_n, \cdots$ 相互独立,服从同一分布,具有数学期望 $E(X_k) = \mu(k=1,2,\cdots)$,则对任意正数 ε,有

$$\lim_{n \to \infty} P\left\{ \left| \frac{1}{n} \sum_{k=1}^{n} X_k - \mu \right| < \varepsilon \right\} = 1 。$$

辛钦大数定律的证明超过了本书的知识范围,在此不做证明。

相关定理的应用在本章综合练习题中有所体现。

第二节　中心极限定理

正态分布是概率论中最重要的分布之一,在实际问题中,很多随机变量都服从或近似服从正态分布,中心极限定理从理论上阐明了这种思想。

一、独立同分布的中心极限定理

定理 5.5　(林德伯格 - 勒维中心极限定理)设随机变量 $X_1, X_2, \cdots, X_n, \cdots$ 相互独立,服从同一分布,且 $E(X_i) = \mu, D(X_i) = \sigma^2(i=1,2,\cdots)$,则随机变量之和 $\sum\limits_{i=1}^{n} X_i$ 的标准化变量

$$Y_n = \frac{\sum\limits_{i=1}^{n} X_i - E(\sum\limits_{i=1}^{n} X_i)}{\sqrt{D(\sum\limits_{i=1}^{n} X_i)}} = \frac{\sum\limits_{i=1}^{n} X_i - n\mu}{\sqrt{n}\sigma}$$

扫码看微课视频

的分布函数 $F_n(x)$ 对于任意 x 满足

$$\lim_{n \to \infty} F_n(x) = \lim_{n \to \infty} P\left\{ \frac{\sum\limits_{i=1}^{n} X_i - n\mu}{\sqrt{n}\sigma} \leqslant x \right\} = \frac{1}{\sqrt{2\pi}} \int_{-\infty}^{x} e^{-\frac{t^2}{2}} \, dt = \Phi(x)。$$

定理 5.5 说明:独立同分布且期望和方差都存在情况下随机变量 $X_1, X_2, \cdots, X_n, \cdots$ 的和 $\sum\limits_{i=1}^{n} X_i$ 标准化后,当 n 充分大时近似服从标准正态分布,这样就可以利用正态分布对 $\sum\limits_{i=1}^{n} X_i$ 作理论分析和实际计算,其好处是明显的。

上述结果可写成如下形式,当 n 充分大时,

$$\frac{\sum\limits_{i=1}^{n} X_i - n\mu}{\sqrt{n}\sigma} \overset{\text{近似}}{\sim} N(0,1) \text{ 或 } \sum_{i=1}^{n} X_i \overset{\text{近似}}{\sim} N(n\mu, n\sigma^2), \overline{X} = \frac{1}{n} \sum_{i=1}^{n} X_i \overset{\text{近似}}{\sim} N\left(\mu, \frac{\sigma^2}{n}\right)。$$

这就是说,均值为 μ,方差为 $\sigma^2 > 0$ 的独立同分布的随机变量 $X_1, X_2, \cdots, X_n$ 的算术平均 $\bar{X} = \dfrac{1}{n} \sum\limits_{i=1}^{n} X_i$,当 n 充分大时近似服从均值为 μ、方差为 $\dfrac{\sigma^2}{n}$ 的正态分布,这一结果是数理统计中大样本统计推断的基础。

二、棣莫弗 - 拉普拉斯中心极限定理

定理 5.6 (棣莫弗 - 拉普拉斯中心极限定理) 设随机变量 $Y_n (n=1,2,\cdots)$ 服从参数为 $n, p (0 < p < 1)$ 的二项分布,则对于任意 x,有

$$\lim_{n \to \infty} P\left\{ \frac{Y_n - np}{\sqrt{np(1-p)}} \leqslant x \right\} = \int_{-\infty}^{x} \frac{1}{\sqrt{2\pi}} e^{-\frac{t^2}{2}} \, dt = \Phi(x)。$$

定理 5.6 表明:当 n 充分大时,可用上式来近似二项分布的概率。上式还可写成更实用的形式:当 n 充分大时,对任意 $a < b$,有

$$P\{a \leqslant Y_n \leqslant b\} = P\left\{ \frac{a - np}{\sqrt{np(1-p)}} \leqslant \frac{Y_n - np}{\sqrt{np(1-p)}} \leqslant \frac{b - np}{\sqrt{np(1-p)}} \right\}$$

$$\approx \Phi\left(\frac{b - np}{\sqrt{np(1-p)}} \right) - \Phi\left(\frac{a - np}{\sqrt{np(1-p)}} \right)。$$

这个定理表明,二项分布的极限分布是正态分布。当 n 充分大时,我们可以利用正态分布来计算二项分布的概率。下面举几个关于中心极限定理应用的例子。

例 1 一个部件由 10 部分组成,每一个部分的长度是一个随机变量并相互独立服从同一分布,其数学期望为 2 mm,标准差为 0.05 mm,规定总长度为 19.9 mm—20.1 mm 时产品合格,求产品合格的概率。

解 设 $X_i (i=1,2,\cdots,10)$ 表示第 i 部分的长度,则部件总长度可以表示为 $\sum\limits_{i=1}^{10} X_i$,且

$$E(X_i) = 2, D(X_i) = 0.05^2, i=1,2,\cdots,10;$$

由中心极限定理, $\sum\limits_{i=1}^{10} X_i \overset{近似}{\sim} N(10 \times 2, 10 \times 0.05^2)$,

$$P\left(19.9 < \sum_{i=1}^{10} X_i < 20.1\right) \approx \Phi\left(\frac{20.1 - 20}{0.05\sqrt{10}}\right) - \Phi\left(\frac{19.9 - 20}{0.05\sqrt{10}}\right)$$

$$= 2\Phi\left(\frac{2}{\sqrt{10}}\right) - 1 = 0.4714。$$

例 2 设某集成电路出厂时一级品率为 0.7,装配一台仪器需要 100 只一级品集成电路,问购置多少只才能以 99.9% 的概率保证装该仪器是够用的(不能因一级品不够而影响工作)?

解 设购置 n 只,并用随机变量 X 表示 n 只中非一级品的只数,则 $X \sim B(n, 0.3)$;现要求购置的 n 只集成电路中一级数不少于 100 只,亦即非一级品数 $X \leqslant n - 100$ 的概率 $P\{X \leqslant n - 100\} \geqslant 99.9\%$,则

$$P\{X \leqslant n-100\} = \sum_{k=0}^{n-100} C_n^k \, 0.3^k \, 0.7^{n-k}$$

$$\approx \varphi\left(\frac{n-100-0.3n}{\sqrt{n \cdot 0.3 \times 0.7}}\right) = \varphi\left(\frac{0.7n-100}{\sqrt{0.21n}}\right) \geqslant 0.999,$$

查表得 $\dfrac{0.7n-100}{\sqrt{0.21n}} = 3.090$，即 $0.49n^2 + 141.89n + 1000 = 0$，解之得 $n = 168$，即至少要购置 168 只集成电路。

例 3　某单位有 200 部电话分机，每部分机有 5% 的时间要使用外线通话，假定每部分机是否使用外线是相互独立的，问该单位要安装多少条外线，才能以 90% 的概率保证每部分机使用外线时不等待？

解　以随机变量 X 表示使用外线的分机数，则 $X \sim B(200, 0.05)$，设需要设置 n 条外线，满足

$$P\{X \leqslant n\} = 0.9,$$

由棣莫弗－拉普拉斯中心极限定理知

$$\frac{X-np}{\sqrt{npq}} = \frac{X-10}{\sqrt{9.5}} \overset{\text{近似}}{\sim} N(0,1),$$

所以

$$P\{X \leqslant n\} = P\left\{\frac{X-10}{\sqrt{9.5}} \leqslant \frac{n-10}{\sqrt{9.5}}\right\} = \varPhi\left(\frac{n-10}{\sqrt{9.5}}\right),$$

要使 $P\{X \leqslant n\} = 0.9$，只需 $\varPhi\left(\dfrac{n-10}{\sqrt{9.5}}\right) = 0.9$，查正态分布表得 $\dfrac{n-10}{\sqrt{9.5}} \approx 1.3$，解得 $n = 14$。即设置 14 条外线就可满足要求。

例 4　某电教中心有 100 台彩电，各台彩电发生故障的概率都是 0.02，各台彩电的工作是相互独立的，试分别用二项分布、泊松分布、中心极限定理计算彩电出故障的台数不小于 1 的概率。

解　设彩电故障的台数为 X，则 $X \sim B(100, 0.02)$。

（1）用泊松分布直接计算，有

$$n = 100, \, p = 0.02, \, \lambda = np = 2,$$

$$P\{X \geqslant 1\} \approx \sum_{k=1}^{200} \frac{2^k \mathrm{e}^{-2}}{k!} \approx \sum_{k=1}^{\infty} \frac{2^k \mathrm{e}^{-2}}{k!} = 0.8674。$$

（2）用二项分布作近似计算，有

$$P\{X \geqslant 1\} = 1 - P\{X < 1\} = 1 - P\{X = 0\}$$

$$= 1 - C_{100}^0 (0.02)^0 (0.98)^{100}$$

$$= 1 - (0.98)^{100} = 0.8674。$$

（3）用中心极限定理计算，有

$$np = 2, \, \sqrt{npq} = \sqrt{2 \times 0.98} = 1.4,$$

$$\frac{X-np}{\sqrt{npq}}=\frac{X-2}{1.4}\overset{a.d}{\sim}N(0,1),$$

$$P\{X\geqslant1\}=1-P\{0\leqslant X<1\}=1-P\left\{\frac{0-2}{1.4}\leqslant\frac{X-2}{1.4}<\frac{1-2}{1.4}\right\}$$

$$=1-\left[\varPhi\left(\frac{-1}{1.4}\right)-\varPhi\left(\frac{-2}{1.4}\right)\right]=1-\left[\varPhi(-0.7143)-\varPhi(-1.4286)\right]$$

$$=0.8356。$$

综合练习五

1. 假设种子的发芽率为 0.6,则 10000 粒种子中出苗数在 5900 至 6100 之间的概率是多少?

2. 假设电路供电网中有 10000 盏灯,每一盏灯开着的概率为 0.7,各灯的开关彼此独立,计算同时开着的灯数在 6800 与 7200 之间的概率。

3. 一船舶在某海区航行,已知每遭受一次波浪的冲击,纵摇角大于 3° 的概率为 $p=\frac{1}{3}$,若船舶遭受了 90000 次波浪冲击,问其中有 29500—30500 次纵摇角大于 3° 的概率是多少?

4. 当掷一枚质地均匀硬币时,需掷多少次才能保证正面出现的频率在 0.4 至 0.6 之间的概率不小于 0.9? 分别用切比雪夫不等式和中心极限定理予以估计,并比较二者之间的精确性。

5. 将一枚骰子连续掷 100 次,点数之和大于等于 500 的概率是多少?

6. 在人寿保险公司里有 3000 人参加保险,在一年内每人的死亡概率为 0.1%,参加保险的人在一年的第一天交付保险费 10 元,死亡时其家属可从保险公司领取 2000 元,试用中心极限定理求保险公司盈利的概率。

7. 有一批建筑房屋的木柱,其中 80% 的长度不小于 3 米,现从这批木材中随机抽取 100 根,问其中至少有 30 根短于 3 米的概率是多少?

8. 设某单位内部有 1000 部电话分机,每部分机有 5% 的时间使用外线通话,假定各个分机是否使用外线是相互独立的,该单位总机至少需要多少条外线,才能以 95% 以上的概率来保证每部分机需要使用外线时不被占用?

9. 一加湿器同时收到 20 个噪音电压 $V_k(1,2,\cdots,20)$,设它们是相互独立的随机变量,且都在区间 $(0,10)$ 上服从均匀分布,若 $V=\sum\limits_{k=1}^{20}V_k$,求 $P\{V>105\}$。

10. 计算机进行加减法时,对每个加数取整(即取最接近它的整数)。设所有的取整误差是相互独立的,且都在 $(-0.5,0.5)$ 上服从均匀分布。

(1) 若将 1500 个数相加,问误差总和的绝对值超过 15 的概率是多少?

（2）几个数可加在一起,使得误差总和的绝对值小于 10 的概率为 0.90?

11. 对于一个学校而言,来参加家长会的家长人数是一个随机变量,设一个学生无家长、1 名家长、2 名家长来参加家长会的概率分别为 0.05,0.8,0.15。若学校共有 400 名学生,设各学生参加家长会的家长人数是相对独立的,且服从同一分布。

（1）求参加家长会的家长人数 X 超过 450 的概率。

（2）求有 1 名家长来参加家长会的学生数不多于 340 的概率。

12. 某药厂断言,该厂生产的某种药品对于医治一种疑难血液病的治愈率为 0.8,医院任意抽查 100 个服用此药品的病人,若其中多于 75 人治愈,就接受此断言,否则就拒绝此断言。

（1）若实际上此药品对这种疾病的治愈率为 0.8,则接受这一断言的概率是多少?

（2）若实际上此药品对这种疾病的治愈率为 0.7,则接受这一断言的概率是多少?

扫码查看
习题参考答案

第六章 样本及抽样分布

前五章中我们介绍了概率论的基本内容,概率论是在已知随机变量服从某种分布的条件下,来研究随机变量的性质、数字特征及其应用的。从本章开始,我们将讲述数理统计的基本内容。数理统计作为一门学科诞生于 19 世纪末 20 世纪初,是具有广泛应用的一个数学分支,它以概率论为基础,根据试验或观察得到的数据来研究随机现象,以便对研究对象的客观规律做出合理的估计和推断。

本章我们介绍总体、随机样本及统计量的基本概念,并着重介绍几个常用的统计量及抽样分布。

第一节 总体与样本

一、总体与总体分布

在数理统计中,将研究对象的全体称为**总体**或**母体**。组成总体的每个元素称为**个体**。总体中所包含的个体的个数称为总体容量。一般根据总体中包含个体数量,分为**有限总体**和**无限总体**,当个体相当多时,也可以把有限总体近似看成无限总体。

例 1 研究某市今年 18 岁男性青年的身高和体重情况,那么今年某市 18 岁男性青年就构成了一个总体,其中每一个男性青年就是一个个体,为有限总体。

例 2 如果研究的是某地某一天的气温,那么该地这一天的气温就是一个总体,各个时刻的气温就是个体,为无限总体。

在例 1 中,我们所关心的 18 岁男性青年的身高和体重如何,对其他特征暂不考虑,这样,每个 18 岁男性青年所具有的数量指标 —— 身高和体重即是个体,而将所有的身高和体重看成全体。因此若抛开实际背景,总体就是一堆数,这堆数有大有小,有的出现的机会多,有的出现的机会少,因此,用一个概率分布去描述和归纳总体是恰当的,从这个意义上来讲,总体就是一个分布,而其数量指标就是服从这个分布的随机变量。

从数学角度说,总体是指数量指标可能取的不同值的全体,而各种不同数值在客观上占有一定的比例,我们把数量指标取不同值的比率称作**总体分布**。从以上分析可见,所研究的总体总是联系着一个数量指标 X,而 X 实际上是一个随机变量,它客观上存在一个概率分布函数

$$F(x) = P\{X \leqslant x\}, \quad -\infty < x < +\infty,$$

即总体分布,因此,将总体定义为一个概率分布或服从这个分布的随机变量。

我们对总体的研究就是对随机变量 X 的研究,在概率论中几乎所有关于随机变量的概念都可以移植到总体上来,比如总体的分布函数、总体的密度函数、总体的数学期望和方差等。今后将不区分总体与相应的随机变量,统称为总体 X。

二、样本与样本分布

在实际中,总体的分布一般是未知的,或者它的某些参数是未知的,为了判断总体服从何种分布或估计未知参数应取何值,我们可以从总体中抽取若干个个体进行观察,称为总体的一个**样本**。从中获得研究总体的一些数据,然后通过对这些数据的统计分析,对总体的分布做出判断或对未知参数做出合理估计。

按一定原则从总体中抽取若干个个体进行观察,这个过程称为**抽样**,也就是收集数据。抽样的方法有多种,其中比较常用的是简单随机抽样,简称为抽样。这种抽样方法具有**随机性**和**独立性**,即总体中每个个体被抽中的机会相等,并且样本的取值相互之间没有影响。

显然,对每个个体的观察结果是随机的,可将其看成一个随机变量的取值,这样就把每个个体的观察结果与一个随机变量的取值对应起来了。于是,我们对总体进行观察,将 n 次观察结果按试验的次序记为 $X_1,X_2,\cdots,X_n$,则 $X_1,X_2,\cdots,X_n$ 是与 X 具有同一分布 $F(X)$ 且相互独立的随机变量,称 $X_1,X_2,\cdots,X_n$ 为从总体 X 得到的容量为 n 的简单随机样本,简称为样本。当 n 次观察结束后,将随机变量 $X_1,X_2,\cdots,X_n$ 的观察值 $x_1,x_2,\cdots,x_n$ 称为**样本值**。

设总体 X 具有分布函数 $F(X)$,若将样本 $X_1,X_2,\cdots,X_n$ 看成一个 n 维随机变量 $(X_1,X_2,\cdots,X_n)$,则样本的分布函数为

$$F^*(x_1,x_2,\cdots,x_n)=\prod_{i=1}^{n}F(x_i)。$$

当总体为离散型随机变量且具有分布律 $P\{X=x\}=p(x)$ 时,则样本的分布律为

$$P^*(x_1,x_2,\cdots,x_n)=\prod_{i=1}^{n}p(x_i)=p(x_1)p(x_2)\cdots p(x_n)。$$

当总体为连续型随机变量且具有概率密度函数 $f(x)$ 时,则样本的概率密度为

$$f^*(x_1,x_2,\cdots,x_n)=\prod_{i=1}^{n}f(x_i)=f(x_1)f(x_2)\cdots f(x_n)。$$

对于无限总体,随机性和独立性很容易实现,用不放回抽样就可以获得简单随机样本,只要注意在抽样时排除有意或无意的人为干扰。对于有限总体,进行不放回抽样,虽然不是简单随机抽样,但是若总体容量 N 很大而样本容量 n 较小 $\left(\dfrac{n}{N}\leqslant 10\%\right)$,即当总体容量与要得到的样本量相比大得多时,可将不放回抽样近似看作放回抽样,因而也就可以近似地看作简单随机抽样,得到的样本可以近似地看作简单随机样本。

由于时间、人力、物力、财力等因素的限制,我们不能对总体的每一个个体进行观察,所以,要精确地确定总体的分布是很困难的,甚至是不可能的。在实际应用中,我们常常用样本分布来作为总体分布的近似。下面介绍刻画样本分布的两种形式:经验分布函数和直方图。

三、经验分布函数

为了研究总体 X 的分布函数 $F(x)$，假设它有样本 $X_1, X_2, \cdots, X_n$，我们可以从样本出发，找到一个已知量来近似它，这就是经验分布函数 $F_n(x)$（也称为样本分布函数）。它的构造方法是这样的，设总体为 X，样本 $X_1, X_2, \cdots, X_n$ 的观察值为 $x_1, x_2, \cdots, x_n$，将其从小到大可排成

$$x_{(1)} \leqslant x_{(2)} \leqslant \cdots \leqslant x_{(n)} 。$$

定义

$$F_n(x) = \begin{cases} 0, & x < x_{(1)}, \\ \dfrac{k}{n}, & x_{(k)} \leqslant x < x_{(k+1)}, \ k = 1, 2, \cdots, n-1, \\ 1, & x \geqslant x_{(n)}, \end{cases}$$

称 $F_n(x)$ 为**经验分布函数**。

对于任意的实数 x，经验分布函数 $F_n(x)$ 表示事件 $\{X \leqslant x\}$ 在 n 次试验中出现的频率，总体分布函数 $F(x)$ 表示事件 $\{X \leqslant x\}$ 的概率。根据伯努利大数定律可知，当 $n \to \infty$ 时，对于任意小的正数 ε，有格利文科定理如下：

$$\lim_{n \to \infty} P\{|F_n(x) - F(x)| < \varepsilon\} = 1 。$$

实际上，$F_n(x)$ 还一致地收敛于 $F(x)$，格利文科进一步证明了这一深刻的结论，即

$$P\{\lim_{n \to \infty} D_n = 0\} = 1 ,$$

扫码看微课视频

其中，$D_n = \sup\limits_{-\infty < x < \infty} |F_n(x) - F(x)|$。

四、直方图

通常获得的样本观测值是一组杂乱无章的数据，需要对它进行整理和加工成频数或者频率分布表，最后绘制成频率直方图，对观测值进行研究。

整理成频数或频率分布表主要有如下步骤：

（1）找出样本观测值中的最大值（记为 M）和最小值（记为 m），计算极差 $R = M - m$。

（2）确定组数和组距。一般情况下组数 $k \approx \sqrt{n}$，组距 $d = \dfrac{M-m}{k}$。

（3）确定组限。第一组的左端点略小于最小观测值，最后一组的右端点略大于最大观测值。

（4）统计样本数据落入每个区间的个数（频数），并列出频率分布表。

例 3　测得一组生理数据，未经整理的数据如表 6-1 所示（单位：cm）。

表 6-1

6.3	5.3	3	3.2	2.5	3.1
5.3	3.9	4.7	4.8	2.6	4.5

续表

5	4.7	5	2.5	4	3.8
5.4	3.2	4.9	2	3.2	2.5
5.2	4.1	4.3	3.5	3.2	2
6.6	3.6	3.3	4.6	3.9	2.8
4.6	3.4	4.5	4.15	2.8	3.2
3.6	3.1	5	4.2	3.9	3.5
4	4.7	2.1	3.2	3.1	3.3
5	1.2	3.9	4.4	3.3	3.1

对于这些观测数据,制作频数分布表的步骤如下:

(1) 确定最大值 $X_{\max} = 6.6$,最小值 $X_{\min} = 1.2$。

(2) 分组,确定组数和组距。从 1.2 cm 到 6.6 cm 分成若干组,比如分为 9 组,利用 $\dfrac{6.6-1.2}{9}$ 可得每组组距为 0.6。

(3) 确定组限。

(4) 整理成频率分布表,如表 6-2 所示。

表 6-2　频数分布表

组限	频数	累计频数	频率	累计频率
1.2—1.8	1	1	0.02	0.02
1.8—2.4	3	4	0.05	0.07
2.4—3	6	10	0.10	0.17
3—3.6	17	27	0.28	0.45
3.6—4.2	11	38	0.18	0.63
4.2—4.8	10	48	0.17	0.80
4.8—5.4	9	57	0.15	0.95
5.4—6	1	58	0.02	0.97
6—6.6	2	60	0.03	1.00

(5) 绘制频率直方图(简称直方图)。本例中绘制结果如图 6-1 所示。直方图是频数分布的图形表示,它是垂直条形图,条与条之间无间隔,用横轴上的点表示组限,纵坐标有三种表示方法:频数、频率、频率/组距,其中最准确的是频率/组距,它让所有小矩形面积总和等于 1。

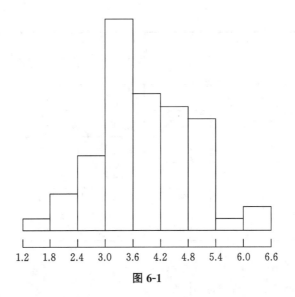

图 6-1

用上述方法我们对选取的数据加以整理,编制频数分布表,作直方图,这样就可以直观地看到数据大体情况,如数据的范围,较大较小的数据各有多少个,在哪些地方分布得较为集中,以及分布图形是否对称等。

习　题　6-1

1. 设总体 $X \sim B(1,p)$, $X_1, X_2, \cdots, X_n$ 为取自总体 X 的样本,求样本 $X_1, X_2, \cdots, X_n$ 的联合分布律。

2. 设总体 $X \sim N(\mu, \sigma^2)$, $X_1, X_2, \cdots, X_n$ 为取自总体 X 的样本,求样本 $X_1, X_2, \cdots, X_n$ 的联合密度函数。

3. 设电话交换台 1 小时内的呼叫次数 $X \sim P(\lambda)$, $\lambda > 0$, 求来自这一总体的简单随机样本 $X_1, X_2, \cdots, X_n$ 的联合分布律。

4. 假设某种产品的使用寿命 X 服从指数分布, $X_1, X_2, \cdots, X_n$ 为取自总体 X 的样本,求样本 $X_1, X_2, \cdots, X_n$ 的联合密度函数。

5. 某射手进行 20 次独立重复射击,击中靶子的环数如表 6-3 所示。

表 6-3

环数	4	5	6	7	8	9	10
频数	1	1	4	9	0	3	2

求经验分布函数。

6. 某测量员测得一组长度数据(单位:mm),具体数据如表 6-4 所示,请列出频率分布表,并作出直方图。

表 6-4

30	27	19	23
47	9	19	20
33	30	21	56
31	36	28	46
18	20	24	45

扫码查看
习题参考答案

第二节　统　计　量

样本是总体的反映,但是样本所含的信息不能直接用于解决我们所要研究的问题,而需要把样本所含的信息进行数学上的加工使其浓缩起来,从而解决我们的问题。针对不同的问题构造样本的适当函数,利用这些样本的函数进行统计推断。这种样本的函数在统计学中称为统计量。

一、统计量的定义

定义 6.1　若样本函数 $g(X_1, X_2, \cdots, X_n)$ 中不含有任何未知参数,则称这类样本函数为**统计量**。

设 $x_1, x_2, \cdots, x_n$ 是相应于样本 $X_1, X_2, \cdots, X_n$ 的一组观测值,则称由计算得到的函数值 $g(x_1, x_2, \cdots, x_n)$ 就是样本函数 $g(X_1, X_2, \cdots, X_n)$ 的观测值。

例如,设 (X_1, X_2, X_3) 是来自总体 $N(\mu, \sigma^2)$ 的一个样本,其中 μ 已知,σ^2 未知,令

$$T_1 = X_1, \quad T_2 = X_1 + X_2 e^{X_3}, \quad T_3 = \max\{X_1, X_2, X_3\},$$

$$T_4 = X_1 + X_2 - \mu, \quad T_5 = \frac{1}{\sigma^2}(X_1^2 + X_2^2 + X_3^2),$$

则 T_1, T_2, T_3, T_4 为统计量,但 T_5 不是统计量,因为 T_5 含有总体分布的未知参数 σ^2。

统计量在本质上还是一个随机变量,下面介绍几个在实际中常用的统计量。

二、常用统计量

设 $(X_1, X_2, \cdots, X_n)$ 是来自总体 X 的样本,$(x_1, x_2, \cdots, x_n)$ 是这一样本的观测值。

(1) **样本均值**　$\bar{X} = \dfrac{1}{n}\sum\limits_{i=1}^{n} X_i$,它的观测值记为 $\bar{x} = \dfrac{1}{n}\sum\limits_{i=1}^{n} x_i$。

(2) **样本方差**　$S^2 = \dfrac{1}{n-1}\sum\limits_{i=1}^{n}(X_i - \bar{X})^2 = \dfrac{1}{n-1}\Big(\sum\limits_{i=1}^{n} X_i^2 - n\bar{X}^2\Big)$,它的观测值记为

$$s^2 = \frac{1}{n-1}\sum_{i=1}^{n}(x_i - \bar{x})^2 = \frac{1}{n-1}\Big(\sum_{i=1}^{n} x_i^2 - n\bar{x}^2\Big)。$$

（3）**样本标准差**　$S = \sqrt{S^2} = \sqrt{\dfrac{1}{n-1}\sum\limits_{i=1}^{n}(X_i - \overline{X})^2}$ ，它的观测值记为 $s = \sqrt{s^2} =$

$\sqrt{\dfrac{1}{n-1}\sum\limits_{i=1}^{n}(x_i - \overline{x})^2}$ 。

（4）**样本 k 阶原点矩**　$A_k = \dfrac{1}{n}\sum\limits_{i=1}^{n}X_i^k, k = 1,2,\cdots$ ；它的观测值记为 $a_k = \dfrac{1}{n}\sum\limits_{i=1}^{n}x_i^k$ ，

$k = 1,2,\cdots$ ；显然，样本的一阶原点矩就是样本均值。

（5）**样本 k 阶中心矩**　$B_k = \dfrac{1}{n}\sum\limits_{i=1}^{n}(X_i - \overline{X})^k, k = 1,2,\cdots$ ；它的观测值记为 $b_k =$

$\dfrac{1}{n}\sum\limits_{i=1}^{n}(x_i - \overline{x})^k, k = 1,2,\cdots$ ；显然，样本一阶中心矩恒等于零。

显然，当样本容量 n 充分大时，样本方差 s^2 与样本二阶中心矩 b_2 是近似相等的。我们指出，若总体 X 的 k 阶矩 $E(X^k) = \mu_k$ 存在，则当 $n \to \infty$ 时，$A_k \xrightarrow{P} \mu_k (k = 1,2,\cdots)$。这是因为 $X_1, X_2, \cdots, X_n$ 独立且与 X 同分布，所以 $X_1^k, X_2^k, \cdots, X_n^k$ 独立且与 X^k 同分布，故有

$$E(X_1^k) = E(X_2^k) = \cdots = E(X_n^k) = \mu_k。$$

由第五章的大数定律知

$$A_k = \frac{1}{n}\sum_{i=1}^{n}X_i^k \xrightarrow{P} \mu_k, \quad k = 1,2,\cdots。$$

进而由第五章中关于依概率收敛的序列的性质知道

$$g(A_1, A_2, \cdots, A_k) \xrightarrow{P} g(\mu_1, \mu_2, \cdots, \mu_k)，其中 g 为连续函数。$$

这就是下一章所要介绍的矩估计法的理论依据。

（6）次序统计量

次序统计量也是一类常用的统计量，在某些方面有着较好的作用。

设 $X_1, X_2, \cdots, X_n$ 是来自总体的一个样本，$x_1, x_2, \cdots, x_n$ 是其一组观测值，将这组观测值按从小到大可排成 $X_{(1)} \leqslant X_{(2)} \leqslant \cdots \leqslant X_{(n)}$ ，则称 $\{X_{(1)}, X_{(2)}, \cdots, X_{(n)}\}$ 为该样本的**次序统计量**，$X_{(k)}$ 称为第 k 个次序统计量，其中特别地称 $X_{(1)} = \min\limits_{1 \leqslant i \leqslant n} X_{(i)}$ 为最小次序统计

量；$X_{(n)} = \max\limits_{1 \leqslant i \leqslant n} X_{(i)}$ 为最大次序统计量；$M^* = \begin{cases} X_{\left(\frac{n+1}{2}\right)} & （当 n 为奇数时） \\ \dfrac{1}{2}\left\{ X_{\left(\frac{n}{2}\right)} + X_{\left(\frac{n}{2}+1\right)} \right\} & （当 n 为偶数时） \end{cases}$

为样本中位数；$R = X_{(n)} - X_{(1)}$ 为样本极差。

称统计量 $\gamma_1 = \dfrac{b_3}{b_2^{\frac{3}{2}}}$ 为**样本偏度**。样本偏度反映了总体分布密度曲线的对称性信息，b_3

除以 $b_2^{\frac{3}{2}}$ 是为消除量纲影响；$\gamma_1 = 0$ 表示样本对称；$\gamma_1 > 0$ 表示样本的右尾长，总体分布是正偏或右偏的；$\gamma_1 < 0$ 表示分布的左尾长，总体分布是负偏或左偏的。称统计量 $\gamma_2 = \dfrac{b_4}{b_2^2} - 3$

为**样本峰度**。样本峰度反映了总体分布密度曲线在其峰值附近的陡峭程度。$\gamma_2 > 0$ 分布密度曲线在其峰值附近比正态分布陡,称为尖顶型;$\gamma_2 < 0$ 时,分布密度曲线在其峰值附近比正态分布平坦,称为平顶型。

习　题　6-2

1. 设随机变量 $X \sim N(\mu, \sigma^2)$,其中 μ 未知,σ^2 已知,$X_1, X_2, \cdots, X_n$ 是来自总体的一个样本,则(　　)是统计量。

A. $X_1 + X_2 + \mu$　　　B. $X_1 + X_2 + X_n$　　　C. $\dfrac{\overline{X} - \mu}{\sigma}$　　D. $\displaystyle\sum_{i=1}^{n} \left(\dfrac{X_i - \mu}{\sigma}\right)^2$

2. 从总体中随机抽取 5 个样本,其观测值为 $15, 25, 30, 40, 50$,求样本均值和样本方差。

3. 表 6-5 是两个班(每班 50 人)的英语课程的考试成绩,试计算两个班级的平均成绩、标准差、样本偏度及样本峰度。

表 6-5　两个班级的英语成绩

成绩	组中值	甲班人数 $f_甲$	乙班人数 $f_乙$
90—100	95	5	4
80—89	85	10	14
70—79	75	22	16
60—69	65	11	14
50—59	55	1	2
40—49	45	1	0

4. 设总体 X 的均值 $E(X) = \mu$ 和方差 $D(X) = \sigma^2$ 存在,S^2 为样本方差,证明:$E(S^2) = \sigma^2$。

5. 从总体中抽取两组样本,其容量分别为 n_1 及 n_2,设两组的样本均值分别为 $\overline{X}_1$ 及 $\overline{X}_2$,样本方差分别为 S_1^2 及 S_2^2,把这两组样本合并为一组容量为 $n_1 + n_2$ 的联合样本,证明:

(1) 联合样本的样本均值 $\overline{X} = \dfrac{n_1 \overline{X}_1 + n_2 \overline{X}_2}{n_1 + n_2}$;

(2) 联合样本的样本方差

$$S^2 = \frac{(n_1 - 1)S_1^2 + (n_2 - 1)S_2^2}{n_1 + n_2 - 1} + \frac{n_1 n_2 (\overline{X}_1 - \overline{X}_2)^2}{(n_1 + n_2)(n_1 + n_2 - 1)}。$$

扫码查看
习题参考答案

第三节　抽样分布

统计量的分布称为**抽样分布**。当总体的分布函数已知时,抽样分布是确定的,然而要求出统计量的精确分布,一般是比较困难的。本节介绍来自正态总体的几个常用分布:χ^2 分布、t 分布和 F 分布。它们在数理统计中占有极重要的地位。

一、χ^2 分布

定义 6.2　设 $X_1, X_2, \cdots, X_n$ 为相互独立的随机变量,它们都服从标准正态 $N(0,1)$ 分布,则称统计量 $Y = \sum_{i=1}^{n} X_i^2$ 为服从自由度为 n 的 χ^2 分布,记作 $Y \sim \chi^2(n)$。自由度是指上述公式中包含的独立变量的个数。

χ^2 分布是海尔墨特(Hermert)和 K.皮尔逊(K.Pearson)分别于 1875 年和 1900 年提出的。它主要用于拟合优度检验和独立性检验,以及对总体方差的估计和检验等,相关内容将在随后的章节中介绍。

$\chi^2(n)$ 分布的概率密度函数为

$$f(y) = \begin{cases} \dfrac{1}{2^{\frac{n}{2}} \Gamma\left(\dfrac{n}{2}\right)} y^{\frac{n}{2}-1} e^{-\frac{y}{2}}, & y > 0, \\ 0, & \text{其他}, \end{cases}$$

其中 $\Gamma(\alpha)$ 称为伽马函数,定义为 $\Gamma(\alpha) = \int_0^{\infty} x^{\alpha-1} e^{-x} dx$,$\alpha > 0$。$f(y)$ 的图形如图 6-2 所示。

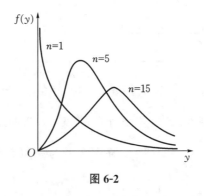

图 6-2

图 6-2 描绘了 $\chi^2(n)$ 分布密度函数在 $n = 1, 5, 15$ 时的图形。可以看出,随着 n 的增大,概率密度函数 $f(y)$ 的图形趋于平缓,趋于对称,其图形下面积的重心亦逐步往右下移动。

χ^2 分布具有以下性质:

(1) 若 $\chi_1^2 \sim \chi^2(n_1)$,$\chi_2^2 \sim \chi^2(n_2)$,且二者相互独立,则有

$$\chi_1^2 + \chi_2^2 \sim \chi^2(n_1 + n_2)。$$

这一性质称为 χ^2 分布的**可加性**。它可以推广至多个情形：设 $Y_1, Y_2, \cdots, Y_k$ 是 k 个相互独立的随机变量，$Y_j \sim \chi^2(n_j)(j=1,2,\cdots,k)$，则

$$Y = \sum_{j=1}^{k} Y_j \sim \chi^2\left(\sum_{j=1}^{k} n_j\right)。$$

（2）若 $X \sim \chi^2(n)$，则 $E(X)=n$，$D(X)=2n$。

证　设 $X_1, X_2, \cdots, X_n$ 为独立同分布于 $N(0,1)$ 的随机变量，则 X 与 $\sum_{j=1}^{n} X_j^2$ 同分布，且

$$E(X) = E\left(\sum_{i=1}^{n} X_i^2\right) = \sum_{i=1}^{n} E(X_i^2) = n。$$

又由于 X_i 相互独立，所以 $X_1^2, X_2^2, \cdots, X_n^2$ 也相互独立，并且 $N(0,1)$ 的四阶矩为 3，于是可得

$$D(X) = \sum_{i=1}^{n} D(X_i^2) = \sum_{i=1}^{n} \left[E(X_i^4) - (E(X_i^2))^2 \right] = \sum_{i=1}^{n} (3-1) = 2n。$$

下面我们再来介绍 χ^2 分布的上分位点。

对于给定的正数 $\alpha(0 < \alpha < 1)$，称满足条件

$$P\{\chi^2 > \chi_\alpha^2(n)\} = \int_{\chi_\alpha^2(n)}^{+\infty} f(y)\mathrm{d}y = \alpha$$

的点 $\chi_\alpha^2(n)$ 为 $\chi^2(n)$ 分布的上 α 分位点，如图 6-3 所示。

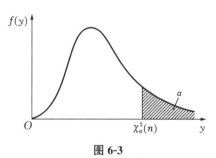

图 6-3

对于不同的 α, n，上 α 分位点的值可通过查表获得（见附表 4），例如对于 $\alpha = 0.05$，$n = 15$，查附表得，$\chi_{0.05}^2(15) = 24.996$，但该表只详列到 $n = 45$ 为止。

英国统计学家费希尔曾证明：当 n 充分大时，近似的有

$$\chi_\alpha^2(n) \approx \frac{1}{2}(u_\alpha + \sqrt{2n-1})^2，$$

其中 u_α 是标准正态分布的上 α 分位点。例如，

$$\chi_{0.05}^2(50) \approx \frac{1}{2}(1.645 + \sqrt{99})^2 = 67.221。$$

例1　设 $X_1, X_2, \cdots, X_n$ 为来自总体 $N(\mu, \sigma^2)$ 的一个样本，求统计量 $\sum_{i=1}^{n} \dfrac{(X_i - \mu)^2}{\sigma^2}$ 的分布。

解　由 $X_i \sim N(\mu, \sigma^2)(i=1,2,\cdots,n)$，且相互独立知 $\dfrac{X_i - \mu}{\sigma} \sim N(0,1)$ $(i=1,$

$2,\cdots,n)$ 且相互独立,根据定义知

$$\sum_{i=1}^{n}\frac{(X_i-\mu)^2}{\sigma^2}\sim\chi^2(n)。$$

例 2　设 $X_1,X_2,\cdots,X_6$ 为来自总体 $N(0,1)$ 的样本,又设 $Y=(X_1+X_2+X_3)^2+(X_4+X_5+X_6)^2$,试求常数 c,使 cY 服从 χ^2 分布。

解　因为 $X_1+X_2+X_3\sim N(0,3),X_4+X_5+X_6\sim N(0,3)$,所以

$$\frac{X_1+X_2+X_3}{\sqrt{3}}\sim N(0,1),\quad\frac{X_4+X_5+X_6}{\sqrt{3}}\sim N(0,1),$$

且它们相互独立,于是

$$\left(\frac{X_1+X_2+X_3}{\sqrt{3}}\right)^2+\left(\frac{X_4+X_5+X_6}{\sqrt{3}}\right)^2\sim\chi^2(2),$$

故应取 $c=\dfrac{1}{3}$,从而有 $\dfrac{1}{3}Y\sim\chi^2(2)$。

二、t 分布

1908 年英国统计学家戈塞特用笔名 Student 发表了有关 t 分布的论文,因此 t 分布又称为学生氏分布。t 分布是小样本分布,小样本一般是指 $n<30$。t 分布适用于当总体标准差未知时,用样本标准差代替总体标准差,由样本平均数推断总体平均数以及两个小样本之间差异的显著性检验等。

定义 6.3　设 $X\sim N(0,1),Y\sim\chi^2(n)$,且 X 与 Y 相互独立,则称随机变量 $t=\dfrac{X}{\sqrt{\dfrac{Y}{n}}}$

服从自由度为 n 的 t 分布,记作 $t\sim t(n)$。

$t(n)$ 分布的概率密度函数为

$$h(t)=\frac{\Gamma\left(\dfrac{n+1}{2}\right)}{\sqrt{n\pi}\,\Gamma\left(\dfrac{n}{2}\right)}\left(1+\frac{t^2}{n}\right)^{-\frac{n+1}{2}},\ -\infty<t<+\infty。$$

$t(n)$ 分布的概率密度函数 $h(t)$ 图形如图 6-4 所示,它关于 $t=0$ 对称,当 n 充分大时其图形接近于标准正态分布 $N(0,1)$ 的密度曲线,一般若 $n>30$,就可认为它基本与 $N(0,1)$ 相差无几了。但当 n 较小时,t 分布与标准正态分布相差很大。

对于正数 $\alpha(0<\alpha<1)$,称满足条件

$$P\{t>t_\alpha(n)\}=\int_{t_\alpha(n)}^{+\infty}h(t)\mathrm{d}t=\alpha$$

的点 $t_\alpha(n)$ 为 $t(n)$ 分布的上 α 分位点(见图 6-5)。由图形的对称性不难发现

$$t_{1-\alpha}(n)=-t_\alpha(n)。$$

同样 t 分布的上 α 分位点可由附表 3 查得。当 $n>45$ 时,就用正态分布近似 $t_\alpha(n)\approx u_\alpha$。

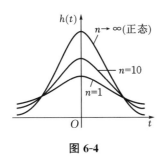

图 6-4

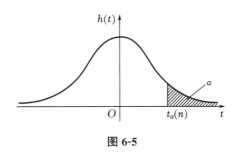

图 6-5

例 3　设 $T \sim t(n)$，求 $E(T)$。

解　因为 t 分布的概率密度函数 $h(t)$ 为偶函数，故

$$E(T) = \int_{-\infty}^{+\infty} th(t)\mathrm{d}t = 0。$$

例 4　设随机变量 $X \sim N(2,1)$，Y_1, Y_2, Y_3, Y_4 均服从 $N(0,4)$，且 $X, Y_i (i=1,2,3,4)$ 都相互独立，令 $T = \dfrac{4(X-2)}{\sqrt{\sum\limits_{i=1}^{4} Y_i^2}}$，试求 T 的分布，并确定 t_0 的值，使 $P\{|T| > t_0\} = 0.01$。

解　由于 $X - 2 \sim N(0,1)$，$\dfrac{Y_i}{2} \sim N(0,1)(i=1,2,3,4)$，故由 t 分布的定义知

$$T = \frac{4(X-2)}{\sqrt{\sum\limits_{i=1}^{4} Y_i^2}} = \frac{(X-2)}{\sqrt{\dfrac{1}{4}\sum\limits_{i=1}^{4}\left(\dfrac{Y_i}{2}\right)^2}} \sim t(4)。$$

$$P\{|T| > t_0\} = 0.01 \Rightarrow P\{T > t_0\} = 0.005，$$

查表得　　　　　　　　　　　　$t_0 = t_{0.005}(4) = 4.6041。$

三、F 分布

F 分布是以统计学家费希尔的姓氏的第一个字母 F 命名的，主要用于方差分析、协方差分析和回归分析等。

定义 6.4　设 $U \sim \chi^2(n_1)$，$V \sim \chi^2(n_2)$，且 U, V 独立，则称随机变量 $F = \dfrac{U/n_1}{V/n_2}$ 服从自由度为 (n_1, n_2) 的 **F 分布**，记为 $F \sim F(n_1, n_2)$。

$F(n_1, n_2)$ 分布的概率密度为

$$\varphi(y) = \begin{cases} \dfrac{\Gamma\left(\dfrac{n_1+n_2}{2}\right)\left(\dfrac{n_1}{n_2}\right)^{\frac{n_1}{2}} y^{\frac{n_1}{2}-1}}{\Gamma\left(\dfrac{n_1}{2}\right)\Gamma\left(\dfrac{n_2}{2}\right)\left[1+\left(\dfrac{n_1 y}{n_2}\right)\right]^{\frac{n_1+n_2}{2}}}, & y > 0, \\ 0, & y \leqslant 0。\end{cases}$$

$\varphi(y)$ 的图形如图 6-6 所示。

对于给定的正数 $\alpha(0 < \alpha < 1)$,称满足条件

$$P\{F > F_\alpha(n_1,n_2)\} = \int_{F_\alpha(n_1,n_2)}^{+\infty} \varphi(y)\mathrm{d}y = \alpha$$

的点 $F_\alpha(n_1,n_2)$ 为 $F(n_1,n_2)$ 分布的上 α 分位点(如图 6-7 所示)。

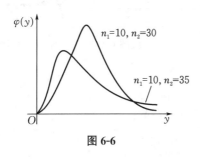

图 6-6

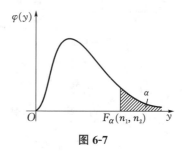

图 6-7

由 F 分布的定义容易看出,F 分布具有如下性质:

(1) 若 $F \sim F(n_1,n_2)$,则 $\dfrac{1}{F} \sim F(n_2,n_1)$;

(2) $F_{1-\alpha}(n_1,n_2) = \dfrac{1}{F_\alpha(n_2,n_1)}$。

利用这个性质可以用来求 F 分布表中没有包括的数值,例如由附表 5 查得 $F_{0.05}(9,12) = 2.80$,则可利用上述性质求得

$$F_{0.95}(12,9) = \frac{1}{F_{0.05}(9,12)} = \frac{1}{2.80} = 0.357。$$

四、正态总体统计量的分布

研究数理统计问题时,常常需要知道统计量的分布,要知道某个统计量的分布往往十分困难,但对于服从正态分布的总体人们已经有了详细的研究,以下定理都是在总体为正态总体这一基本假定下得到的。假设 $X_1,X_2,\cdots,X_n$ 是来自正态总体 $N(\mu,\sigma^2)$ 的样本,即它们是独立同分布的,皆服从 $N(\mu,\sigma^2)$ 分布,样本均值与样本方差分别是

$$\overline{X} = \frac{1}{n}\sum_{i=1}^n X_i, \quad S^2 = \frac{1}{n-1}\sum_{i=1}^n (X_i - \overline{X})^2。$$

定理 6.1 设总体 X 服从正态分布 $N(\mu,\sigma^2)$,则 $\overline{X} \sim N\left(\mu,\dfrac{\sigma^2}{n}\right)$,即

$$\frac{(\overline{X} - \mu)\sqrt{n}}{\sigma} \sim N(0,1)。$$

定理 6.2 设总体 X 服从正态分布 $N(\mu,\sigma^2)$,则

(1) 样本均值 $\overline{X}$ 与样本方差 S^2 相互独立;

(2) $\dfrac{(n-1)S^2}{\sigma^2} = \sum_{i=1}^n \left(\dfrac{X_i - \overline{X}}{\sigma}\right)^2 \sim \chi^2(n-1)$。

证明略。

例5　设 $X_1, X_2, \cdots, X_n$ 为来自 $N(\mu, \sigma^2)$ 的样本,证明:

$$T = \frac{\overline{X} - \mu}{S / \sqrt{n}} \sim t(n-1)。$$

证　这是因为 $\overline{X} \sim N\left(\mu, \dfrac{\sigma^2}{n}\right)$,则 $\dfrac{\overline{X} - \mu}{\dfrac{\sigma}{\sqrt{n}}} \sim N(0,1)$,又由 $\dfrac{(n-1)S^2}{\sigma^2} \sim \chi^2(n-1)$ 及

$\overline{X}$ 与 S^2 独立知

$$T = \frac{\overline{X} - \mu}{\dfrac{S}{\sqrt{n}}} = \frac{\dfrac{\overline{X} - \mu}{\dfrac{\sigma}{\sqrt{n}}}}{\sqrt{\dfrac{(n-1)S^2}{\sigma^2(n-1)}}} \sim t(n-1)。$$

定理6.3　设 $X_1, X_2, \cdots, X_{n_1}$ 与 $Y_1, Y_2, \cdots, Y_{n_2}$ 分别是来自具有相同方差的两正态总体 $N(\mu_1, \sigma^2), N(\mu_2, \sigma^2)$ 的样本,且这两个样本相互独立。设 $\overline{X} = \dfrac{1}{n_1} \displaystyle\sum_{i=1}^{n_1} X_i$,$\overline{Y} = \dfrac{1}{n_2} \displaystyle\sum_{i=1}^{n_2} Y_i$ 分别是这两个样本的均值,$S_1^2 = \dfrac{1}{n_1-1} \displaystyle\sum_{i=1}^{n_1} (X_i - \overline{X})^2$,$S_2^2 = \dfrac{1}{n_2-1} \displaystyle\sum_{i=1}^{n_2} (Y_i - \overline{Y})^2$ 分别是这两个样本的样本方差,则有:

(1) $\dfrac{(\overline{X} - \overline{Y}) - (\mu_1 - \mu_2)}{S_w \sqrt{\dfrac{1}{n_1} + \dfrac{1}{n_2}}} \sim t(n_1 + n_2 - 2)$,其中 $S_w^2 = \dfrac{(n_1-1)S_1^2 + (n_2-1)S_2^2}{(n_1 + n_2 - 2)}$;

(2) 若两个正态分布的方差 σ_1^2 与 σ_2^2 不等,则统计量

$$F = \frac{S_1^2 / S_2^2}{\sigma_1^2 / \sigma_2^2} \sim F(n_1 - 1, n_2 - 1)。$$

证明略。

本节所介绍的几个分布以及三个定理在下面各章中都起着重要的作用。应注意,它们都是在总体为正态这一基本假定下得到的。

例6　设总体 X 服从正态分布 $N(62, 100)$,为使样本均值大于 60 的概率不小于 0.95,问样本容量 n 至少应取多大?

解　设需要样本容量为 n,则

$$\frac{\overline{X} - \mu}{\sigma / \sqrt{n}} = \frac{\overline{X} - \mu}{\sigma} \cdot \sqrt{n} \sim N(0, 1),$$

$$P(\overline{X} > 60) = P\left\{\frac{\overline{X} - 62}{10} \cdot \sqrt{n} > \frac{60 - 62}{10} \cdot \sqrt{n}\right\}。$$

查附表 2,得 $\Phi(1.64) \approx 0.95$,所以 $0.2\sqrt{n} \geqslant 1.64$,$n \geqslant 67.24$。故样本容量至少应取 68。

习　题　6-3

1. 设随机变量 X 和 Y 都服从标准正态分布,则下列选项中正确的是(　　　)。

A. $X+Y$ 服从正态分布　　　　　　B. X^2+Y^2 服从 χ^2 分布

C. X^2 和 Y^2 服从 χ^2 分布　　　　D. $\dfrac{X^2}{Y^2}$ 服从 F 分布

2. 查表求 $\chi^2_{0.99}(10)$,$\chi^2_{0.01}(10)$,$t_{0.99}(10)$,$t_{0.01}(10)$,$F_{0.05}(24,28)$,$F_{0.95}(12,9)$。

3. 在总体 $X \sim N(30,2^2)$ 中随机地抽取一个容量为 16 的样本,求样本均值 $\overline{X}$ 在 29 到 31 之间取值的概率。

4. 设某厂生产的灯泡的使用寿命 $X \sim N(1000,\sigma^2)$(单位:小时),抽取一容量为 9 的样本,其中样本标准差 $S=100$,问 $P(\overline{X}<940)$ 是多少?

5. 在设计导弹发射装置时,重要事情之一是研究弹着点偏离目标中心的距离的方差。对于一类导弹发射装置,弹着点偏离目标中心的距离服从正态分布 $N(\mu,\sigma^2)$,这里 $\sigma^2=100$ m^2。现进行 25 次发射试验,用 S^2 记这 25 次试验中弹着点偏离目标中心距离的样本方差,试求 S^2 超过 50 m^2 的概率。

6. 设两个总体 X 与 Y 都服从正态分布 $N(20,3)$,今从总体 X 与 Y 中分别抽得容量为 $n_1=10$,$n_2=15$ 的两个相互独立的样本,求 $P\{|\overline{X}-\overline{Y}|>0.3\}$。

扫码查看
习题参考答案

综合练习六

一、填空题

1. 已知样本均值为 $\overline{x}=5$,样本方差为 $s^2=100$,若将所有样本观察值都乘以 $\dfrac{1}{5}$,则新的样本均值 $\overline{x}^*=$_____,样本方差 $(s^*)^2=$_____。

2. 设 $X_1,X_2,\cdots,X_n$ 为来自总体 $\chi^2(10)$ 的样本,则统计量 $Y=\displaystyle\sum_{i=1}^{n}X_i$ 服从_____分布。

3. 设 $X_1,X_2,\cdots,X_n$ 为来自总体 $P(\lambda)$ 的样本,则统计量 $Y=\displaystyle\sum_{i=1}^{n}X_i$ 服从_____分布。

4. 设 $\overline{X}$ 和 S^2 是来自正态总体 $N(0,\sigma^2)$ 的样本均值和样本方差,样本容量为 n,则统计量 $\dfrac{n\overline{X}^2}{S^2}$ 服从_____分布。

5. 设 $X_1, X_2, \cdots, X_n$ 为两点分布总体 $B(1, p)$ 的样本，则当 n 很大时，其样本均值 $\bar{X}$ 近似服从 _____ 分布。

二、选择题

1. 设 $X_1, X_2, \cdots, X_n$ 为来自正态总体 $N(\mu, \sigma^2)$ 的样本，其中 σ^2 已知，但 μ 未知，则（　　）不是统计量。

A. $\dfrac{1}{n} \sum\limits_{i=1}^{n} X_i$　　　　B. $\dfrac{1}{n} \sum\limits_{i=1}^{n} (X_i - \mu)^2$　　　　C. $\dfrac{1}{n-1} \sum\limits_{i=1}^{n} (X_i - \bar{X})^2$　　D. $\dfrac{\bar{X} - 3}{\sigma} \sqrt{n}$

2. 设总体 $X \sim N(\mu, \sigma^2)$，$\bar{X}$ 为该总体的样本均值，则 $P\{\bar{X} < \mu\}$（　　）。

A. $< \dfrac{1}{4}$　　　　B. $= \dfrac{1}{4}$　　　　　　C. $> \dfrac{1}{2}$　　　　　　D. $= \dfrac{1}{2}$

3. 设总体 $X \sim N(\mu, \sigma^2)$，$\bar{X}_1$ 和 $\bar{X}_2$ 分别是总体容量为 10 和 15 的两个样本均值，记 $p_1 = P\{|\bar{X}_1 - \mu| > \sigma\}$，$p_2 = P\{|\bar{X}_2 - \mu| > \sigma\}$，则（　　）。

A. $p_1 < p_2$　　　　B. $p_1 = p_2$　　　　　　C. $p_1 > p_2$　　　　　D. 不确定

4. 设 S_1^2, S_2^2 为总体 $N(\mu, \sigma^2)$ 的两个样本的样本方差，容量分别为 10 和 16，则当 $\alpha = $（　　）时，统计量 $\dfrac{aS_1^2}{S_2^2}$ 服从于 F 分布。

A. 1　　　　　　B. $\dfrac{5}{8}$　　　　　　　C. $\dfrac{5}{3}$　　　　　　D. $\dfrac{10}{16}$

5. 设 $X_1, X_2, \cdots, X_n$ 为来自正态总体 $N(\mu, \sigma^2)$ 的样本，$\bar{X}$ 和 S^2 分别为样本均值和样本方差。又 $X_{n+1} \sim N(\mu, \sigma^2)$，则当 $\alpha = $（　　）时，$\dfrac{a(\bar{X} - X_{n+1})}{S} \sim t(n-1)$。

A. $\sqrt{n}$　　　　　B. $\sqrt{n-1}$　　　　　C. $\sqrt{\dfrac{n+1}{n-1}}$　　　　D. $\sqrt{\dfrac{n}{n+1}}$

三、解答题

1. 试证如下等式。

(1) $\sum\limits_{i=1}^{n} (X_i - \bar{X}) = 0$；

(2) $\sum\limits_{i=1}^{n} (X_i - A)^2 = \sum\limits_{i=1}^{n} (X_i - \bar{X})^2 + n(\bar{X} - A)^2$；

(3) $\sum\limits_{i=1}^{n} (X_i - \bar{X})^2 = \sum\limits_{i=1}^{n} X_i^2 - n\bar{X}^2$。

2. 从总体 X 中抽取容量为 n 的样本 $X_1, X_2, \cdots, X_n$，样本的均值记作 $\overline{X_n}$，样本方差记作 S_n^2，若再抽取一个样本 X_{n+1}，使样本容量增加为 $n+1$，证明：

(1) 增容后的样本均值：$\overline{X}_{n+1} = \dfrac{1}{n+1}(n\,\overline{X}_n + X_{n+1})$；

(2) 增容后的样本方差：$S_{n+1}^2 = \dfrac{n-1}{n}S_n^2 + \dfrac{1}{n+1}(\overline{X}_n - X_{n+1})^2$。

3. 设 $X_1, X_2, \cdots, X_n$ 是来自总体 X 的样本，试求 $E(\overline{X}), D(\overline{X}), E(S^2)$。假设总体的分布为：$(1) X \sim B(n,p)$；$(2) X \sim P(\lambda)$；$(3) X \sim U(a,b)$；$(4) X \sim N(\mu,1)$。

4. 设 $X_1, X_2, \cdots, X_n$ 是来自总体 $X \sim N(\mu,4)$ 的样本，样本均值为 $\overline{X}$，试问样本容量 n 应分别取多大时，才能使下列各式成立？

(1) $E|\overline{X} - \mu|^2 \leqslant 0.1$； (2) $E|\overline{X} - \mu| \leqslant 0.1$； (3) $P(|\overline{X} - \mu| \leqslant 1) \geqslant 0.95$。

5. 设 $X_1, X_2, \cdots, X_{10}$ 是来自正态分布 $X \sim N(\mu, 0.5^2)$ 的样本。

(1) 若已知 $\mu = 0$，求 $P\left(\sum\limits_{i=1}^{10} X_i^2 \geqslant 4\right)$；

(2) 若 μ 未知，求 $P\left[\dfrac{1}{10}\sum\limits_{i=1}^{10}(X_i - \overline{X})^2 \geqslant 0.285\right]$。

6. 在总体 $X \sim N(\mu, \sigma^2)$ 中抽取容量为 16 的一个样本，求 $P\left(\dfrac{S^2}{\sigma^2} \leqslant 1.6664\right)$。

扫码查看
习题参考答案

第七章 参 数 估 计

数理统计的核心内容是由样本推断总体,即统计推断。而统计推断的两个基本问题是统计估计和统计假设,其应用领域非常广泛。

本章讨论总体参数估计。在实际中,如果总体的分布形式是已知的,那么,它的分布就由一个或几个参数完全确定了。因此,我们要了解某个总体的情况,只需知道该总体的几个参数就可以了。但通常情况下,总体的参数是未知的,需要从总体中抽取样本,用样本所提供的信息来估计总体分布中所包含的未知参数。参数估计是指利用样本统计量去估计总体参数的过程。例如,用样本均值估计总体均值,用样本比例估计总体比例,用样本方差估计总体方差等。参数估计主要包括参数的点估计和区间估计。

第一节 点 估 计

设总体 X 的分布函数 $F(x,\theta)$ 的形式已知,但它的一个或多个参数未知,借助于总体 X 的一个样本来估计总体未知参数的值的问题称为参数的**点估计**问题,先看一个引例。

引例 某信息台在上午8点到9点之间接到的呼叫次数服从泊松分布 $P(\lambda)$,现收集了42个样本值如表7-1所示,试估计参数 λ。

表7-1

接到呼叫的次数	0	1	2	3	4	5
出现的频数	7	10	12	8	3	2

解 由于总体 $X \sim P(\lambda)$,故有 $\lambda = E(X)$,由辛钦大数定律得

$$\lim_{n \to +\infty} P\{|\overline{X} - E(X)| < \varepsilon\} = 1,$$

即当 n 很大时,样本均值 $\overline{X}$ 的值就会很接近总体均值 $E(X)$,我们很自然想到用样本均值 $\overline{x}$ 作为总体均值 λ 的估计值。现由已知数据计算得

$$\overline{x} = \frac{1}{42}(0 \times 7 + 1 \times 10 + 2 \times 12 + 3 \times 8 + 4 \times 3 + 5 \times 2) = 1.9,$$

即 $E(X) = \lambda$ 的估计为1.9。

在引例的求解过程中,我们先确定了一个统计量 $\overline{X}$,再由抽样后得到的样本值计算出统计量 $\overline{X}$ 的观测值 $\overline{x}$,把 $\overline{x}$ 作为参数 λ 的估计值,这就是点估计。对于点估计问题,关键是找一个合适的统计量,所谓合适是指意义上要合理,计算上要方便。点估计的主要方

法有矩估计法、极大似然估计法、顺序统计量法等,本章主要介绍**矩估计法**和**极大似然估计法**。

定义 7.1　设 θ 为总体 X 的待估计参数,$X_1,X_2,\cdots,X_n$ 是 X 的一个样本,$x_1,x_2,\cdots,x_n$ 是相应的一组样本观测值,称样本的一个统计量 $\hat{\theta}=\hat{\theta}(X_1,X_2,\cdots,X_n)$ 为 θ 的**点估计量**,称 $\hat{\theta}(x_1,x_2,\cdots,x_n)$ 为 θ 的**点估计值**。在不致混淆的情况下统称估计量和估计值为估计,并都简记为 $\hat{\theta}$。由于估计量是样本的函数,因此对于不同的样本观测值,θ 的点估计值一般是不相同的。

一、矩估计法

样本取自总体,根据大数定律,样本矩在一定程度上反映了总体矩的特征,因而很自然想到用样本矩来估计与之相应的总体矩,由此得到的参数估计称为矩估计法。矩估计法又称为数字特征法,是求估计量的一种常用方法。

设总体 X 的分布函数为 $F(x;\theta_1,\cdots,\theta_m)$,其中 $\theta_1,\cdots,\theta_m$ 为待估计的 m 个未知参数,$X_1,X_2,\cdots,X_n$ 是 X 的一个样本,则样本的 k 阶原点矩为 $\dfrac{1}{n}\sum\limits_{i=1}^{n}X_i^k=A_k(k=1,2,\cdots)$。如果总体 X 的 k 阶原点矩 $\mu_k=E(X^k)$ 存在,则用 A_k 去估计 μ_k,记为 $\hat{\mu}_k=A_k$。这样,我们按照"当参数等于其估计量时总体矩等于相应的样本矩"的原则建立方程组,即有

$$\begin{cases} \mu_1(\hat{\theta}_1,\hat{\theta}_2,\cdots,\hat{\theta}_m)=\dfrac{1}{n}\sum\limits_{i=1}^{n}x_i, \\ \mu_2(\hat{\theta}_1,\hat{\theta}_2,\cdots,\hat{\theta}_m)=\dfrac{1}{n}\sum\limits_{i=1}^{n}x_i^2, \\ \cdots\cdots \\ \mu_m(\hat{\theta}_1,\hat{\theta}_2,\cdots,\hat{\theta}_m)=\dfrac{1}{n}\sum\limits_{i=1}^{n}x_i^m。 \end{cases}$$

由上面的 m 个方程解出 m 个未知参数 $(\hat{\theta}_1,\hat{\theta}_2,\cdots,\hat{\theta}_m)$,即 $\hat{\theta}_i=\hat{\theta}_i(X_1,X_2,\cdots,X_n)$ 为参数 $(\theta_1,\theta_2,\cdots,\theta_m)$ 的矩法估计量,简称**矩估计**。

矩估计是一种简单而直观的估计方法,是由统计学家皮尔逊在 19 世纪末提出的。

例 1　设总体 X 服从参数为 θ 的 (0-1) 分布,$X_1,X_2,\cdots,X_n$ 是一个样本,求 θ 的矩估计。

解　由于只有一个参数,并且 $\mu_1=E(X)=\theta$,则 θ 的矩估计为 $\hat{\theta}=\dfrac{1}{n}\sum\limits_{i=1}^{n}X_i=\overline{X}$。

例 2　设总体 X 服从 $[\theta_1,\theta_2](\theta_1<\theta_2)$ 上的均匀分布,即概率密度函数为

$$f(x,\theta_1,\theta_2)=\begin{cases} \dfrac{1}{\theta_2-\theta_1}, & \theta_1\leqslant x\leqslant\theta_2, \\ 0, & \text{其他}, \end{cases}$$

其中 θ_1,θ_2 未知,$X_1,X_2,\cdots,X_n$ 是一个样本,求 θ_1,θ_2 的矩估计。

解　$\mu_1=E(X)=\displaystyle\int_{\theta_1}^{\theta_2}\dfrac{1}{\theta_2-\theta_1}x\,\mathrm{d}x=\dfrac{\theta_2^2-\theta_1^2}{2(\theta_2-\theta_1)}=\dfrac{\theta_1+\theta_2}{2}$,

$$\mu_2 = E(X^2) = D(X) + [E(X)]^2 = \frac{(\theta_2 - \theta_1)^2}{12} + \frac{(\theta_1 + \theta_2)^2}{4},$$

令
$$\begin{cases} \dfrac{\theta_1 + \theta_2}{2} = A_1 = \dfrac{1}{n}\sum_{i=1}^{n}X_i, \\[3mm] \dfrac{(\theta_2 - \theta_1)^2}{12} + \dfrac{(\theta_1 + \theta_2)^2}{4} = A_2 = \dfrac{1}{n}\sum_{i=1}^{n}X_i^2, \end{cases}$$

解上述方程组，得 θ_1, θ_2 的矩估计分别为

$$\begin{cases} \hat{\theta}_1 = A_1 - \sqrt{3(A_2 - A_1^2)} = \overline{X} - \sqrt{\dfrac{3(n-1)}{n}}S, \\[4mm] \hat{\theta}_2 = A_1 + \sqrt{3(A_2 - A_1^2)} = \overline{X} + \sqrt{\dfrac{3(n-1)}{n}}S. \end{cases}$$

例3 设 $X_1, X_2, \cdots, X_n$ 是来自总体 X 的一个样本，且总体 X 的均值 μ 及方差 σ^2 都存在，$\sigma^2 > 0$，试求总体的期望 $\mu = E(X)$ 和方差 $\sigma^2 = D(X)$ 的矩估计。

解 $\mu_1 = E(X) = \mu$，$\mu_2 = E(X^2) = D(X) + [E(X)]^2 = \sigma^2 + \mu^2$，令

$$\begin{cases} \mu = A_1 = \dfrac{1}{n}\sum_{i=1}^{n}X_i, \\[3mm] \sigma^2 + \mu^2 = A_2 = \dfrac{1}{n}\sum_{i=1}^{n}X_i^2, \end{cases}$$

解上述方程组，得 μ 和 σ^2 的矩估计分别为

$$\begin{cases} \hat{\mu} = \overline{X}, \\[3mm] \hat{\sigma}^2 = A_2 - A_1^2 = \dfrac{n-1}{n}S^2. \end{cases}$$

例3表明，**总体均值与方差的矩估计与总体分布无关。**

由此可见，矩估计法的优点是非常直观和简便，尤其是对总体的期望和方差进行估计时不需要知道总体的分布，只要求总体原点矩存在。但是，读者应该认识到，矩估计法并没有充分利用总体分布函数 $F(x, \theta)$ 对参数 θ 所提供的信息，因此，在使用矩估计法时，要注意所求估计的合理性。

二、极大似然估计法

1. 极大似然估计法的基本思想

极大似然估计法首先由德国数学家高斯于1821年提出，英国统计学家费希尔于1922年重新提出并做了进一步的研究，该方法已得到了广泛的应用。

与矩估计法一样，设总体 A 的概率分布类型已知，但含有未知参数。一般情况下，在随机试验中，小概率事件在一次试验中一般不发生，大概率事件常常会发生。若在一次试验中，某事件 A 发生了，则有理由认为事件 A 比其他事件发生的概率大，这就是**极大似然原理**，极大似然估计法就是依据这一原理得到的一种参数估计方法。

扫码看微课视频

　　下面分别就离散型总体和连续型总体两种情形进行具体讨论。

　　若总体 X 为离散型随机变量,其分布律为

$$p\{X=x_i\}=p(x_i,\theta_1,\theta_2,\cdots,\theta_k),\quad i=1,2,\cdots,$$

其中 $\theta_1,\theta_2,\cdots,\theta_k$ 为待估计的未知参数,$(\theta_1,\theta_2,\cdots,\theta_k)$ 的取值范围为 Θ。设 $X_1,X_2,\cdots,$ X_n 是来自总体 X 的一个样本,其观测值为 $x_1,x_2,\cdots,x_n$,则样本的联合分布律

$$P\{X_1=x_1,X_2=x_2,\cdots,X_n=x_n\}=\prod_{i=1}^{n}p(x_i,\theta_1,\theta_2,\cdots,\theta_k),(\theta_1,\theta_2,\cdots,\theta_k)\in\Theta。$$

　　对确定的样本观测值 $x_1,x_2,\cdots,x_n$,它是未知参数 $\theta_1,\theta_2,\cdots,\theta_k$ 的函数,记为

$$L(\theta_1,\theta_2,\cdots,\theta_k)=\prod_{i=1}^{n}p(x_i,\theta_1,\theta_2,\cdots,\theta_k),\quad(\theta_1,\theta_2,\cdots,\theta_k)\in\Theta,$$

称 $L(\theta_1,\theta_2,\cdots,\theta_k)$ 为样本的**似然函数**。

　　若总体 X 是连续型,其概率密度函数为 $f(x,\theta_1,\theta_2,\cdots,\theta_k)$,其中 $\theta_1,\theta_2,\cdots,\theta_k$ 为待估计的未知参数,则样本的似然函数定义为

$$L(\theta_1,\theta_2,\cdots,\theta_k)=\prod_{i=1}^{n}f(x_i,\theta_1,\theta_2,\cdots,\theta_k)。$$

　　定义 7.2　　如果样本似然函数 $L(\theta_1,\theta_2,\cdots,\theta_k)$ 在 $\hat{\theta}_i(x_1,x_2,\cdots,x_n)(i=1,2,\cdots,k)$ 处达到最大值,则称 $\hat{\theta}(x_1,x_2,\cdots,x_n)(i=1,2,\cdots,k)$ 为参数 θ_i 的**极大似然估计值**,称相应的统计量 $\hat{\theta}(X_1,X_2,\cdots,X_n)(i=1,2,\cdots,k)$ 为参数 θ_i 的**极大似然估计量**。

　　2. 极大似然估计法的一般方法

　　由定义可知,求参数的极大似然估计问题,就是求极大似然函数 $L(\theta_1,\theta_2,\cdots,\theta_k)$ 的最大值点问题。又由于 $\ln L$ 和 L 有相同的最大值点,故只需求 $\ln L$ 的最大值点即可,这样可以大大简化计算。因此,求解极大似然估计问题时,通常采用两步:

　　(1) 写出似然函数 $L(\theta_1,\theta_2,\cdots,\theta_k)$;

　　(2) 求解似然函数的极大值点。即对对数似然函数 $\ln L(\theta_1,\theta_2,\cdots,\theta_k)$ 求导,再令其为零有 $\dfrac{\partial}{\partial\theta_i}\ln L=0(i=1,2,\cdots,k)$,可求得驻点,即可得参数 θ 的极大似然估计。

　　注　　当似然函数 $L(\theta_1,\theta_2,\cdots,\theta_k)$ 关于未知参数不可微时,只能按极大似然估计法的基本思想求出极大值点。

　　例 4　　设总体 X 服从参数为 λ 的泊松分布,$x_1,x_2,\cdots,x_n$ 为来自总体的样本取值,求参数 λ 的极大似然估计值。

　　解　　由于 $X\sim P(X=x_i)=\dfrac{\lambda^{x_i}}{x_i}\mathrm{e}^{-\lambda}$,故似然函数为

$$L(\lambda)=\prod_{i=1}^{n}P\{X_i=x_i\}=\prod_{i=1}^{n}\left(\frac{\lambda^{x_i}}{x_i!}\mathrm{e}^{-\lambda}\right)=\frac{\lambda^{\sum\limits_{i=1}^{n}x_i}}{\prod\limits_{i=1}^{n}(x_i!)}\mathrm{e}^{-n\lambda},$$

　　取对数得　　$$\ln[L(\lambda)]=\left(\sum_{i=1}^{n}x_i\right)\ln\lambda-n\lambda-\sum_{i=1}^{n}\ln(x_i!),$$

令
$$\frac{\mathrm{d}}{\mathrm{d}\lambda}\{\ln[L(\lambda)]\}=\frac{1}{\lambda}\sum_{i=1}^{n}x_i-n=0,$$

解得
$$\hat{\lambda}=\frac{1}{n}\sum_{i=1}^{n}x_i=\bar{x},$$

所以 λ 的极大似然估计为 $\bar{x}$。

例 5　设某电子元件的使用寿命 T 服从参数为 λ 的指数分布,测得 n 个元件的失效时间为 $x_1,x_2,\cdots,x_n$,试求 λ 的极大似然估计值。

解　由于 $X\sim P(X=x_i)=\lambda\mathrm{e}^{-\lambda x_i}$,故似然函数为
$$L(\lambda)=\prod_{i=1}^{n}\lambda\mathrm{e}^{-\lambda x_i}=\lambda^n\exp\left(-\lambda\sum_{i=1}^{n}x_i\right),$$

取对数得
$$\ln[L(\lambda)]=n\ln\lambda-\lambda\sum_{i=1}^{n}x_i。$$

令
$$\frac{\mathrm{d}\ln[L(\lambda)]}{\mathrm{d}\lambda}=\frac{n}{\lambda}-\sum_{i=1}^{n}x_i=0,$$

解得
$$\hat{\lambda}=\frac{n}{\displaystyle\sum_{i=1}^{n}x_i}=\frac{1}{\bar{x}},其中 \bar{x} 是样本均值。$$

因为当 $\hat{\lambda}<\dfrac{1}{\bar{x}}$ 时,$\dfrac{\mathrm{d}\ln[L(\lambda)]}{\mathrm{d}\lambda}>0$;当 $\hat{\lambda}>\dfrac{1}{\bar{x}}$ 时,$\dfrac{\mathrm{d}\ln[L(\lambda)]}{\mathrm{d}\lambda}<0$;故 $\hat{\lambda}=\dfrac{1}{\bar{x}}$ 确实是 $L(\lambda)$ 的最大值点,因此,λ 的极大似然估计值为 $(\bar{x})^{-1}$。

例 6　设总体 $X\sim N(\mu,\sigma^2)$,μ,σ^2 是未知参数,$x_1,x_2,\cdots,x_n$ 是来自总体的样本取值,求 μ,σ^2 的极大似然估计。

解　X 的概率密度为
$$f(x,\mu,\sigma^2)=\frac{1}{\sqrt{2\pi\sigma^2}}\exp\left\{-\frac{1}{2\sigma^2}(x-\mu)^2\right\},$$

似然函数为
$$L(\mu,\sigma^2)=\frac{1}{(\sqrt{2\pi\sigma^2})^n}\exp\left\{-\frac{1}{2\sigma^2}\sum_{i=1}^{n}(x_i-\mu)^2\right\}$$
$$=(2\pi)^{-\frac{n}{2}}(\sigma^2)^{-\frac{n}{2}}\exp\left\{-\frac{1}{2\sigma^2}\sum_{i=1}^{n}(x_i-\mu)^2\right\},$$

取对数得
$$\ln[L(\mu,\sigma^2)]=-\frac{n}{2}\ln(2\pi)-\frac{n}{2}\ln\sigma^2-\frac{1}{2\sigma^2}\sum_{i=1}^{n}(x_i-\mu)^2。$$

令
$$\begin{cases}\dfrac{\partial}{\partial\mu}\{\ln[L(\mu,\sigma^2)]\}=\dfrac{1}{2\sigma^2}\sum_{i=1}^{n}(x_i-\mu)^2=0,\\[3mm]\dfrac{\partial}{\partial\sigma^2}\{\ln[L(\mu,\sigma^2)]\}=-\dfrac{n}{2\sigma^2}+\dfrac{1}{2\sigma^4}\sum_{i=1}^{n}(x_i-\mu)^2=0,\end{cases}$$

解方程组得 μ,σ^2 的极大似然估计值为

$$\begin{cases} \hat{\mu} = \dfrac{1}{n}\sum_{i=1}^{n} x_i = \bar{x}, \\[3mm] \hat{\sigma}^2 = \dfrac{1}{n}\sum_{i=1}^{n}(x_i - \bar{x})^2 = \dfrac{n-1}{n}s^2 \text{。} \end{cases}$$

μ 和 σ^2 的极大似然估计量为

$$\hat{\mu} = \overline{X}, \quad \hat{\sigma}^2 = \frac{n-1}{n}S^2,$$

以上求解结果与矩估计法求解结果相同。

例7 设总体 X 服从 $[\theta_1, \theta_2]$ $(\theta_1 < \theta_2)$ 上的均匀分布,即概率密度函数为

$$f(x, \theta_1, \theta_2) = \begin{cases} \dfrac{1}{\theta_2 - \theta_1}, & \theta_1 \leqslant x \leqslant \theta_2, \\[2mm] 0, & \text{其他,} \end{cases}$$

其中 θ_1, θ_2 未知,$X_1, X_2, \cdots, X_n$ 是总体的样本,$x_1, x_2, \cdots, x_n$ 为相应的观测值,求 θ_1, θ_2 的极大似然估计值。

解 X 的概率密度为

$$f(x, \theta_1, \theta_2) = \begin{cases} \dfrac{1}{\theta_2 - \theta_1}, & \theta_1 \leqslant x \leqslant \theta_2, \\[2mm] 0, & \text{其他,} \end{cases}$$

似然函数为

$$L(\theta_1, \theta_2) = \begin{cases} \dfrac{1}{(\theta_2 - \theta_1)^n}, & x_1, x_2, \cdots, x_n \in [\theta_1, \theta_2], \\[2mm] 0, & \text{其他,} \end{cases}$$

似然函数不连续,不能用上述方法求解似然方程。显然,按照极大似然估计的定义,$L(\theta_1, \theta_2)$ 的最大值应该在 $x_1, x_2, \cdots, x_n \in [\theta_1, \theta_2]$ 时取得,而 $x_1, x_2, \cdots, x_n \in [\theta_1, \theta_2]$ 等价于

$$\theta_1 \leqslant \min\{x_1, x_2, \cdots, x_n\} \leqslant \max\{x_1, x_2, \cdots, x_n\} \leqslant \theta_2;$$

另一方面,要使似然函数 $L(\theta_1, \theta_2)$ 最大,只需 $\theta_2 - \theta_1$ 最小,即要求 θ_2 尽可能地小,θ_1 尽可能的大,所求的极大似然估计值为

$$\hat{\theta}_2 = \max\{x_1, x_2, \cdots, x_n\}, \quad \hat{\theta}_1 = \min\{x_1, x_2, \cdots, x_n\},$$

极大似然估计量为

$$\hat{\theta}_2 = \max\{X_1, X_2, \cdots, X_n\}, \quad \hat{\theta}_1 = \min\{X_1, X_2, \cdots, X_n\}\text{。}$$

习　题　7-1

1. 总体未知参数 θ 的估计量 $\hat{\theta}$ 是(　　)。

A.随机变量　　　　　B. 总体　　　　　　　C. θ　　　　　　　　D. 均值

2. (1) 总体未知参数 θ 的极大似然估计 $\hat{\theta}$ 就是_____ 函数的最大值点。

(2) 设 $X \sim b(1, p)$,$X_1, X_2, \cdots, X_n$ 是来自 X 的一个样本,则参数 p 的矩估计量为 _____,极大似然函数为_____。

3. 从一批炮弹中随机抽取 10 发进行射击,得射程数据(单位:米)为:

5345　　5330　　5305　　5290　　5315　　5322　　5305　　5340　　5353　　5329

试求射程的均值和方差的矩估计。

4. 设总体 X 具有分布律如表 7-2 所示。

表 7-2

X	1	2	3
P_k	θ^2	$2\theta(1-\theta)$	$(1-\theta)^2$

其中 $\theta(0<\theta<1)$ 为未知参数。已知取得了样本值 $x_1=1,x_2=2,x_3=1$,试求 θ 的矩估计值和极大似然估计值。

5. 设电话总机在某时间内接到的呼叫次数服从参数为 λ 的泊松分布 $P(\lambda)$,现有 42 个数据如表 7-3。

表 7-3

呼叫次数	0	1	2	3	4	5	>5
出现的频数	7	10	12	8	3	2	0

求参数 λ 的极大似然估计量。

6. 设总体 X 具有概率密度

$$f(x)=\begin{cases}\theta x^{\theta-1}, & 0<x<1, \\ 0, & \text{其他,}\end{cases} \quad \theta>0。$$

(1) 求 θ 的矩估计;　　(2) 求 θ 的极大似然估计量。

7. 设 $X_1,X_2,\cdots,X_n$ 是样本,总体分布的概率密度为

$$f(x,\mu,\sigma)=\begin{cases}\dfrac{1}{\sigma}\exp\left(-\dfrac{x-\mu}{\sigma}\right), & x\geqslant\mu, \\ 0, & \text{其他,}\end{cases} \quad \text{其中}\ \sigma>0,-\infty<\mu<+\infty。$$

(1) 当 μ 已知时,求 σ 的极大似然估计量;

(2) 当 σ 已知时,求 μ 的极大似然估计量;

(3) 当 μ,σ 都未知时,求 μ,σ 的极大似然估计量。

8. 设 $X_1,X_2,\cdots,X_n$ 是来自总体的一个样本,且 $X\sim P(\lambda)$,求 $P(X=0)$ 的极大似然估计量。

9. 设总体 X 的概率密度为 $f(x,\sigma)=\dfrac{1}{2\sigma}e^{-\frac{|x|}{\sigma}}$ $(-\infty<x<+\infty)$,其中 $\sigma>0$ 为未知参数,设 $X_1,X_2,\cdots,X_n$ 是来自这个总体的一个样本,求 σ 的极大似然估计量。

10. 设总体 X 的概率密度为

$$f(x)=\begin{cases}\dfrac{\theta^2}{x^3}\mathrm{e}^{-\frac{\theta}{x}}, & x>0,\\[2mm] 0, & \text{其他。}\end{cases}$$

其中 $\theta>0$ 为未知参数，$X_1,X_2,\cdots,X_n$ 为来自总体 X 的简单随机样本。

（1）求 θ 的矩估计量；　　（2）求 θ 的极大似然估计量。

第二节　估计量的评选标准

由上一节可以看出，对于同一参数，用不同的估计办法，得到的估计量可能不相同，如例 2 和例 7，采用矩估计法和极大似然估计法得到了不一样的估计量，那么，在实际应用中，到底用哪一个估计量比较好呢？这就引出我们对估计量的评价标准。下面介绍几个常用的估计量评选标准。

一、无偏性

设 $\hat{\theta}$ 是参数 θ 的一个估计量，随着样本的不同，θ 的估计值可能不同，即有误差。但是，我们有理由要求所有误差的加权和应为零，即没有系统误差，这就是无偏性准则。

定义 7.3　设 $X_1,X_2,\cdots,X_n$ 是总体 X 的一个样本，$\theta\in\Theta$ 是包含在总体分布中的待估参数，这里 Θ 是 θ 的取值范围，若估计量 $\hat{\theta}=\theta(X_1,X_2,\cdots,X_n)$ 的数学期望 $E(\hat{\theta})$ 存在，且对于任意 $\theta\in\Theta$ 有 $E(\hat{\theta})=\theta$，则称 $\hat{\theta}$ 是 θ 的**无偏估计量**，并称 $E(\hat{\theta})-\theta$ 为估计量 $\hat{\theta}(X_1,X_2,\cdots,X_n)$ 的**系统误差**，有系统误差的估计称为**有偏估计**。因此，无偏估计的实际意义就是无系统误差。显然，样本均值 $\overline{X}$ 是总体均值 μ 的无偏估计，样本方差 S^2 是总体方差 σ^2 的无偏估计。

例 1　设 $X_1,X_2,\cdots,X_n$ 是来自总体 X 的一个样本，作为总体均值的估计有

$$T_1=\overline{X}=\frac{1}{n}\sum_{i=1}^{n}X_i,\quad T_2=X_1,\quad T_3=\sum_{i=1}^{n}a_iX_i,$$

其中 $a_i>0(i=1,2,\cdots,n)$，且 $\sum_{i=1}^{n}a_i=1$，试证 T_1,T_2,T_3 都是无偏估计。

证　$X_1,X_2,\cdots,X_n$ 相互独立，且同服从总体分布，故有

$$E(X_i)=E(X),\quad i=1,2,\cdots,n。$$

由数学期望的性质知

$$E(T_1)=\frac{1}{n}\sum_{i=1}^{n}E(X_i)=E(X),$$

$$E(T_2)=E(X_1)=E(X),$$

$$E(T_3)=\sum_{i=1}^{n}a_iE(X_i)=E(X)(\sum_{i=1}^{n}a_i)=E(X),$$

因此，T_1,T_2,T_3 都是无偏估计。

由例 1 中 T_1,T_2,T_3 都可以作为总体均值的无偏估计可知,一个未知参数可以有不同的无偏估计量。

例 2　设总体 X 服从均匀分布 $U[0,\theta](\theta>0)$,即概率密度为

$$f(x)=\begin{cases}\dfrac{1}{\theta}, & x\in[0,\theta],\\ 0, & \text{其他},\end{cases}$$

$X_1,X_2,\cdots,X_n$ 为来自总体的样本,试判断 $T_1=2\overline{X}$ 和 $T_2=X_{(n)}=\max\{X_1,X_2,\cdots,X_n\}$ 是否为 θ 的无偏估计?

解　设总体 X 服从均匀分布 $U[0,\theta](\theta>0)$,则 $E(X)=\dfrac{\theta}{2}$。又

$$E(T_1)=E\left(\frac{2}{n}\sum_{i=1}^{n}X_i\right)=\frac{2}{n}\sum_{i=1}^{n}E(X_i)=\theta,$$

因此,T_1 是 θ 的无偏估计。

要判断 $T_2=X_{(n)}=\max\{X_1,X_2,\cdots,X_n\}$ 是否是 θ 的无偏估计,需要求 $E(T_2)$,而欲求 $E(T_2)$,我们需要先求 T_2 的分布。下面,我们用定义来求 T_2 的分布函数。

$$\begin{aligned}F_{X_{(n)}}(x)&=P\{X_{(n)}\leqslant x\}=P\{\max\{X_1,X_2,\cdots,X_n\}\leqslant x\}\\ &=P\{X_1\leqslant x,X_2\leqslant x,\cdots,X_n\leqslant x\}\\ &=P\{X_1\leqslant x\}\times\cdots\times P\{X_n\leqslant x\}\\ &=[F_X(x)]^n,\end{aligned}$$

于是得分布函数
$$F_{X_{(n)}}(x)=\begin{cases}\dfrac{x^n}{\theta^n}, & x\in[0,\theta],\\ 0, & \text{其他},\end{cases}$$

故 T_2 的概率密度为
$$f(x,\theta)=\begin{cases}\dfrac{nx^{n-1}}{\theta^n}, & 0\leqslant x\leqslant\theta,\\ 0, & \text{其他},\end{cases}$$

从而
$$E(T_2)=\int_0^{\theta}xf(x,\theta)\mathrm{d}x=\int_0^{\theta}\frac{nx^n}{\theta^n}\mathrm{d}x=\frac{n}{n+1}\theta。$$

由 $E(T_2)\neq\theta$ 知,T_2 不是 θ 的无偏估计。

例 3　设 $X_1,X_2,\cdots,X_n$ 是来自总体 X 的一个样本,总体期望 $E(X)=\mu$,总体方差 $D(X)=\sigma^2$。

试证:样本二阶中心矩 $\dfrac{1}{n}\sum_{i=1}^{n}(X_i-\overline{X})^2$ 不是总体方差 $D(X)=\sigma^2$ 的无偏估计。

证　由无偏性定义知,需判断 $E\left[\dfrac{1}{n}\sum_{i=1}^{n}(X_i-\overline{X})^2\right]\neq\sigma^2$,因为

$$E\left[\frac{1}{n}\sum_{i=1}^{n}(X_i-\overline{X})^2\right]=E\left[\frac{1}{n}\sum_{i=1}^{n}(X_i-\mu)^2-(\overline{X}-\mu)^2\right]$$

$$=\frac{1}{n}\sum_{i=1}^{n}D(X_i)-D(\overline{X})。$$

又 $$D(\bar{X}) = D\left(\frac{1}{n}\sum_{i=1}^{n}X_i\right) = \frac{1}{n^2}\sum_{i=1}^{n}D(X_i) = \frac{\sigma^2}{n},$$

代入即得

$$E\left[\frac{1}{n}\sum_{i=1}^{n}(X_i - \bar{X})^2\right] = \frac{1}{n} \cdot n\sigma^2 - \frac{\sigma^2}{n} = \frac{n-1}{n}\sigma^2,$$

因此,样本二阶中心矩不是总体方差 $D(X) = \sigma^2$ 的无偏估计。

二、有效性

满足无偏性的估计不止一个,如例1,在样本容量 n 相同的情况下,如果 $\hat{\theta}_1$ 和 $\hat{\theta}_2$ 为参数 θ 的两个无偏估计量,那么,作为 θ 的估计,$\hat{\theta}_1$ 和 $\hat{\theta}_2$ 哪个更好呢? 显然,若 $\hat{\theta}_1$ 的观测值比 $\hat{\theta}_2$ 更密集地落在真值 θ 的附近,那么,$\hat{\theta}_1$ 应该比 $\hat{\theta}_2$ 好。因此,无偏估计中以方差小者为好,这就是**有效性准则**。

定义 7.4   设 $\hat{\theta}_1$ 和 $\hat{\theta}_2$ 为参数 θ 的两个无偏估计量,若对于任意 $\theta \in \Theta$,有 $D(\hat{\theta}_1) \leqslant D(\hat{\theta}_2)$ 成立,且至少存在某一个 $\theta \in \Theta$,使得上式成为严格的不等式,则称 $\hat{\theta}_1$ 比 $\hat{\theta}_2$ 有效。

例 4   设 $X_1, X_2, \cdots, X_n$ 是来自总体 X 的一个样本,作为总体均值的估计有

$$T_1 = \bar{X} = \frac{1}{n}\sum_{i=1}^{n}X_i, \quad T_2 = X_1, \quad T_3 = \sum_{i=1}^{n}a_i X_i,$$

其中 $a_i > 0(i = 1, 2, \cdots, n)$,且 $\sum_{i=1}^{n}a_i = 1$。试问 T_1, T_2, T_3 哪个估计量更有效?

解   由例1知,T_1, T_2, T_3 均为总体均值 $E(X) = \mu$ 的无偏估计量,由有效性定义,下面分别判断三种估计量的方差,设总体方差为

$$D(X) = \sigma^2,$$

$$D(T_1) = D(\bar{X}) = D\left(\frac{1}{n}\sum_{i=1}^{n}X_i\right) = \frac{1}{n^2}\sum_{i=1}^{n}D(X_i) = \frac{\sigma^2}{n},$$

$$D(T_2) = D(X_i) = \sigma^2,$$

$$D(T_3) = D\left(\sum_{i=1}^{n}a_i X_i\right) = \sum_{i=1}^{n}D(a_i X_i) = \sum_{i=1}^{n}a_i^2 D(X_i) = \sum_{i=1}^{n}a_i^2\sigma^2,$$

由 $D(T_1) \leqslant D(T_3) < D(T_2)$ 知 T_1 比 T_2, T_3 更有效。

由例4可知,设 $X_1, X_2, \cdots, X_n$ 为来自均值为 μ、方差为 σ^2 的总体 X 的样本,则 $\bar{X}$,$X_i(i = 1, 2, \cdots, n)$ 都是总体 X 的无偏估计量,但是 $\bar{X}$ 比任意 $X_i(i = 1, 2, \cdots, n)$ 都更有效。值得注意的是,比较有效性是在无偏性的前提下进行的,否则便失去了有效性的意义。

三、一致性

无偏性和有效性是在样本容量 n 固定的前提下提出的。实际中,我们自然希望随着样本容量的增大,一个估计量的值稳定于待估参数的真值,这样,对估计量又有一致性(也

称相合性）的要求。

定义7.5　设 $\hat{\theta}$ 是参数 θ 的一个估计量，若对任意 $\theta \in \Theta$，当 $n \to \infty$ 时 $\hat{\theta}$ 依概率收敛于 θ，则称 $\hat{\theta}$ 是 θ 的一致估计量，即若对于任意 $\theta \in \Theta$ 都满足：对于任意 $\varepsilon > 0$，有

$$\lim_{n \to \infty} P\{|\overline{\theta} - \theta| < \varepsilon\} = 1 \quad \text{或} \quad \lim_{n \to \infty} P\{|\overline{\theta} - \theta| \geqslant \varepsilon\} = 0,$$

则称 $\hat{\theta}$ 是 θ 的**一致估计量**或相合估计量。

由大数定律可知，样本矩是总体矩的一致估计量，经验分布函数 $F_n(x)$ 是总体分布函数 $F(x)$ 的一致估计，极大似然估计量在一定的条件下也有一致性，一致性的问题属于大样本问题，需要专门讨论。

例5　设总体的期望 μ 和方差 σ^2 均存在，试证明样本均值 $\overline{X}$ 是 μ 的一致估计量。

证　由大数定律知 $\lim_{n \to \infty} P\{|\overline{X} - \mu| < \varepsilon\} = 1$，所以 $\overline{X}$ 是 μ 的一致估计量。

还可以证明，样本方差 $S^2 = \dfrac{1}{n-1} \sum_{i=1}^{n} (X_i - \overline{X})^2$ 是总体方差 σ^2 的一致估计量。

无偏性、有效性、一致性是评价估计量常用的三个准则。选择估计量的准则还有许多，这里不再一一介绍。

习　题　7-2

1. 设 X_1, X_2, X_3 为总体 X 的样本，证明：$\hat{\mu}_1 = \dfrac{1}{5}X_1 + \dfrac{3}{10}X_2 + \dfrac{1}{2}X_3$ $\hat{\mu}_2 = \dfrac{1}{5}X_1 + \dfrac{2}{5}X_2 + \dfrac{2}{5}X_3$ 都是总体均值 μ 的无偏估计，进一步判断哪个估计较有效。

2. 设 $X_1, X_2, \cdots, X_n$ 是来自总体 X 的样本，证明：无论 X 服从什么分布，都有下列结论成立。

（1）如果总体均值 $E(X) = \mu$ 存在，则样本均值 $\overline{X}$ 是总体均值 μ 的无偏估计量；

（2）如果总体均值 $D(X) = \sigma^2$ 存在，则样本方差 S^2 是总体方差 σ^2 的无偏估计量；

（3）如果总体 k 阶矩 $E(X^k) = \alpha_k (k \geqslant 1)$ 存在，则 k 阶样本原点矩 $A_k = \dfrac{1}{n} \sum_{i=1}^{n} X_i^k$ 是 k 阶总体原点矩 α_k 的无偏估计量。

3. 设 $\hat{\theta}$ 是参数 θ 的无偏估计，且有 $D(\hat{\theta}) > 0$。证明：$\hat{\theta}^2$ 不是 θ^2 的无偏估计。

4. 设总体 $X \sim N(\mu_1, \sigma^2)$，总体 $Y \sim N(\mu_2, \sigma^2)$，$X_1, X_2, \cdots, X_{n_1}$ 是来自总体 X 的样本，$Y_1, Y_2, \cdots, Y_{n_2}$ 是来自总体 Y 的样本，两样本相互独立。

（1）求参数 $\mu_1 - \mu_2$ 的一个无偏估计；

（2）证明：$S_w^2 = \dfrac{1}{n_1 + n_2 - 2}\left[\sum_{i=1}^{n_1}(X_i - \overline{X})^2 + \sum_{i=1}^{n_2}(Y_i - \overline{Y})^2\right]$ 是 σ^2 的无偏估计，这里 $\overline{X}, \overline{Y}$ 分别是两样本的均值。

5. 设总体 X 服从指数分布 $E(\lambda)$，其中 $\lambda > 0$，抽取样本 $X_1, X_2, \cdots, X_n$。证明：

(1) 虽然样本均值 $\overline{X}$ 是 λ^{-1} 的无偏估计量，但 $\overline{X}^2$ 不是 λ^{-2} 的无偏估计量；

(2) 统计量 $\dfrac{n}{n+1}\overline{X}^2$ 是 λ^{-2} 的无偏估计量。

6. 设 $X_1, X_2, \cdots, X_n$ 是来自总体 X 的一个样本，设 $E(X) = \mu$，$D(X) = \sigma^2$。

(1) 确定常数 c，使 $c\sum\limits_{i=1}^{n-1}(X_{i+1} - X_i)^2$ 为 σ^2 的无偏估计量；

(2) 确定常数 c，使 $\overline{X}^2 - cS^2$ 是 μ^2 的无偏估计量（$\overline{X}$，S^2 是样本均值和样本方差）。

7. 设 $\hat{\theta}_1$ 和 $\hat{\theta}_2$ 为 θ 的两个相互独立的无偏估计量，且假定 $D(\hat{\theta}_1) = 2D(\hat{\theta}_2)$，求常数 c_1 及 c_2，使 $\hat{\theta} = c_1\hat{\theta}_1 + c_2\hat{\theta}_2$ 为 θ 的无偏估计，并使得 $D(\hat{\theta})$ 达到最小。

扫码查看
习题参考答案

8. 设 $X_1, X_2, \cdots, X_n$ 是来自总体 $X \sim N(0, \sigma^2)$ 的一个样本，其中 $\sigma^2 > 0$ 未知，令 $\hat{\sigma}^2 = \dfrac{1}{n}\sum\limits_{i=1}^{n}X_i^2$，试证 $\hat{\sigma}^2$ 是 σ^2 的一致估计量。

第三节　区间估计

一、区间估计问题

点估计是用一个数去估计未知参数，而实际中常常用到参数的另一种估计形式：区间估计。如估计某人的身高在 1.70 米—1.72 米，估计某项费用在 1000 元—1400 元等。区间估计考虑了估计中可能出现的误差，并将误差以醒目的形式标出来，给人以更大的可信感。现今流行的一种区间估计理论是美国统计学家奈曼在 20 世纪 30 年代建立起来的。

引例　为了考察某厂生产的水泥构件的抗压强度（单位：$\mathrm{N/cm}^2$），抽取了 25 件样品进行测试，得到 25 个数据 $x_1, x_2, \cdots, x_{25}$，并由此算得

$$\overline{x} = \frac{1}{25}\sum_{i=1}^{25}x_i = 415。$$

用点估计的观点看，415 是该厂生产的水泥构件的平均抗压强度的估计值。

在抽样前已经能从过去积累的资料中获悉，该厂生产的水泥构件的抗压强度 $X \sim N(\mu, 400)$，其中 μ 未知，那么现在则希望，通过抽样所获得的信息给出 μ 的一个区间估计。由于 $\overline{x} = 415$ 是 μ 较优的点估计，因此，一个合理的区间估计应是 $[\overline{x} - d, \overline{x} + d]$。这里就产生了两个问题：

(1) d 究竟取多大才比较合理？

(2) 这样给出的区间估计的可信度如何？

从直观上可以想象，d 越大可信度也越高，但区间过宽是没有实际意义的；反之，d 越小，表面上区间估计似乎相当精确，但可信度却很低。下面我们给出一种方法，它能较合理地解决这一对矛盾。

在抽样前,区间估计$[\overline{X}-d,\overline{X}+d]$是一个随机区间,反映区间估计可信度的量是这个随机区间覆盖未知参数μ的概率

$$P\{\overline{X}-d\leqslant\mu\leqslant\overline{X}+d\}=P\{\,|\,\overline{X}-\mu\,|\leqslant d\}\,。$$

由于$\overline{X}\sim N\left(\mu,\dfrac{\sigma^2}{n}\right)$,标准化为$\dfrac{\overline{X}-\mu}{\dfrac{\sigma}{\sqrt{n}}}\sim N(0,1)$,其中$\sigma^2=400,n=25$,因此上述概率为

$$P\left\{\left|\dfrac{\overline{X}-\mu}{\dfrac{\sigma}{\sqrt{n}}}\right|\leqslant\dfrac{d}{\dfrac{\sigma}{\sqrt{n}}}\right\}=\Phi(c)-\Phi(-c)=2\Phi(c)-1,\quad c=\dfrac{d}{\dfrac{\sigma}{\sqrt{n}}}=\dfrac{5d}{20}=\dfrac{d}{4},\quad d=4c,$$

如果要求这个概率至少为$1-\alpha$,其中α是近于零的正数,那么,由$2\Phi(c)-1\geqslant1-\alpha$可解得

$$c\geqslant\Phi^{-1}\left(1-\dfrac{\alpha}{2}\right)=u_{\frac{\alpha}{2}},$$

为了不使所给出的区间过宽,一般总取$c=u_{\frac{\alpha}{2}}$。例如,当$\alpha=0.05$时,$c=u_{\frac{\alpha}{2}}=u_{0.025}=1.96$,$d=4c=7.84$,于是,随机区间为

$$[\overline{X}-d,\overline{X}+d]=[415-7.84,415+7.84]\,。$$

一般地,把这个区间估计通过分位数$c=u_{\frac{\alpha}{2}}$表示为$\left[\overline{X}-u_{\frac{\alpha}{2}}\dfrac{\sigma}{\sqrt{n}},\overline{X}+u_{\frac{\alpha}{2}}\dfrac{\sigma}{\sqrt{n}}\right]$(见图 7-1),这个区间估计的可信程度(即它覆盖未知参数μ的概率)为$1-\alpha$。

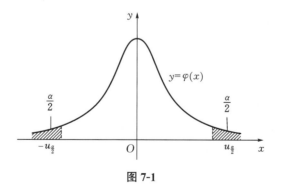

图 7-1

若在抽样后,由样本观测值算得$\overline{x}=415$,则可得μ的区间估计为

$$\left[\overline{x}-u_{\frac{0.05}{2}}\dfrac{\sigma}{\sqrt{n}},\overline{x}+u_{\frac{0.05}{2}}\dfrac{\sigma}{\sqrt{n}}\right]=\left[415-1.96\times\dfrac{20}{\sqrt{25}},415+1.96\times\dfrac{20}{\sqrt{25}}\right]$$
$$=[415-7.84,415+7.84]$$
$$=[407.16,422.84]\,。$$

从样本观测值提供的信息可推断出,能以 95% 的可信度保证该厂生产的水泥构件的抗压强度在 407.16 N/cm² —— 422.84 N/cm² 。

按照引例中给出的方法得到的区间估计便是置信区间。置信区间的一般定义如下:

定义 7.6　设总体 X 的分布中含有未知参数 $\theta,\underline{\theta}(X_1,X_2,\cdots,X_n)$ 和 $\overline{\theta}(X_1,X_2,\cdots,X_n)$ 是由样本 $X_1,X_2,\cdots,X_n$ 确定的两个统计量,对给定的数 $\alpha(0<\alpha<1)$,如果对参数 θ 的任何值,都有

$$P(\underline{\theta}<\theta<\overline{\theta})\geqslant 1-\alpha, \tag{7-1}$$

则称随机区间 $(\underline{\theta},\overline{\theta})$ 为参数 θ 的置信水平为 $1-\alpha$ 的**置信区间**,称 $\underline{\theta}$ 为 θ 的双侧置信区间的**置信下限**,称 $\overline{\theta}$ 为 θ 的双侧置信区间的**置信上限**,$1-\alpha$ 称为**置信水平**或**置信度**。

当 X 是连续型随机变量时,对于给定的 α,我们总是按要求 $P(\underline{\theta}<\theta<\overline{\theta})\geqslant 1-\alpha$ 求出置信区间。

当 X 是离散型随机变量时,对于给定的 α,常常找不到区间 $(\underline{\theta},\overline{\theta})$ 使得 $P(\underline{\theta}<\theta<\overline{\theta})$ 恰为 $1-\alpha$。此时我们去找区间 $(\underline{\theta},\overline{\theta})$ 使得 $P(\underline{\theta}<\theta<\overline{\theta})$ 至少为 $1-\alpha$,且尽可能地接近 $1-\alpha$。

(7-1) 式的意义如下:若反复抽样多次(各次得到的样本容量均为 n),每次样本值确定一个区间 $(\underline{\theta},\overline{\theta})$,每个这样的区间要么包含 θ 的真值,要么不包含 θ 的真值,按伯努利大数定律,在这么多的区间中,包含 θ 的真值的区间个数约占 $100(1-\alpha)\%$,如 $\alpha=0.05$,反复抽样 100 次,得 100 个区间,其中包含 θ 真值的约占 95 个,不包含 θ 真值的约占 5 个。

在对参数 θ 做区间估计时,常常提出以下两个要求:

(1) 可信度高,即随机区间 $(\underline{\theta},\overline{\theta})$ 要以很大的概率包含真值 θ;

(2) 估计精度高,即要求区间的长度 $\overline{\theta}-\underline{\theta}$ 尽可能小,或某种能体现这一要求的其他准则。

这两个要求往往是相互矛盾的,区间估计的理论和方法的基本问题就是在已有的样本信息下,找到较好的估计方法,以尽量提高可信度和估计精度。奈曼提出的原则是:先保证可信度,在这个前提下再使精度提高。

二、估计方法

由引例,我们给出求未知参数 θ 的置信区间的具体做法如下:

(1) 利用 θ 的无偏估计量 $\hat{\theta}(X_1,X_2,\cdots,X_n)$ 构造一个样本 $X_1,X_2,\cdots,X_n$ 的函数:$G(X_1,X_2,\cdots,X_n,\theta)$。在此函数中,包含待估参数 θ,而不含其他未知参数,并且 G 的分布已知且不依赖于任何未知参数;

(2) 对给定的置信水平 $1-\alpha$,选取两个常数 a 和 b,使对一切 θ,有

$$P\{a < G(X_1, X_2, \cdots, X_n, \theta) < b\} = 1 - \alpha;$$

（3）将 $a < G(X_1, X_2, \cdots, X_n, \theta) < b$ 变形为

$$\underline{\theta}(X_1, X_2, \cdots, X_n) < \theta < \overline{\theta}(X_1, X_2, \cdots, X_n),$$

$(\underline{\theta}, \overline{\theta})$ 即是 θ 的置信水平 $1 - \alpha$ 的置信区间。

需要注意的是，满足同一置信水平的置信区间可能有多个，如引例中，置信水平为 $95\%(\alpha = 0.05)$ 的置信区间为

$$\left(\overline{X} - 1.96\frac{\sigma}{\sqrt{n}}, \overline{X} + 1.96\frac{\sigma}{\sqrt{n}}\right)。 \tag{7-2}$$

事实上，对于任给的 $\alpha_1, \alpha_2(0 < \alpha_2 < \alpha_1 < 1)$，只要 $\alpha_1 + \alpha_2 = \alpha = 5\%$，记相应的上 α_1 和 α_2 分位点为 u_{α_1} 和 u_{α_2}，则所确定的区间 $\left(\overline{X} - \frac{\sigma}{\sqrt{n}}u_{\alpha_2}, \overline{X} + \frac{\sigma}{\sqrt{n}}u_{\alpha_1}\right)$ 都是 μ 的置信水平为 95% 的置信区间，例如，取 $\alpha_2 = 0.02, \alpha_1 = 0.03$，得置信区间为

$$\left(\overline{X} - 2.06\frac{\sigma}{\sqrt{n}}, \overline{X} + 1.88\frac{\sigma}{\sqrt{n}}\right)。 \tag{7-3}$$

那么，在这众多的区间中，我们应该使用哪一个呢? 注意到置信水平相同的置信区间的长度往往是不同的，例如，区间（7-2）的长度为 $2 \times 1.96\frac{\sigma}{\sqrt{n}} = 3.92 \times \frac{\sigma}{\sqrt{n}}$，区间（7-3）的长度为 $(1.88 + 2.06)\frac{\sigma}{\sqrt{n}} = 3.94 \times \frac{\sigma}{\sqrt{n}}$，由于区间越长，估计值分散的可能性越大，所以区间长度是估计精度的反映。为此，我们在置信水平一定的前提下，选取区间长度最短的一个。一般来说，若分布是对称的，单峰的，那么关于峰点对称的置信区间的长度最短，所以，对于引例，区间（7-2）的长度是最短的。

进一步，如果以 L 记为（7-2）的长度，即有

$$L = 3.92 \times \frac{\sigma}{\sqrt{n}}, \tag{7-4}$$

从式（7-4）可以看出，区间的长度随 n 的增大而减小，于是，我们可以通过改变样本容量 n，使置信区间达到所给定的精度，若将式（7-4）变形为

$$n = \left(3.92 \times \frac{\sigma}{L}\right)^2,$$

则对给定的精度（即区间的长度），可以求出样本容量 n 的大小，这在设计调查方案时是十分有用的。

习 题 7-3

1. 无论 σ^2 是否已知，正态总体均值 μ 的置信区间的中心都是（   ）。

  A. μ B. σ^2 C. $\overline{X}$ D. S^2

2. 当 σ^2 已知时，正态总体均值 μ 的 90% 置信区间的长度为_____。

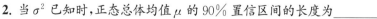

扫码查看
习题参考答案

第四节　　正态总体参数的区间估计

由于服从正态分布的总体广泛存在,而且很多统计量的极限分布是正态分布,因此,下面专门介绍正态总体 $N(\mu,\sigma^2)$ 中的参数 μ 和 σ^2 的区间估计。

一、一个正态总体均值的区间估计

1. σ^2 已知

从上节的引例分析可知,总体均值 u 在置信水平为 $1-\alpha$ 的置信区间为

$$\left(\overline{X}-\frac{\sigma}{\sqrt{n}}u_{\frac{\alpha}{2}},\overline{X}+\frac{\sigma}{\sqrt{n}}u_{\frac{\alpha}{2}}\right)。 \tag{7-5}$$

例1　假设某地区放射性 γ 射线的辐射量服从正态分布 $N(\mu,7.3^2)$,现取一容量为 49 的样本,其样本均值 $\bar{x}=28.8$,分别求 μ 的置信水平为 $0.95(\alpha=0.05)$ 和 $0.99(\alpha=0.01)$ 的置信区间。

解　这里 $n=49,\sigma=7.3,\alpha=0.05$。查 $N(0,1)$ 分布表得上 0.025 分位点 $u_{\frac{\alpha}{2}}=u_{0.025}=1.96$,则

$$\bar{x}-\frac{\sigma}{\sqrt{n}}u_{\frac{\alpha}{2}}=28.8-1.96\times\frac{7.3}{\sqrt{49}}\approx26.8,$$

$$\bar{x}+\frac{\sigma}{\sqrt{n}}u_{\frac{\alpha}{2}}=28.8+1.96\times\frac{7.3}{\sqrt{49}}\approx30.8,$$

因此,μ 的置信水平为 0.95 的置信区间为 $(26.8,30.8)$,其含义是区间 $(26.8,30.8)$ 包含 u 这一陈述的可信度为 95%。

当 $\alpha=0.01$ 时,查 $N(0,1)$ 分布表得上 0.005 分位点 $u_{\frac{\alpha}{2}}=u_{0.005}=2.57$,则

$$\bar{x}-\frac{\sigma}{\sqrt{n}}u_{\frac{\alpha}{2}}=28.8-2.57\times\frac{7.3}{\sqrt{49}}\approx26.12,$$

$$\bar{x}+\frac{\sigma}{\sqrt{n}}u_{\frac{\alpha}{2}}=28.8+2.57\times\frac{7.3}{\sqrt{49}}\approx31.48,$$

因此,μ 的置信水平为 0.99 的置信区间为 $(26.12,31.48)$,其含义是该区间属于那些包含 μ 的区间的可信度为 99%,或该区间包含 μ 这一陈述的可信度为 99%。

2. σ^2 未知

当 σ^2 未知时,区间估计(7-5)就不能再用了,因为其中含有未知参数 σ^2,但我们考虑到样本方差 S^2 是总体方差 σ^2 的无偏估计量,取 $T=\dfrac{\overline{X}-\mu}{\sqrt{S}/n}$,易知 T 服从 $t(n-1)$ 分布。

由于 t 分布的概率密度曲线是关于纵轴对称的,当置信水平为 $1-\alpha$ 时,可以选择 t 分布的上 $\dfrac{\alpha}{2}$ 分位点 $t_{\frac{\alpha}{2}}(n-1)$ 使下式成立(见图 7-2):

$$P\{\mid T\mid<t_{\frac{\alpha}{2}}(n-1)\}=P\left\{\left|\frac{\overline{X}-u}{S/\sqrt{n}}\right|<t_{\frac{\alpha}{2}}(n-1)\right\}=1-\alpha,$$

将上式变形,得 μ 的置信水平为 $1-\alpha$ 的置信区间为

$$\left(\overline{X}-\frac{S}{\sqrt{n}}t_{\frac{\alpha}{2}}(n-1),\overline{X}+\frac{S}{\sqrt{n}}t_{\frac{\alpha}{2}}(n-1)\right). \tag{7-6}$$

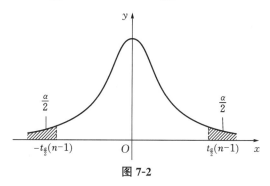

图 7-2

在实际问题中,方差未知比方差已知的假设更合乎情理,所以这种情形的区间估计是很有用的。

例 2 某旅行社随机访问了 25 名旅游者,得知平均消费额 $\bar{x}=80$ 元,样本标准差 $S=12$ 元,已知旅游者消费额服从正态分布,求旅游者平均消费额 μ 在置信水平为 95% 的置信区间。

解 已知 $\bar{x}=80,s=12,n=25$,查 t 分布表得上 $\frac{\alpha}{2}$ 分位点

$$t_{\frac{\alpha}{2}}(n-1)=t_{0.025}(24)=2.0639,$$

于是 $\qquad \bar{x}-\dfrac{S}{\sqrt{n}}t_{\frac{\alpha}{2}}(n-1)=75.05,\quad \bar{x}+\dfrac{S}{\sqrt{n}}t_{\frac{\alpha}{2}}(n-1)=84.95,$

所求总体均值的区间估计为 $(75.05,84.95)$。

二、两个正态总体均值差的区间估计

在实际中,常常要对两个对象的同一特征进行比较,如电子元件、药品、原材料、生产线等,下面在正态总体的情形下展开讨论。

设 $X_1,X_2,\cdots,X_{n_1}$ 与 $Y_1,Y_2,\cdots,Y_{n_2}$ 分别是来自两个相互独立的正态总体 $N(\mu_1,\sigma_1^2)$ 和 $N(\mu_2,\sigma_2^2)$ 的样本,$\overline{X},\overline{Y},S_1^2,S_2^2$ 分别是两样本的均值与方差,给定置信水平 $1-\alpha(0<\alpha<1)$。

1. σ_1^2,σ_2^2 均已知

由于 $\overline{X}\sim N\left(\mu_1,\dfrac{\sigma_1^2}{n_1}\right),\overline{Y}\sim N\left(\mu_2,\dfrac{\sigma_2^2}{n_2}\right)$,而两个独立的正态随机变量之差也是正态随机变量,故

$$\overline{X}-\overline{Y}\sim N\left(\mu_1-\mu_2,\frac{\sigma_1^2}{n_1}+\frac{\sigma_2^2}{n_2}\right),\quad \frac{(\overline{X}-\overline{Y})-(\mu_1-\mu_2)}{\sqrt{\dfrac{\sigma_1^2}{n_1}+\dfrac{\sigma_2^2}{n_2}}}\sim N(0,1),$$

于是，$\mu_1 - \mu_2$ 的置信水平为 $1-\alpha$ 的置信区间为

$$\left(\bar{X} - \bar{Y} - u_{\frac{\alpha}{2}} \sqrt{\frac{\sigma_1^2}{n_1} + \frac{\sigma_2^2}{n_2}}, \ \bar{X} - \bar{Y} + u_{\frac{\alpha}{2}} \sqrt{\frac{\sigma_1^2}{n_1} + \frac{\sigma_2^2}{n_2}} \right).$$

2. σ_1^2, σ_2^2 均未知，但 $\sigma_1^2 = \sigma_2^2 = \sigma^2$

由第六章中的相关定理得

$$\frac{(\bar{X} - \bar{Y}) - (\mu_1 - \mu_2)}{S_w \sqrt{\dfrac{1}{n_1} + \dfrac{1}{n_2}}} \sim t(n_1 + n_2 - 2),$$

其中 $\qquad\qquad S_w^2 = \dfrac{(n_1-1)S_1^2 + (n_2-1)S_2^2}{n_1 + n_2 - 2},$

可得 $\mu_1 - \mu_2$ 的一个置信水平为 $1-\alpha$ 的置信区间为

$$\left(\bar{X} - \bar{Y} - t_{\frac{\alpha}{2}}(n_1+n_2-2) S_w \sqrt{\frac{1}{n_1} + \frac{1}{n_2}}, \ \bar{X} - \bar{Y} + t_{\frac{\alpha}{2}}(n_1+n_2-2) S_w \sqrt{\frac{1}{n_1} + \frac{1}{n_2}} \right).$$

例 3 已知 X, Y 两种类型的材料，现对其强度做对比实验，结果如下（单位：N/cm^2）

$$X \ 型：138 \quad 123 \quad 134 \quad 125$$
$$Y \ 型：134 \quad 137 \quad 135 \quad 140 \quad 130 \quad 134$$

X 型和 Y 型材料的强度分别服从 $N(\mu_1, \sigma^2)$ 和 $N(\mu_2, \sigma^2)$ 分布，σ 是未知的，求 $\mu_1 - \mu_2$ 的置信区间（$\alpha = 0.05$）。

解 记 $n_1 = 4, n_2 = 6$，经计算知

$$\bar{x} = 130, \quad \bar{y} = 135, \quad s_1^2 = 51.3, \quad s_2^2 = 11.2, \quad S_w^2 = \frac{(n_1-1)s_1^2 + (n_2-1)s_2^2}{n_1 + n_2 - 2} = 26.24,$$

查自由度为 $n_1 + n_2 - 2 = 8$ 的 t 分布表，得上 0.025 分位点 $t_{0.025}(8) = 2.306$，于是

$$\bar{x} - \bar{y} - t_{\frac{\alpha}{2}}(n_1+n_2-2) S_w \sqrt{\frac{1}{n_1} + \frac{1}{n_2}} = -12.62,$$

$$\bar{x} - \bar{y} + t_{\frac{\alpha}{2}}(n_1+n_2-2) S_w \sqrt{\frac{1}{n_1} + \frac{1}{n_2}} = 2.62,$$

即 $\mu_1 - \mu_2$ 的置信水平为 95% 的置信区间为 $(-12.62, 2.62)$，由于所得置信区间包含 0，在实际中我们就认为这两种材料的强度没有显著差别。

3. σ_1^2, σ_2^2 均未知

当 n_1, n_2 都很大时，则用

$$\left(\bar{X} - \bar{Y} - u_{\frac{\alpha}{2}} \sqrt{\frac{S_1^2}{n_1} + \frac{S_2^2}{n_2}}, \ \bar{X} - \bar{Y} + u_{\frac{\alpha}{2}} \sqrt{\frac{S_1^2}{n_1} + \frac{S_2^2}{n_2}} \right)$$

作为 $\mu_1 - \mu_2$ 的置信水平为 $1-\alpha$ 的近似置信区间。

三、一个正态总体方差的区间估计

设 $X_1, X_2, \cdots, X_n$ 是来自正态总体 $N(\mu, \sigma^2)$ 的样本，下面给出总体方差 σ^2 的置信区间。

不妨假设总体均值 μ 为未知，注意到 σ^2 的无偏估计为样本方差 S^2，且 $\dfrac{(n-1)S^2}{\sigma^2} \sim$

$\chi^2(n-1)$，故有（见图 7-3）：

$$P\left\{\chi_{1-\frac{\alpha}{2}}^2(n-1)<\frac{(n-1)S^2}{\sigma^2}<\chi_{\frac{\alpha}{2}}^2(n-1)\right\}=1-\alpha,$$

即

$$P\left\{\frac{(n-1)S^2}{\chi_{\frac{\alpha}{2}}^2(n-1)}<\sigma^2<\frac{(n-1)S^2}{\chi_{1-\frac{\alpha}{2}}^2(n-1)}\right\}=1-\alpha。$$

这就得到总体方差 σ^2 的一个置信水平为 $1-\alpha$ 的置信区间为

$$\left(\frac{(n-1)S^2}{\chi_{\frac{\alpha}{2}}^2(n-1)},\frac{(n-1)S^2}{\chi_{1-\frac{\alpha}{2}}^2(n-1)}\right),\tag{7-7}$$

总体标准差 σ 的置信水平为 $1-\alpha$ 的置信区间为

$$\left(\sqrt{\frac{(n-1)S^2}{\chi_{\frac{\alpha}{2}}^2(n-1)}},\sqrt{\frac{(n-1)S^2}{\chi_{1-\frac{\alpha}{2}}^2(n-1)}}\right)。$$

注意，在密度函数不对称时，如 χ^2 分布和 F 分布，习惯上仍是取对称的分位点（见图 7-3）中的上分位点 $\chi_{1-\frac{\alpha}{2}}^2(n-1)$ 与 $\chi_{\frac{\alpha}{2}}^2(n-1)$ 来确定置信区间。

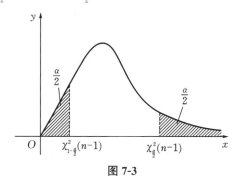

图 7-3

例 4　现有一大批糖果，随机取 16 袋，称得重量（单位：克）如下：

| 506 | 508 | 499 | 503 | 504 | 510 | 497 | 512 |
| 514 | 505 | 493 | 496 | 506 | 502 | 509 | 496 |

若该批糖果的重量近似服从正态分布 $N(\mu,\sigma^2)$ 且 μ 未知，求总体方差 σ^2 的置信水平为 95% 的置信区间。

解　计算样本方差 $s^2=6.2022^2$。因为置信水平 $1-\alpha=0.95$，$\alpha=0.05$，自由度 $n-1=16-1=15$，查 χ^2 分布表得

$$\chi_{0.975}^2(15)=6.262,\quad \chi_{0.025}^2(15)=27.488,$$

所以，由（7-7）式得所求置信区间为 $\left(\dfrac{15\times 6.2022^2}{27.488},\dfrac{15\times 6.2022^2}{6.262}\right)$，即 $(20.99,92.14)$。

四、两个正态总体方差比的区间估计

我们仅讨论总体均值 μ_1,μ_2 未知的情况（关于总体均值 μ_1,μ_2 已知的情况，留给读者思考）。由第六章定理知

$$\frac{S_1^2/S_2^2}{\sigma_1^2/\sigma_2^2}\sim F(n_1-1,n_2-1),$$

并且分布 $F(n_1-1, n_2-1)$ 不依赖任何未知参数,由此得

$$P\left\{F_{1-\frac{\alpha}{2}}(n_1-1, n_2-1) < \frac{S_1^2/S_2^2}{\sigma_1^2/\sigma_2^2} < F_{\frac{\alpha}{2}}(n_1-1, n_2-1)\right\} = 1-\alpha,$$

即　　$P\left\{\frac{S_1^2}{S_2^2} \cdot \frac{1}{F_{\frac{\alpha}{2}}(n_1-1, n_2-1)} < \frac{\sigma_1^2}{\sigma_2^2} < \frac{S_1^2}{S_2^2} \cdot \frac{1}{F_{1-\frac{\alpha}{2}}(n_1-1, n_2-1)}\right\} = 1-\alpha,$

于是得 $\dfrac{\sigma_1^2}{\sigma_2^2}$ 的一个置信水平为 $1-\alpha$ 的置信区间为

$$\left(\frac{S_1^2}{S_2^2} \cdot \frac{1}{F_{\frac{\alpha}{2}}(n_1-1, n_2-1)}, \frac{S_1^2}{S_2^2} \cdot \frac{1}{F_{1-\frac{\alpha}{2}}(n_1-1, n_2-1)}\right). \tag{7-8}$$

例 5　　研究由机器 A 和机器 B 生产的钢管的内径,随机抽取机器 A 生产的钢管 16 根,测得样本方差 $s_1^2 = 0.34 \text{ mm}^2$,抽取机器 B 生产的钢管 13 根,测得样本方差 $s_2^2 = 0.29 \text{ mm}^2$。设两样本相互独立,且设由机器 A 和机器 B 生产的钢管的内径分布服从正态分布 $N(\mu_1, \sigma_1^2), N(\mu_2, \sigma_2^2)$,这里 $\mu_i, \sigma_i (i=1, 2)$ 均未知,试求方差比 $\dfrac{\sigma_1^2}{\sigma_2^2}$ 的置信水平为 0.90 的置信区间。

解　　由 $n_1 = 16, s_1^2 = 0.34, n_2 = 13, s_2^2 = 0.29, \alpha = 0.10$,得

$$F_{\frac{\alpha}{2}}(n_1-1, n_2-1) = F_{0.05}(15, 12) = 2.62,$$

$$F_{1-\frac{\alpha}{2}}(n_1-1, n_2-1) = F_{0.95}(15, 12) = \frac{1}{F_{0.05}(12, 15)} = \frac{1}{2.48},$$

于是由 (7-8) 式得 $\dfrac{\sigma_1^2}{\sigma_2^2}$ 的一个置信水平为 0.90 的置信区间为 $\left(\dfrac{0.34}{0.29} \times \dfrac{1}{2.62}, \dfrac{0.34}{0.29} \times 2.48\right)$,即 $(0.45, 2.91)$。

由于 $\dfrac{\sigma_1^2}{\sigma_2^2}$ 的置信水平包含 1,在实际中我们就认为 σ_1^2 和 σ_2^2 两者没有显著差别。

习　题　7-4

1. 设某种清漆的 9 个样品,其干燥时间(以小时计)分别为:

　　　　6.0　　5.7　　5.8　　6.5　　7.0　　6.3　　5.6　　6.1　　5.0

设干燥时间总体服从正态分布 $N(\mu, \sigma^2)$,求 μ 的置信水平为 0.95 的置信区间:

(1) 若由以往经验知 $\mu = 0.6 \text{ h}$;

(2) 若 σ 未知。

2. 设电子元件的使用寿命服从正态分布 $N(\mu, \sigma^2)$,抽样检查 10 个元件,得到样本均值 $\bar{x} = 1500 \text{ h}$,样本标准差 $s = 14 \text{ h}$,求:

(1) 总体均值 μ 的置信水平为 0.99 的置信区间;

(2) 用 $\bar{x}$ 作为 μ 的估计值,误差绝对值不大于 10 h 的概率。

3. 设总体 $X \sim N(\mu, \sigma^2)$,已知 $\sigma = \sigma_0$,要使总体均值 μ 的置信水平为 $100(1-\alpha)\%$ 的置信区间的长度不大于 l,问需要抽取多大容量的样本?

4. 某厂生产一批金属材料,其抗弯强度服从正态分布,今从这批金属材料中抽取 11 个测试件,测得它们的抗弯强度为(单位:N):

　　42.5　42.7　43.0　42.3　43.4　44.5　44.0　43.8　44.1　43.9　43.7

求:(1)平均抗弯强度 μ 的置信水平为 0.95 的置信区间;(2)抗弯强度标准差 σ 的置信水平为 0.90 的置信区间。

5. 分别使用金球和铂球测定引力常数(单位:$10^{-11}\,\mathrm{m}^3\cdot\mathrm{kg}^{-1}\cdot\mathrm{s}^{-2}$)。

(1) 用金球测定观测值为

　　　　　　6.683　　6.681　　6.676　　6.678　　6.679　　6.672

(2) 用铂球测定观测值为

　　　　　　　6.661　　6.661　　6.667　　6.667　　6.664

设测定值总体为 $N(\mu,\sigma^2)$,μ,σ^2 均未知,试就(1)(2)两种情况分别求 μ 的置信水平为 0.90 的置信区间,并求 σ^2 的置信水平为 0.90 的置信区间。

6. 设从两个正态总体 $N(\mu_1,\sigma_1^2)$,$N(\mu_2,\sigma_2^2)$ 中分别取容量为 10 和 12 的样本,两样本相互独立,计算得 $\bar{x}=20$,$\bar{y}=24$,又两样本的样本标准差 $s_1=5$,$s_2=6$。求 $\mu_1-\mu_2$ 的置信水平为 0.95 的置信区间。

7. 有两位化验员 A,B 独立对某种聚合物的含氮量用同样的方法分别做 10 次和 11 次测定,测定的方差分别为:$s_1^2=0.5419$,$s_2^2=0.6065$。设 A,B 两化验员测定值服从正态分布,其总体方差分别为 σ_1^2,σ_2^2。求方差比 $\dfrac{\sigma_1^2}{\sigma_2^2}$ 的置信水平为 0.90 的置信区间。

扫码查看
习题参考答案

第五节　　非正态总体参数的区间估计

若总体 X 不服从正态分布,则因为样本函数的分布不易确定,所以要讨论总体分布中未知参数的区间估计就比较困难。当样本容量 n 很大时,我们可以根据中心极限定理近似地解决这个问题。

设总体 X 服从某一分布,并且假设其为离散型的或连续型的,其分布律 $p(x,\theta)$ 或概率密度 $f(x,\theta)$ 中含有未知参数 θ,则总体均值 $E(X)=\mu(\theta)$ 及方差 $D(X)=\sigma^2(\theta)$ 显然都依赖于参数 θ。抽取样本 $X_1,X_2,\cdots,X_n$,它们相互独立,并与总体 X 服从相同的分布,且

$$E(X_i)=\mu(\theta),D(X_i)=\sigma^2(\theta),\quad i=1,2,\cdots,n。$$

由独立同分布的中心极限定理知:当 n 充分大(一般要求 $n\geqslant 50$)时,样本函数

$$\frac{\sum\limits_{i=1}^{n}X_i-n\mu(\theta)}{\sqrt{n}\sigma(\theta)}=\frac{\bar{X}-\mu(\theta)}{\sigma(\theta)/\sqrt{n}}$$

近似地服从标准正态分布 $N(0,1)$,所以,对于已给的置信水平 $1-\alpha$,我们有

$$P\left\{\frac{|\bar{X}-\mu(\theta)|}{\sigma(\theta)/\sqrt{n}}<\mu_{\frac{\alpha}{2}}\right\}\approx 1-\alpha。 \tag{7-9}$$

设已知样本观测值为 $x_1, x_2, \cdots, x_n$，若能由不等式 $\dfrac{|\bar{x} - \mu(\theta)|}{\sigma(\theta)/\sqrt{n}} < u_{\frac{\alpha}{2}}$ 解得参数 θ 应满足的不等式，则可以近似地求得参数 θ 的置信区间。

现在我们讨论服从 (0-1) 分布的总体参数 p 的区间估计。设总体 X 服从 (0-1) 分布，分布律为

$$P\{X = x\} = p^x (1-p)^{1-x}, \quad x = 0, 1,$$

其中 p 为未知参数，我们有 $E(X) = p$，$D(X) = p(1-p)$，于是，对于已给的置信水平 $1 - \alpha$，按 (7-9) 式得

$$P\left\{ \frac{|\bar{X} - p|}{\sqrt{\dfrac{p(1-p)}{n}}} < u_{\frac{\alpha}{2}} \right\} \approx 1 - \alpha。$$

由不等式 $\dfrac{|\bar{X} - p|}{\sqrt{\dfrac{p(1-p)}{n}}} < u_{\frac{\alpha}{2}}$ 得

$$n(\bar{X} - p)^2 < p(1-p) u_{\frac{\alpha}{2}}^2, \tag{7-10}$$

把式 (7-10) 写成 $ap^2 + bp + c < 0$，其中 $a = n + u_{\frac{\alpha}{2}}^2$，$b = -(2n\bar{X} + u_{\frac{\alpha}{2}}^2)$，$c = n\bar{X}^2$。

注意到 $X_i = 0$ 或 $1(i = 1, 2, \cdots, n)$，从而 $0 \leqslant \bar{X} \leqslant 1$。于是有

$$b^2 - 4ac = 4n\bar{X}(1 - \bar{X}) u_{\frac{\alpha}{2}}^2 + u_{\frac{\alpha}{2}}^4 > 0。$$

设二次三项式 $ap^2 + bp + c$ 的两个实根为

$$\hat{p}_1 = \frac{-b - \sqrt{b^2 - 4ac}}{2a}, \quad \hat{p}_2 = \frac{-b + \sqrt{b^2 - 4ac}}{2a},$$

则参数 p 置信水平 $100(1 - \alpha)\%$ 的置信区间近似为 $(\hat{p}_1, \hat{p}_2)$。

例 1 一电视台的节目主持人为了了解其主持节目的收视情况，随机调查了 500 名电视观众，结果发现经常收看该节目的电视观众有 225 人，试以 0.95 的概率对经常收看这一节目的人数比例做区间估计。

解 设随机变量

$$X = \begin{cases} 0, & \text{观众不收看该节目}, \\ 1, & \text{观众收看该节目}, \end{cases}$$

则 X 服从 (0-1) 分布，分布律为

$$p(x, p) = p^x (1-p)^{1-x}, \quad x = 0 \text{ 或 } 1,$$

其中，p 是该节目的收视率。按题意，样本容量 $n = 500$，在样本观测值 $x_1, x_2, \cdots, x_{500}$ 中恰有 225 个 1 与 275 个 0，所以

$$\bar{x} = \frac{1}{500} \sum_{i=1}^{500} x_i = \frac{225}{500} = 0.45。$$

已给置信水平 $1-\alpha=0.95,\alpha=0.05$,查表得 $u_{\frac{\alpha}{2}}=1.96$,于是有

$$a=n+u_{\frac{\alpha}{2}}^2=500+1.96^2=503.8416,$$

$$b=-(2n\bar{x}+u_{\frac{\alpha}{2}}^2)=-(2\times500\times0.45+1.96^2)=-453.8416,$$

$$c=n\bar{x}^2=500\times0.45^2=101.25,$$

由此得 $\hat{p}_1=0.407,\hat{p}_2=0.494,$

所以,经常收看这一节目的人数比例 p 的置信水平为 95% 的置信区间为 $(0.407,0.494)$。

习　题　7-5

1. 设一大批产品的 100 个样品中有一级品 60 个,求这批产品的一级品率 p 的置信水平为 0.95 的置信区间。

2. 从一大批产品中随机地抽取 100 个进行检查,其中有 4 个次品。求次品率 p 的置信水平为 0.95 的置信区间。

3. 某航空公司想知道在新开的一条航线中商业贸易乘客有多少。现随机调查 347 名乘客,发现 201 名是商业贸易乘客。设乘客中商业贸易乘客的比例为 p,试给出 p 的置信水平为 90% 的置信区间。

4. 设总体 X 服从泊松分布 $P(\lambda)$。抽取容量 $n=100$ 的样本,已知样本均值 $\bar{x}=4$,求总体均值的置信水平为 98% 的置信区间。

5. 从一批电子元件中抽取 100 个样品,测得它们的使用寿命均值 $\bar{x}=2000\text{h}$,设电子元件使用寿命服从指数分布 $E(\lambda)$,求参数 λ 的置信水平为 0.95 的置信区间。

第六节　单侧置信区间

在前面的讨论中,我们所求的未知参数 θ 的置信区间 $(\hat{\theta}_1,\hat{\theta}_2)$ 都是双侧的,然而,在实际问题中,只需要讨论单侧置信上限或下限就可以了。例如,对于家用电器的使用寿命来说,当然希望使用寿命越长越好,我们关心的是一批家用电器的使用寿命 μ 的下限。再如,对于产品的次品率来说,当然希望次品率越低越好,我们关心的是一批产品次品率 p 的上限。为此,我们引进下面的定义:

定义 7.7 对于给定值 $\alpha(0<\alpha<1)$,若有样本 $X_1,X_2,\cdots,X_n$ 确定的统计量 $\underline{\theta}=\underline{\theta}(X_1,X_2,\cdots,X_n)$,对于任意 $\theta\in\Theta$ 满足 $P\{\theta>\underline{\theta}\}\geqslant1-\alpha$,则称随机区间 $(\underline{\theta},\infty)$ 是 θ 的置信水平为 $1-\alpha$ 的**单侧置信区间**,$\underline{\theta}$ 称为 θ 的置信水平为 $1-\alpha$ 的**单侧置信下限**。又若统计量 $\bar{\theta}=\bar{\theta}(X_1,X_2,\cdots,X_n)$ 对于任意 $\theta\in\Theta$ 满足 $P\{\theta<\bar{\theta}\}\geqslant1-\alpha$,则称随机区间 $(-\infty,\bar{\theta})$ 是 θ 的置信水平为 $1-\alpha$ 的**单侧置信区间**,$\bar{\theta}$ 称为 θ 的置信水平为 $1-\alpha$ 的**单侧置信上限**。

例 1 从一批电视机显像管中随机抽取 6 个测试其使用寿命(单位:kh) 得到样本观测值为

$$15.6\quad14.9\quad16.0\quad14,8\quad15,3\quad15.5$$

设显像管使用寿命 X 服从正态分布 $N(\mu,\sigma^2)$，其中 μ 及 σ^2 都是未知参数，求：

    (1) 使用寿命均值 μ 的置信水平为 95% 的单侧置信下限；

    (2) 使用寿命方差 σ^2 的置信水平为 90% 的单侧置信上限。

    解　(1) X 服从正态分布 $N(\mu,\sigma^2)$，其中 μ 及 σ^2 都是未知参数，则

$$\frac{\overline{X}-\mu}{S/\sqrt{n}} \sim t(n-1),$$

于是，我们有（见图 7-4）

$$P\left\{\frac{\overline{X}-\mu}{S/\sqrt{n}} < t_\alpha(n-1)\right\} = 1-\alpha,$$

即

$$P\left\{\mu > \overline{X} - \frac{S}{\sqrt{n}}t_\alpha(n-1)\right\} = 1-\alpha。$$

由此可见，μ 的置信水平为 $100(1-\alpha)\%$ 的单侧置信下限为

$$\underline{\mu} = \overline{X} - \frac{S}{\sqrt{n}}t_\alpha(n-1), \tag{7-11}$$

根据样本观测值计算样本均值及样本方差得 $\bar{x}=15.35, s^2=0.203$，已给置信水平 $1-\alpha = 0.95, \alpha=0.05$，查附录中 t 分布表知 $t_\alpha(n-1)=t_{0.05}(5)=2.02$，按 (7-11) 式得

$$\underline{\mu} = 15.35 - \frac{\sqrt{0.203}\times 2.02}{\sqrt{6}} \approx 14.98。$$

所以，使用寿命均值 μ 的置信水平为 95% 的单侧置信下限是 14.98 kh。

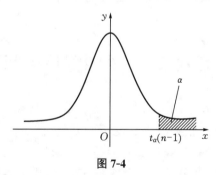

图 7-4

    (2) 由第六章定理 6.2 知，样本函数

$$\chi^2 = \frac{(n-1)S^2}{\sigma^2} \sim \chi^2(n-1),$$

则有（见图 7-5）

$$P\left\{\frac{(n-1)S^2}{\sigma^2} > \chi^2_{1-\alpha}(n-1)\right\} = 1-\alpha,$$

即

$$P\left\{\sigma^2 < \frac{(n-1)S^2}{\chi^2_{1-\alpha}(n-1)}\right\} = 1-\alpha。$$

由此可见，σ^2 的置信水平为 $100(1-\alpha)\%$ 的单侧置信上限为

$$\bar{\sigma}^2 = \frac{(n-1)S^2}{\chi^2_{1-\alpha}(n-1)}。 \tag{7-12}$$

已给置信水平为 $1-\alpha=0.90$，查附表 4 χ^2 分布表得 $\chi^2_{1-\alpha}(n-1)=\chi^2_{0.90}(5)=1.61$，按 (7-12) 式得

$$\bar\sigma^2=\frac{5\times0.203}{1.61}\approx0.630,$$

所以，使用寿命方差 σ^2 的置信水平为 90% 的单侧置信上限是 0.630。

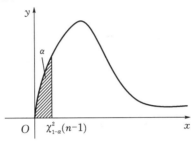

图 7-5

习　题　7-6

1. 从汽车轮胎厂生产的某种轮胎中抽取 10 个样品进行磨损实验，直至磨坏为止，测得它们在相同环境下的行驶路程（单位：km）如下：

41250　41010　42650　38970　40200　42550　43500　40400　41870　39800

设汽车轮胎行驶路程服从正态分布 $N(\mu,\sigma^2)$，求：

(1) μ 的置信水平为 95% 的单侧置信下限；　(2) σ^2 的置信水平为 95% 的单侧置信上限。

2. 从甲、乙两个生产蓄电池的工厂的产品中，分别抽取一些样品，测得蓄电池的电容量（单位：Ah）如下：

甲厂：144　141　138　142　141　143　138　137

乙厂：142　143　139　140　138　141　140　138　142　136

设两个工厂蓄电池的电容量分别服从正态分布 $N(\mu_1,\sigma_1^2)$ 及 $N(\mu_2,\sigma_2^2)$，求：

(1) 电容量的均值差 $\mu_1-\mu_2$ 的置信水平为 95% 的置信下限（假定 $\sigma_1^2=\sigma_2^2$）；

(2) 电容量的方差比 $\dfrac{\sigma_1^2}{\sigma_2^2}$ 的置信水平为 95% 的置信上限。

扫码查看
习题参考答案

综合练习七

一、填空题

1. 设 1,0,0,1,1 为来自两点分布总体 $B(1,p)$ 的样本观测值，则参数 $q=1-p$ 的矩估计值为 _____。

2. 设 $x_1,x_2,\cdots,x_n$ 为来自正态分布总体 $N(\mu,\sigma^2)$ 的样本观测值，且 $\bar x=9$，$\dfrac{1}{n}\sum\limits_{i=1}^{n}x_i^2=$

109.8，则 μ 和 σ^2 的极大似然估计值分别为 _____ 和 _____。

3. 设 X_1,X_2,X_3 为来自总体的一个样本，若 $\hat{\mu}=\dfrac{1}{5}X_1+aX_2+\dfrac{1}{2}X_3$ 为总体均值 μ 的无偏估计，则 $a=$ _____。

4. 设 $\overline{X}$ 和 S^2 是来自二项分布总体 $B(m,p)$ 的样本均值和样本方差，样本容量为 n，若用 $\overline{X}-kS^2$ 作为 mp^2 的无偏估计，则 $k=$ _____。

5. 设 S^2 为来自正态分布总体 $N(\mu,\sigma^2)$ 的样本方差，则总体方差 σ^2 的置信度为 95% 的置信区间长度为 _____。

二、解答题

1. 设总体 X 服从几何分布，分布律为

$$P\{X=x\}=(1-p)^{x-1}p,\ x=1,2,\cdots;0<p<1。$$

（1）求 p 的矩估计；（2）求 p 的极大似然估计值。

2. 设总体 X 分布律如表 7-4 所示。

表 7-4

X	0	1	2	3
P_k	θ^2	$2\theta(1-\theta)$	θ^2	$1-2\theta$

其中 $\theta\left(0<\theta<\dfrac{1}{2}\right)$ 是未知参数。利用总体 X 的如下样本值：3，1，3，0，3，1，2，3，求 θ 的矩估计值和极大似然估计值。

3. 设总体 X 概率密度为

$$f(x,\lambda)=\begin{cases}\lambda a x^{a-1}\mathrm{e}^{-\lambda x^a}, & x>0,\\ 0, & x\leqslant0,\end{cases}$$

其中 $\lambda>0$ 是未知参数，$a>0$ 是已知常数。试根据来自总体 X 的简单随机样本 $X_1,X_2,\cdots,X_n$，求 λ 的极大似然估计量 $\hat{\lambda}$。

4. 设某种元件的使用寿命 X 的概率密度为

$$f(x,\theta)=\begin{cases}2\mathrm{e}^{-2(x-\theta)}, & x>\theta,\\ 0, & x\leqslant\theta,\end{cases}$$

其中 $\theta>0$ 是未知参数。又设 $x_1,x_2,\cdots,x_n$ 是 X 的一组样本观测值，求参数 θ 的极大似然估计值。

5. 设 $X_1,X_2,\cdots,X_n$ 是取自总体 $X\sim N(\mu,\sigma^2)$ 的样本。证明：$S^2=\dfrac{1}{n-1}\sum\limits_{i=1}^{n}(X_i-\overline{X})^2$ 是 σ^2 的相合估计量。

6. 设分别自总体 $N(\mu_1,\sigma^2)$ 和 $N(\mu_2,\sigma^2)$ 中抽取容量为 n_1,n_2 的两独立样本，其样本方差分别为 S_1^2,S_2^2。试证：对于任意常数 $a,b(a+b=1)$，$Z=aS_1^2+bS_2^2$ 都是 σ^2 的无偏估计，并确定常数 a,b，使 $D(Z)$ 达到最小。

7. 设有 k 台仪器，已知用第 i 台仪器测量时，测定值总体的标准差为 $\sigma_i(i=1,2,\cdots,$

k）。用这些仪器独立地对某一物理量 θ 各观测一次,分别得到 $X_1,X_2,\cdots,X_k$。设仪器都没有系统误差,即 $E(X_i)=\theta(i=1,2,\cdots,k)$,问 $a_1,a_2,\cdots,a_k$ 应取何值,才能使用 $\hat\theta=\sum_{i=1}^{k}a_iX_i$ 估计 θ 时,$\hat\theta$ 是无偏的,并且使 $D(\hat\theta)$ 达到最小?

8. 设总体 $X\sim N(\mu,\sigma^2)$,若样本观测值为

$$6.54\quad 8.20\quad 6.88\quad 9.02\quad 7.56$$

求总体均值 μ 的置信水平为 95% 的置信区间,假定:(1) 已知 $\sigma=1.2$;(2)σ 未知。

9. 从一批火箭推力装置中抽取 10 个进行试验,测得燃烧时间(单位:s) 如下:

$$50.7\quad 54.9\quad 54.3\quad 44.8\quad 42.3\quad 69.8\quad 53.4\quad 66.1\quad 48.1\quad 34.5$$

设燃烧时间服从正态分布 $N(\mu,\sigma^2)$,求燃烧时间标准差 σ 的置信水平为 90% 的置信区间。

10. 随机地从 A 批导线中抽取 4 根,又从 B 批导线中抽取 5 根,测得电阻(单位:Ω) 为

$$A \text{ 批导线}:0.143\quad 0.142\quad 0.143\quad 0.137$$
$$B \text{ 批导线}:0.140\quad 0.142\quad 0.136\quad 0.138\quad 0.140$$

设测定数据分别来自分布 $N(\mu_1,\sigma^2)$,$N(\mu_2,\sigma^2)$,且两样本相互独立,又 μ_1,μ_2,σ^2 均未知。试求 $\mu_1-\mu_2$ 的置信水平为 95% 的置信区间。

11. 设两位化验员 A,B 独立地对某种聚合物含氯量用相同的方法各做 10 次测定,其测定值的样本方差依次为 $s_A^2=0.5419,s_B^2=0.6065$。设 σ_A^2,σ_B^2 分别为所测定的测定值总体的方差,设总体均为正态的,且两样本相互独立,求方差比 $\dfrac{\sigma_A^2}{\sigma_B^2}$ 的置信水平为 95% 的置信区间。

12. 假设 $0.50,1.25,0.80,2.00$ 是来自总体 X 的简单随机样本值,已知 $Y=\ln X$ 服从正态分布 $N(\mu,1)$。

(1) 求 X 的数学期望 $E(X)$［记 $E(X)$ 为 b］;

(2) 求 μ 的置信水平为 95% 的置信区间;

(3) 利用上述结果求 b 的置信水平为 95% 的置信区间。

扫码查看
习题参考答案

13. 设总体 X 服从指数分布,其概率密度为

$$f(x)=\begin{cases}\dfrac{1}{\theta}e^{-\frac{x}{\theta}}, & x>0,\\ 0, & x\leqslant 0,\end{cases}$$

其中 $\theta>0$ 未知,从总体中抽取一容量为 n 的样本 $X_1,X_2,\cdots,X_k$。

(1) 证明:$\dfrac{2n\overline{X}}{\theta}\sim\chi^2(2n)$;

(2) 求 θ 的置信水平为 $1-\alpha$ 的单侧置信下限;

(3) 某种元件的使用寿命(以小时计) 服从上述指数分布,现从中抽得一容量 $n=16$ 的样本,测得样本均值为 $5010\ \text{h}$,试求元件的平均使用寿命的置信水平为 0.90 的单侧置信下限。

扫码获取本章PPT

第八章　假　设　检　验

参数估计和假设检验是推断统计的两个重要内容。参数估计是利用样本数据的信息对总体的参数作出推断,在作出推断之前,总体参数是未知的。下面,我们将从另一个角度来呈现对总体及其样本的分析。

第一节　假设检验的相关概念

下面我们先给出假设检验的有关概念,然后分析给出假设检验的思想方法。

一、假设检验的概念

假设,又称统计假设,是对总体参数的具体数字所做的陈述。假设检验是统计推论的反证法。它是在对总体不了解的情况下,为了推断总体的某些性质,先对总体提出假设,然后根据样本资料来验证这个假设是否成立,从而决定是接受还是拒绝这个假设。

因此,假设检验是先对总体参数提出某种假设,然后利用样本信息判断假设是否成立的过程。

1. 原假设与备择假设

在假设检验中,首先需要提出两种假设,即原假设与备择假设。

原假设,又称零假设,用 H_0 表示,是指研究者想收集数据予以反对的假设。

备择假设,用 H_1 表示,是指研究者想收集数据予以支持的假设,它与原假设陈述的内容相反。

在一些应用中,用公式来表示零假设与备择假设并非易事。为了向研究人员或决策人员提供所需要的信息,建立适当的检验并得出假设检验结果时一定要非常谨慎。假设检验一般有三种类型,下面通过几个例子来说明。

第一种类型　对陈述正确性的检验

例 1　某品牌奶粉在产品说明书中声称:平均每袋奶粉的净含量不低于 1000 克。为了检验该生产商的陈述,我们抽取一批产品来测量其重量。对于这种类型的假设检验问题,一般来说,我们都先假定生产商的陈述是正确的,把这种方法用于奶粉问题,设该品牌奶粉的平均净含量的实际值为 μ,将原假设和备择建设表述如下:

$H_0: \mu \geqslant 1000$(净含量符合产品说明书);

$H_1: \mu < 1000$(净含量不符合产品说明书)。

如果根据样本数据计算的结果不能拒绝 H_0,那么,就应当接受原假设,即认为该生产商的陈述是真实的。但是,如果样本数据的结果表明应该拒绝 H_0,就应该接受备择假设,即说明生产商的陈述是不正确的,奶粉袋中所装奶粉的重量并没有达到 1000 克。

在任何情况下,对涉及陈述正确性的问题进行检验,原假设通常都是基于假定的陈述是正确的,然后建立备择假设,为拒绝 H_0 提供统计证据,从而证明这个假定的陈述是错误的。只要 H_0 被拒绝了,就应该考虑采取一定的措施来修正这个错误的陈述。

第二种类型　　对研究性假设的检验

例 2　某研究机构估计,某城市商品房空置率超过了该市政府部门规定的商品房空置率上限值 20%。为检验这个估计是否正确,该研究机构随机抽取了一个样本进行检验。一般情况下,研究性假设可以作为备择假设,设该城市商品房空置率的实际值为 μ,则此项研究问题的原假设和备择假设表述如下:

$H_0: \mu \leqslant 20\%$(住房空置率不超过 20%);

$H_1: \mu > 20\%$(住房空置率超过 20%)。

如果样本数据的分析结果表明不能拒绝 H_0,那么,研究人员就不能得出住房空置率超过 20% 的结论,也许需要进行更多的研究以及随后进行的检验。但是如果样本数据的分析结果表明要拒绝 H_0,则研究人员可以做出推断 $H_1: \mu > 20\%$ 为真。有了这个结论,研究人员就可以这样陈述:该城市的住房空置率已超过 20%,市政府应该采取一定的措施来降低住房空置率。

在研究性假设检验的调查研究中,应该建立原假设和备择假设,并用备择假设来表示研究性假设,这样如果拒绝 H_0,将支持样本检验所得出的结论以及应该采取的行动。

第三种类型　　对决策情况下的检验

在研究性假设检验或陈述正确性的检验中,如果 H_0 被拒绝,那么就要采取相应的措施。但是,在很多情况下,当某个决策者必须从两种措施中挑选其中一种时,无论是接受 H_0 还是拒绝 H_0,都必须采取一定的措施。

例 3　某企业采购的某零件的生产标准直径为 10 厘米,如果直径大于或小于 10 厘米,那么,这批零件就会在装配作业中引起质量问题。在刚刚收到的货物中抽取一定的零件样本进行检验并得到检验结果后,质量检验员就必须做出决策:是接受这批货物还是因为其不符合规格而向供应商退回这批零件。

设这批零件的实际直径为 μ,原假设和备择假设可以表示如下:

$H_0: \mu = 10$(零件的直径为 10 厘米);

$H_1: \mu \neq 10$(零件的直径不为 10 厘米)。

如果样本数据的结果表明不能拒绝 H_0,那么企业就没有理由怀疑这批零件不符合规格,而应该收下这批零件。但是,如果样本数据的结果表明应该拒绝 H_0,那么,得出的结论就是这批零件不符合规格,企业就有充分的理由将这批产品退回供应商。因此,我们看到,对于这类问题,无论是接受 H_0 还是拒绝 H_0,都必须采取相应的措施。

设 μ_0 表示在原假设和备择假设中考虑的总体参数的某一特定数值,μ 表示总体参数的实际值,对总体参数 μ 的假设检验一定是下列三种形式之一:

$H_0: \mu \geqslant \mu_0, H_1: \mu < \mu_0$。在这种检验中,备择假设 H_1 的逻辑关系用 "<" 表示,称之为**左侧检验**。

$H_0: \mu \leqslant \mu_0, H_1: \mu > \mu_0$。在这种检验中,备择假设 H_1 的逻辑关系用 ">" 表示,称之为**右侧检验**。

$H_0: \mu = \mu_0, H_1: \mu \neq \mu_0$。在这种检验中,备择假设 H_1 的逻辑关系用"$\neq$"表示,称之为**双侧检验**。

通常我们将左侧检验和右侧检验统称为**单侧检验**。

2. 显著性水平和两类错误

在进行假设检验时,我们要根据样本数据的信息作出接受原假设和拒绝原假设的判断。由于样本数据仅为总体中的部分数据,因此这种判断可能是正确的,也可能是错误的。即在假设检验的过程中,存在犯错误的可能,通常包括两种错误。

如果总体参数的原假设 H_0 本来是正确的,根据样本数据提供的信息我们却作出了拒绝原假设的判断,我们将其称为**第 I 类错误**,也称之为**弃真错误**。弃真错误的概率为 α,表示总体为真时拒绝原假设的概率为 α,α 是个较小的数,称为**显著性水平**,表示犯第 I 类错误的概率。

如果总体参数的原假设 H_0 本来是错误的,但是样本数据提供的信息并没有充分的理由拒绝原假设,最终只能被迫地接受原假设,我们将这一类错误称为**第 II 类错误**,也称为**取伪错误**。通常取伪错误的概率用 β 表示。

在具体的检验过程中,我们应尽量减少犯这两类错误的可能性,那样作出的判断可靠性更高。但在样本容量一定的条件下,要实现同时降低犯两类错误的概率又是不现实的,因为减小犯第 I 类错误的概率,就会相应增大犯第 II 类错误的概率;同样,减少犯第 II 类错误的概率,就会相应增大犯第 I 类错误的概率。

通常情况下,在进行假设检验时,人们将犯第 I 类错误的概率作为首选的控制目标,因此 α 通常是一个比较小的值,通常取 0.1、0.05 或 0.01。

我们如果增加样本容量,可以实现 α 和 β 同时减小,因为样本数据越多,提供的总体信息就越多,对总体的推断就越准确,进而实现同时降低犯这两类错误的概率。

3. 检验统计量和拒绝域

针对具体问题提出原假设和备择假设后,通常需要利用样本数据提供的信息来支持所提出的假设。样本数据往往能够提供各种各样的信息,因此针对特定的研究,我们需要选择有用的信息支持我们对所提出的假设作出判断和决策。检验统计量便是对有用的样本数据进行压缩和概括的结果。

定义 8.1　**检验统计量**是指根据样本数据计算得到,并服从某种已知分布的,据以对原假设和备择假设作出决策的某个样本统计量。

检验统计量是通过样本数据计算得到,根据不同样本数据计算出来的检验统计量的值是不同的,因此检验统计量是随机变量。又检验统计量还必须服从某种已知分布,根据这种分布,我们可得小概率事件的集合,即拒绝原假设的集合。

定义 8.2　**拒绝域**是指能够拒绝原假设的检验统计量的所有可能取值组成的集合。

拒绝域是由显著性水平 α 所围成的区域,如果利用样本数据计算的检验统计量的具体数据落入拒绝域,则根据小概率事件不可能发生的原理,我们认为原假设不成立,即拒绝原假设。在具体的假设检验中,首先我们需要给定显著性水平 α 的值,然后利用检验统计量的具体分布确定出拒绝域的边界值,即临界值。

　　根据原假设和备择假设类型的不同,拒绝域的位置也有不同。如果是双侧检验,显著性水平为 α,则拒绝域位于抽样分布的两侧,并且左侧和右侧的拒绝域与抽样分布所围成的面积分别为 $\frac{\alpha}{2}$,如图 8-1 所示。

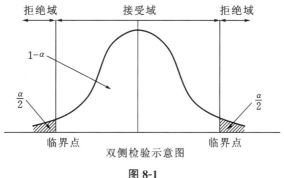

图 8-1

　　如果是左侧检验,显著性水平为 α,则拒绝域位于抽样分布的左侧,并且左侧的拒绝域与抽样分布所围成的面积为 α,如图 8-2 所示。

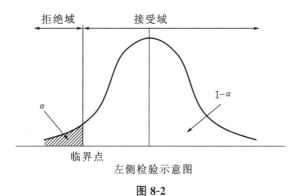

图 8-2

　　如果是右侧检验,显著性水平为 α,则拒绝域位于抽样分布的右侧,并且右侧的拒绝域与抽样分布所围成的面积为 α,如图 8-3 所示。

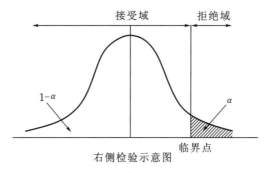

图 8-3

下面通过具体的案例说明假设检验的思想,并总结假设检验的步骤。

例 4　已知某炼铁厂的铁水含碳量 $X \sim N(4.55, 0.06^2)$,现改变了工艺条件,又测得 10 炉铁水的平均含碳量 $\bar{x} = 4.57$。假设方差无变化,问总体均值 μ 是否有明显改变?(取 $\alpha = 0.05$)

解　提出假设 $H_0: \mu = 4.55, H_1: \mu \neq 4.55$,由 $\bar{X} \sim N\left(\mu, \dfrac{\sigma^2}{n}\right)$ 可知,$\dfrac{\bar{X} - \mu}{\sigma/\sqrt{n}} \sim N(0,1)$,

因此在 H_0 成立的前提下,统计量 $U = \dfrac{\bar{X} - 4.55}{\sigma/\sqrt{n}} \sim N(0,1)$。

由 $\alpha = 0.05$,查标准正态分布表得临界值 $u_{\frac{\alpha}{2}} = u_{0.025} = 1.96$,利用样本数据计算检验统计量的具体数据

$$u = \frac{\bar{x} - 4.55}{\sigma/\sqrt{n}} = \frac{4.57 - 4.55}{0.06/\sqrt{10}} = 1.054,$$

由于 $|u| < u_{\frac{\alpha}{2}}$,则说明检验统计量落在了接受域中,说明小概率事件 A 未发生,因此接受原假设 H_0,即认为总体均值 μ 等于 4.55。

总结本例处理问题的思想方法,可得参数假设检验问题的步骤如下:

(1)提出假设:根据问题要求,提出原假设 H_0 与备择假设 H_1;

(2)确定检验统计量,确定拒绝域;

(3)根据给定显著性水平 α,查表写出临界值;

(4)执行统计判决:判断小概率事件是否发生,由此作出判决。

二、参数假设检验与区间估计的关系

参数假设检验的关键是要找一个确定性的区域(拒绝域)$D \subset R^n$,使得当 H_0 成立时,事件 $\{(X_1, \cdots, X_n) \in D\}$ 是一个小概率事件,一旦抽样结果使得小概率事件发生,就否定原假设 H_0,参数的区间估计则是找一个随机区间 I,使 I 包含待估参数 θ 是个大概率事件。

对此两类问题,都是利用样本对参数做判断:一个是由小概率事件否定参数 θ 属于某范围,另一个则是依大概率事件确信某区域包含参数 θ 的真值。两者本质上殊途同归,一类问题的解决,导致解决另一类问题类比方案的形成。

如设总体 $X \sim N(\mu, \sigma^2)$,σ 已知,给定容量为 n 的样本,样本均值为 $\bar{x}$,则参数 μ 的置信水平为 $1 - \alpha$ 的置信区间为 $\left(\bar{x} \pm \dfrac{\sigma}{\sqrt{n}} u_{\frac{\alpha}{2}}\right)$。假设检验问题 $H_0: \mu = \mu_0, H_1: \mu \neq \mu_0$ 的拒绝域为 $|\bar{x} - \mu_0| \geqslant \dfrac{\sigma}{\sqrt{n}} u_{\frac{\alpha}{2}}$,接受域为 $|\bar{x} - \mu_0| < \dfrac{\sigma}{\sqrt{n}} u_{\frac{\alpha}{2}}$,也就是说,当 $\mu_0 \in \left(\bar{x} \pm \dfrac{\sigma}{\sqrt{n}} u_{\frac{\alpha}{2}}\right)$ 时,接受 H_0,此时的 $H_0: \mu = \mu_0$,即 μ 在区间 $\left(\bar{x} \pm \dfrac{\sigma}{\sqrt{n}} u_{\frac{\alpha}{2}}\right)$ 内,此区间正是 μ 的置信水平为 $1 - \alpha$ 的置信区间。

习　题　8-1

请给出下列检验问题的零假设 H_0 和备择假设 H_1。

1. 已知某面粉厂用自动装袋机包装面粉,每袋面粉重量 X（千克）服从正态分布 $N(25,0.02^2)$,长期实践表明方差比较稳定,从某日所生产的一批袋装面粉中随机抽取 10 袋,测量其重量（单位:千克）分别为:

　　24.9　25.0　25.1　25.2　25.2　25.1　25.0　24.9　24.8　25.1

试在检验水平 $\alpha=0.05$ 下,检验这批包装面粉的平均重量是否显著合乎标准。

2. 已知某厂排放工业废水中某种有害物质的含量 X‰ 服从正态分布 $N(\mu,0.02^2)$,环境保护条例规定排放工业废水中该有害物质的含量不得超过 0.50‰,现从该厂排放的工业废水中随机抽取了 5 份水样,测量该有害物质含量（‰）分别为:

　　　　　0.53　0.54　0.51　0.49　0.53

试在检验水平 $\alpha=0.05$ 下,检验该厂排放的污水中该有害物质的平均含量显著超过排放标准是否成立。

3. 已知某果园每株梨树的产量 X（千克）服从正态分布 $N(240,200)$,今年雨水偏少,收获时在此果园中随机抽取了 6 株,测得其平均产量为 220 千克,方差为 662.4 千克²,试在检验水平 $\alpha=0.05$ 下,检验今年果园梨树产量显著减少是否成立。

第二节　　正态总体均值的假设检验

本节讨论有关正态总体均值的假设检验问题。构造合适的检验统计量并确定其概率分布是解决检验问题的关键,而该总体的另一个参数（方差 σ^2）是否已知会影响到检验统计量的选择,故下面分两种情形进行讨论。

一、u 检验法（方差已知）

在方差已知的条件下,对一个正态总体的均值或两个正态总体均值差的假设检验常用 u 检验法。

设总体 $X \sim N(\mu,\sigma^2)$,其中 σ^2 已知,若 $X_1,X_2,\cdots,X_n$ 为取自总体 X 的样本,给定样本均值为 $\overline{X}$,给定显著性水平 α,下面分别针对双侧检验、左侧检验及右侧检验给出 u 检验法的拒绝域。

对于双侧假设检验问题:$H_0:\mu=\mu_0$,$H_1:\mu\neq\mu_0$;选定样本统计量 $U=\dfrac{\overline{X}-\mu}{\sigma/\sqrt{n}} \sim N(0,1)$,给定显著性水平 α,即可给出双侧检验的拒绝域为 $|u|\geqslant u_{\frac{\alpha}{2}}$。

对于左侧假设检验问题:$H_0:\mu\geqslant\mu_0$,$H_1:\mu<\mu_0$;选定样本统计量 $U=\dfrac{\overline{X}-\mu}{\sigma/\sqrt{n}} \sim$

$N(0,1)$,给定显著性水平 α,即可给出左侧检验的拒绝域为 $u = \dfrac{\bar{x} - \mu_0}{\sigma / \sqrt{n}} \leqslant -u_\alpha$。

对于右侧假设检验问题:$H_0 : \mu \leqslant \mu_0, H_1 : \mu > \mu_0$;选定样本统计量 $U = \dfrac{\bar{X} - \mu}{\sigma / \sqrt{n}} \sim$

$N(0,1)$,给定显著性水平 α,即可给出左侧检验的拒绝域为 $u = \dfrac{\bar{x} - \mu_0}{\sigma / \sqrt{n}} \geqslant u_\alpha$。

例 1　一种燃料的辛烷等级服从正态分布 $N(\mu, \sigma^2)$,其平均等级 $\mu_0 = 98.0$,标准差 $\sigma = 0.8$。现抽取 25 桶新油,测试其等级,算得平均等级为 97.7,假定标准差与原来一样,问新油的辛烷平均等级是否比原燃料的辛烷平均等级偏低?($\alpha = 0.05$)

解　按题意需检验假设　$H_0 : \mu \geqslant \mu_0 = 98.0, H_1 : \mu < \mu_0$。

检验统计量为 $U = \dfrac{\bar{X} - \mu_0}{\sigma / \sqrt{n}}$,拒绝域为 $u \leqslant -u_\alpha$。查正态分布表得 $u_\alpha = u_{0.05} = 1.645$,计算统计值

$$u = \frac{\bar{x} - \mu_0}{\sigma / \sqrt{n}} = \frac{97.7 - 98.0}{0.8 / \sqrt{25}} = -1.875,$$

执行统计判决 $u = -1.875 < -1.645 = -u_\alpha$,统计量值落在了拒绝域中,因此拒绝 H_0,即认为新油的辛烷平均等级比原燃料辛烷的平均等级确实偏低。

下面求两个正态总体均值差检验的拒绝域。

设总体 $X \sim N(\mu_1, \sigma_1^2), Y \sim N(\mu_2, \sigma_2^2), X$ 与 Y 相互独立,σ_1^2, σ_2^2 已知。从两总体中分别取容量为 n_1, n_2 的样本,且设两样本相互独立。用 $\bar{X}, \bar{Y}$ 分别表示样本均值,给定显著性水平 α,检验假设

$$H_0 : \mu_1 = \mu_2, H_1 : \mu_1 \neq \mu_2。$$

μ_1, μ_2 的无偏估计分别为 $\bar{X}, \bar{Y}$,显然,H_0 的拒绝形式应为 $|\bar{x} - \bar{y}| \geqslant k$($k$ 待定)。由于

$$\frac{(\bar{X} - \bar{Y}) - (\mu_1 - \mu_2)}{\sqrt{\dfrac{\sigma_1^2}{n_1} + \dfrac{\sigma_2^2}{n_2}}} \sim N(0,1),$$

若 H_0 为真,则统计量

$$U = \frac{\bar{X} - \bar{Y}}{\sqrt{\dfrac{\sigma_1^2}{n_1} + \dfrac{\sigma_2^2}{n_2}}} \sim N(0,1)。$$

由　　　　　　$\alpha = P\{|\bar{X} - \bar{Y}| \geqslant k\} = P\left\{|U| \geqslant \dfrac{k}{\sqrt{\dfrac{\sigma_1^2}{n_1} + \dfrac{\sigma_2^2}{n_2}}}\right\}$

得 $k = u_{\frac{\alpha}{2}} \sqrt{\dfrac{\sigma_1^2}{n_1} + \dfrac{\sigma_2^2}{n_2}}$,拒绝域为

$$|u| = \frac{|\bar{x} - \bar{y}|}{\sqrt{\dfrac{\sigma_1^2}{n_1} + \dfrac{\sigma_2^2}{n_2}}} \geqslant u_{\frac{a}{2}}.$$

例 2 在各有 50 名学生的两个班级中举行一次考试,第一个班级的平均成绩是 74 分,第二个班级的平均成绩是 78 分,设两个班级的成绩分别服从正态分布 $N(\mu_1, 8^2)$ 与 $N(\mu_2, 7^2)$,试问在显著性水平 $\alpha = 0.05$ 下,两个班的成绩有显著差异吗?

解 设第一个班级的成绩为总体 X,第二个班级的成绩为总体 Y,且

$$X \sim N(\mu_1, \sigma_1^2), \quad Y \sim N(\mu_2, \sigma_2^2), \quad \sigma_1^2 = 8^2, \sigma_2^2 = 7^2,$$

即讨论方差已知时,关于均值差 $\mu_1 - \mu_2$ 的双边检验问题,即

$$H_0 : \mu_1 = \mu_2, \quad H_1 : \mu_1 \neq \mu_2.$$

拒绝域为

$$|u| = \frac{|\bar{x} - \bar{y}|}{\sqrt{\dfrac{\sigma_1^2}{n_1} + \dfrac{\sigma_2^2}{n_2}}} \geqslant u_{\frac{a}{2}}.$$

由题意知 $n_1 = n_2 = 50, u_{0.025} = 1.96, \bar{x} = 74, \bar{y} = 78$,则有

$$|u| = \frac{|74 - 78|}{\sqrt{\dfrac{8^2 + 7^2}{50}}} = 2.66 > 1.96,$$

从而拒绝 H_0,即在显著性水平 $\alpha = 0.05$ 下,认为两个班级的成绩有显著差异。

二、t 检验法(方差未知)

设总体 $X \sim N(\mu, \sigma^2)$,其中 σ^2 未知,对显著性水平 α 检验假设 $H_0 : \mu_1 = \mu_2$, $H_1 : \mu_1 \neq \mu_2$,拒绝域形式为 $|\bar{x} - \mu_0| \geqslant k$($k$ 待定)。

由于 σ^2 未知,现在不能用 $\dfrac{\overline{X} - \mu_0}{\sigma / \sqrt{n}}$ 作为检验统计量,注意到样本方差 s^2 是总体方差 σ^2 的无偏估计,用 s 代替 σ,采用 $T = \dfrac{\overline{X} - \mu_0}{s / \sqrt{n}}$ 作检验统计量。

当 H_0 为真时,$T \sim t(n-1)$。由 $\alpha = P\{|\overline{X} - \mu_0| \geqslant k\} = P\{|T| \geqslant \dfrac{k}{s / \sqrt{n}}\}$ 得 $k = \dfrac{s}{\sqrt{n}} t_{\frac{a}{2}}(n-1)$,拒绝域为 $|t| = \left| \dfrac{\bar{x} - \mu_0}{s / \sqrt{n}} \right| \geqslant t_{\frac{a}{2}}(n-1)$。

类似地,可给出假设检验问题 $H_0 : \mu \leqslant \mu_0, H_1 : \mu > \mu_0$ 的拒绝域为 $t = \dfrac{\bar{x} - \mu_0}{s / \sqrt{n}} \geqslant t_a(n-1)$。

还可给出假设检验问题 $H_0 : \mu \geqslant \mu_0, H_1 : \mu < \mu_0$ 的拒绝域为 $t = \dfrac{\bar{x} - \mu_0}{s / \sqrt{n}} \leqslant -t_a(n-1)$。

例 3 一手机生产厂家在其宣传广告中声称他们生产的某种品牌的手机的待机时间

的平均值至少为 71.5 h,一质监部门检查了该厂生产的这种品牌的手机 6 部,得到的待机时间(单位:h) 分别为

$$69 \quad 68 \quad 72 \quad 70 \quad 66 \quad 75$$

设手机的待机时间 $X \sim N(\mu, \sigma^2)$,有这些数据能否说明其广告有欺骗消费者的嫌疑?
$(\alpha = 0.05)$

解　设检验假设 $H_0: \mu \geqslant 71.5, H_1: \mu < 71.5$。由于方差 σ^2 未知,用 t 检验,检验统计量 $T = \dfrac{\overline{X} - \mu_0}{S/\sqrt{n}}$。

拒绝域为
$$t = \frac{\overline{x} - \mu_0}{s/\sqrt{n}} \leqslant -t_\alpha(n-1),$$

计算统计值　　　　　　$\overline{x} = 70, \quad s^2 = 10, \quad t = -1.162,$

查 t 分布表得　　　　　$t_\alpha(n-1) = t_{0.05}(5) = 2.015,$

统计判决　　　　　　　$t = -1.162 > -2.015 = -t_\alpha(n-1),$

故接受 H_0,即不能认为该厂广告有欺骗消费者的嫌疑。

下面求两个正态总体均值相等性检验的拒绝域。

设总体 $X \sim N(\mu_1, \sigma_1^2), Y \sim N(\mu_2, \sigma_2^2)$,其中 X, Y 相互独立,$\sigma_1^2 = \sigma_2^2 = \sigma^2$ 未知。$X_1, \cdots, X_{n_1}$ 取自总体 X,其样本均值为 $\overline{X}$,样本方差为 S_1^2;$Y_1, \cdots, Y_{n_2}$ 取自总体 Y,其样本均值为 $\overline{Y}$,样本方差为 S_2^2。给定显著性水平 α,检验假设
$$H_0: \mu_1 = \mu_2, \quad H_1: \mu_1 \neq \mu_2,$$

拒绝域形式为 $|\overline{x} - \overline{y}| \geqslant k (k$ 待定)。由定理 6.3 的结果知:

$$\frac{(\overline{X} - \overline{Y}) - (\mu_1 - \mu_2)}{S_{\overline{\omega}}\sqrt{\dfrac{1}{n_1} + \dfrac{1}{n_2}}} \sim t(n_1 + n_2 - 2), \quad S_{\overline{\omega}}^2 = \frac{(n_1 - 1)S_1^2 + (n_2 - 1)S_2^2}{n_1 + n_2 - 2}。$$

当 H_0 成立时,统计量　　　$T = \dfrac{\overline{X} - \overline{Y}}{S_{\overline{\omega}}\sqrt{\dfrac{1}{n_1} + \dfrac{1}{n_2}}} \sim t(n_1 + n_2 - 2)。$

由　　　　$\alpha = P\{|\overline{X} - \overline{Y}| \geqslant k\} = P\left\{|T| \geqslant \dfrac{k}{S_{\overline{\omega}}\sqrt{\dfrac{1}{n_1} + \dfrac{1}{n_2}}}\right\}$

得　　　　　　$k = S_{\overline{\omega}}\sqrt{\dfrac{1}{n_1} + \dfrac{1}{n_2}}\, t_{\frac{\alpha}{2}}(n_1 + n_2 - 2),$

于是拒绝域为　　　$|t| = \dfrac{|\overline{x} - \overline{y}|}{S_{\overline{\omega}}\sqrt{\dfrac{1}{n_1} + \dfrac{1}{n_2}}} \geqslant t_{\frac{\alpha}{2}}(n_1 + n_2 - 2)。$

例 4　对用两种不同热处理方法加工的金属材料做抗拉强度试验,得到的试验数据如下:

方法 Ⅰ：31 34 29 26 32 35 38 34 30 29 32 31
方法 Ⅱ：26 24 28 29 30 29 32 26 31 29 32 28

设两种热处理加工的金属材料的抗拉强度都服从正态分布,且方差相等。比较两种方法所得金属材料的平均抗拉强度有无显著差异。（$\alpha = 0.05$）

解 记两总体的正态分布为 $N(\mu_1, \sigma^2), N(\mu_2, \sigma^2)$,本题是要检验假设

$$H_0 : \mu_1 = \mu_2, H_1 : \mu_1 \neq \mu_2 .$$

检验统计量为
$$T = \frac{\overline{X} - \overline{Y}}{S_{\overline{\omega}} \sqrt{\dfrac{1}{n_1} + \dfrac{1}{n_2}}},$$

拒绝域为
$$|t| = \frac{|\overline{x} - \overline{y}|}{s_{\overline{\omega}} \sqrt{\dfrac{1}{n_1} + \dfrac{1}{n_2}}} \geq t_{\frac{\alpha}{2}}(n_1 + n_2 - 2),$$

计算统计值
$$n_1 = n_2 = 12, \quad \overline{x} = 31.75, \quad \overline{y} = 28.67,$$

$$(n_1 - 1)s_1^2 = 112.25, \quad (n_2 - 1)s_2^2 = 66.64, \quad s_{\overline{\omega}} = 2.85 .$$

$$|t| = \frac{|\overline{x} - \overline{y}|}{s_{\overline{\omega}} \sqrt{\dfrac{1}{n_1} + \dfrac{1}{n_2}}} = \frac{|31.75 - 28.67|}{2.85 \sqrt{\dfrac{1}{6}}} = 2.647 .$$

查 t 分布表得
$$t_{\frac{\alpha}{2}}(n_1 + n_2 - 2) = t_{0.025}(22) = 2.0739 .$$

统计判决：由于 $|t| > t_{\frac{\alpha}{2}}(n_1 + n_2 - 2)$,故拒绝 H_0,即认为两种热处理方法加工的金属材料的平均抗拉强度有显著差异。

习 题 8-2

1. 已知某炼铁厂的铁水含量在正常情况下服从正态分布 $N(4.55, 10.8^2)$,现在测了 5 炉铁水,其含碳量分别为 4.28 4.40 4.42 4.35 4.37。若方差没有变,问总体均值是否有显著变化？（$\alpha = 0.05$）

2. 有一种新安眠剂,据说在一定剂量下能比某种旧安眠剂平均增加睡眠时间 3 h,为了检验新安眠剂的这种说法是否正确,收集到一组使用新安眠剂的睡眠时间(单位:h)分别为：

26.7 22.0 24.1 21.0 27.2 25.0 23.4

根据资料用某种旧安眠剂平均睡眠时间为 20.8 h,假设用安眠剂后睡眠时间服从正态分布,试问这组数据能否说明新安眠剂的疗效？（$\alpha = 0.05$）

3. 某弹壳直径 $X \sim N(\mu, \sigma^2)$,规定标准为 $\mu = 8$ mm,$\sigma = 0.09$ mm。某车间新生产一批这种弹壳,已知这批弹壳直径的方差为标准值,但其均值未知。为了检验这批弹壳是否符合要求,抽测 9 枚弹壳,得直径数据(单位:mm)分别为：

7.92 7.94 7.90 7.93 7.92 7.92 7.93 7.91 7.94

试问在显著性水平 $\alpha = 0.05$ 之下,检验这批弹壳是否合格。

4. 如果一个矩形的宽与长之比等于 0.618,称这样的矩形为黄金比矩形,这种矩形给人良好的感觉,现代的建筑物构件(窗架)、工艺品(图片镜框),甚至司机的驾驶执照、购物

的信用卡等都常常采用黄金比矩形,下面列出某工艺品工厂随机抽取的 20 个矩形的宽与长之比:

$$\begin{array}{cccccc}
0.693 & 0.749 & 0.654 & 0.670 & 0.662 & 0.672 \\
0.615 & 0.606 & 0.690 & 0.628 & 0.611 & 0.606 \\
0.668 & 0.601 & 0.609 & 0.553 & 0.570 & 0.844 \\
0.576 & 0.933
\end{array}$$

设这一工厂生产的矩形的宽与长的比值总体服从正态分布 $X \sim N(\mu, \sigma^2)$,试检验 H_0: $\mu = 0.618, H_1: \mu \neq 0.618$。($\alpha = 0.05$)

5. 对某种物品在处理前与处理后取样分析其含脂率如表 8-1 所示。

表 8-1

处理前	0.19	0.18	0.21	0.30	0.66	0.42	0.08	0.12	0.30	0.27	
处理后	0.15	0.13	0.00	0.07	0.24	0.24	0.19	0.04	0.08	0.20	0.12

假定处理前后含脂率都服从正态分布,且它们的方差相等,问处理后平均含脂率有无显著降低?($\alpha = 0.05$)

6. 从两处煤矿各取一样本,测得其含灰率如表 8-2 所示。

表 8-2

甲矿	24.3	20.8	23.7	21.3	17.4
乙矿	18.2	16.9	20.2	16.7	

设矿中含灰率服从正态分布,问甲、乙两煤矿的含灰率有无显著差异?($\alpha = 0.05$)

7. 甲、乙两种稻种,为比较其产量,分别种在 10 块试验田中,每块田甲、乙稻种各种一半。假定两稻种产量各自服从正态分布,最后获得产量(单位:kg)如表 8-3 所示。

表 8-3

编号	1	2	3	4	5	6	7	8	9	10
甲种	140	137	136	140	145	148	140	135	144	141
乙种	135	118	115	140	128	131	130	115	133	125

问两种稻种产量是否有显著差异?($\alpha = 0.05$)

8. 某食品厂生产袋装食品中含有致癌物质二甲基亚硝胺(NDMA),该厂开发了一种新生产工艺,表 8-4 给出了新老工艺下 NDMA 的含量(以 10 万份中的份数计)。

表 8-4

老工艺	6	4	5	5	6	5	5	6	4	6	7	4
新工艺	2	1	2	2	1	0	3	2	1	0	1	3

设新老工艺下 NDMA 的含量分别服从正态分布 $N(\mu_1,\sigma^2)$，$N(\mu_2,\sigma^2)$，试检验假设（$\alpha=0.05$）

$$H_0:\mu_1-\mu_2=2, \quad H_1:\mu_1-\mu_2>2。$$

扫码查看
习题参考答案

第三节　正态总体方差的假设检验

在实际中，有关方差的检验问题也是常遇到的，以下分单个总体和两个总体两种情况来讨论有关正态总体方差的假设检验。

一、一个正态总体方差的 χ^2 检验

设总体 $X\sim N(\mu,\sigma^2)$，μ，σ^2 未知，取容量为 n 的样本，样本方差为 S^2，给定显著性水平 α，检验假设

$$H_0:\sigma^2=\sigma_0^2, \quad H_1:\sigma^2\neq\sigma_0^2 \quad (\sigma_0^2\text{ 为已知常数})。$$

σ^2 的无偏估计为 S^2，若 H_0 成立，则比值 $\dfrac{s^2}{\sigma_0^2}$ 一般来说应在 1 附近摆动。若 $\dfrac{s^2}{\sigma_0^2}$ 与 1 偏差较大，则拒绝 H_0，所以可取拒绝域形式为

$$\frac{s^2}{\sigma_0^2}\leqslant k_1 \quad \text{或} \quad \frac{s^2}{\sigma_0^2}\geqslant k_2(k_1,k_2\text{ 待定})。$$

当 H_0 成立时，统计量 $\qquad \chi^2=\dfrac{(n-1)s^2}{\sigma_0^2}\sim\chi^2(n-1)。$

设 $\alpha=P\left\{\dfrac{s^2}{\sigma_0^2}\leqslant k_1\text{ 或}\dfrac{s^2}{\sigma_0^2}\leqslant k_1\right\}=P\{\chi^2\leqslant(n-1)k_1\}+P\{\chi^2\geqslant(n-1)k_2\}$，

为计算方便，将 $\dfrac{s^2}{\sigma_0^2}$ 偏大或偏小的概率看成相等的，令

$$P\{\chi^2\leqslant(n-1)k_1\}=P\{\chi^2\geqslant(n-1)k_2\}=\frac{\alpha}{2},$$

由此得 $\qquad k_1=\dfrac{\chi_{1-\frac{\alpha}{2}}^2(n-1)}{n-1},k_2=\dfrac{\chi_{\frac{\alpha}{2}}^2(n-1)}{n-1},$

拒绝域为 $\qquad \chi^2=\dfrac{(n-1)s^2}{\sigma_0^2}\leqslant\chi_{1-\frac{\alpha}{2}}^2(n-1)\text{ 或 }\chi^2\geqslant\chi_{\frac{\alpha}{2}}^2(n-1)\alpha。$

例1　设某厂生产的铜线的折断力 $X\sim N(\mu,8^2)$，现从一批产品中抽查 10 根测其折断力。经计算得样本均值 $\bar{x}=575.2$，样本方差 $s^2=68.16$，能否认为这批铜线折断力的方差仍为 8^2？（$\alpha=0.05$）

解　要检验的假设为 $\qquad H_0:\sigma^2=\sigma_0^2=8^2, \quad H_1:\sigma^2\neq\sigma_0^2。$

检验统计量 $\qquad \chi^2=\dfrac{(n-1)S^2}{\sigma_0^2},$

拒绝域为 $\qquad \chi^2\leqslant\chi_{1-\frac{\alpha}{2}}^2(n-1)\text{ 或 }\chi^2\geqslant\chi_{\frac{\alpha}{2}}^2(n-1),$

经计算得 $n=10$，$s^2=68.16$，$\sigma_0^2=8^2$，$\chi^2=10.65$，

查 χ^2 分布表得 $\chi_{1-\frac{\alpha}{2}}^2(9)=\chi_{0.975}^2(9)=2.7$，$\chi_{0.025}^2(9)=19.0$。统计判决 $\chi^2=10.65$ 不在拒绝域内，故接受 H_0，即认为这批铜线折断力的方差与 8^2 无显著变化。

对正态总体 $N(\mu,\sigma^2)$，关于 μ,σ^2 的各种形式的假设检验的拒绝域列于表 8-5 中。

表 8-5　正态总体均值、方差的检验法（显著性水平为 α）

	原假设 H_0	检验统计量	备择假设 H_1	拒绝域
1	$\mu \leqslant \mu_0$ $\mu \geqslant \mu_0$ $\mu = \mu_0$ （σ^2 已知）	$U = \dfrac{\overline{X}-\mu_0}{\sigma/\sqrt{n}}$	$\mu > \mu_0$ $\mu < \mu_0$ $\mu \neq \mu_0$	$u \geqslant u_\alpha$ $u \leqslant -u_\alpha$ $\lvert u \rvert \geqslant u_{\frac{\alpha}{2}}$
2	$\mu \leqslant \mu_0$ $\mu \geqslant \mu_0$ $\mu = \mu_0$ （σ^2 未知）	$T = \dfrac{\overline{X}-\mu_0}{S/\sqrt{n}}$	$\mu > \mu_0$ $\mu < \mu_0$ $\mu \neq \mu_0$	$t \geqslant t_\alpha(n-1)$ $t \leqslant -t_\alpha(n-1)$ $\lvert t \rvert \geqslant t_{\frac{\alpha}{2}}(n-1)$
3	$\mu_1-\mu_2 \leqslant \delta$ $\mu_1-\mu_2 \geqslant \delta$ $\mu_1-\mu_2 = \delta$ （σ_1^2,σ_2^2 已知）	$U = \dfrac{\overline{X}-\overline{Y}-\delta}{\sqrt{\dfrac{\sigma_1^2}{n_1}+\dfrac{\sigma_2^2}{n_2}}}$	$\mu_1-\mu_2 > \delta$ $\mu_1-\mu_2 < \delta$ $\mu_1-\mu_2 \neq \delta$	$u > u_\alpha$ $u < -u_\alpha$ $\lvert u \rvert \geqslant u_{\frac{\alpha}{2}}$
4	$\mu_1-\mu_2 \leqslant \delta$ $\mu_1-\mu_2 \geqslant \delta$ $\mu_1-\mu_2 = \delta$ （$\sigma_1^2=\sigma_2^2=\sigma^2$ 未知）	$T = \dfrac{\overline{X}-\overline{Y}-\delta}{S_{\varpi}\sqrt{\dfrac{1}{n_1}+\dfrac{1}{n_2}}}$ $S_{\varpi}^2 = \dfrac{(n_1-1)S_1^2+(n_2-1)S_2^2}{n_1+n_2-2}$	$\mu_1-\mu_2 > \delta$ $\mu_1-\mu_2 < \delta$ $\mu_1-\mu_2 \neq \delta$	$t \geqslant t_\alpha(n_1+n_2-2)$ $t \leqslant -t_\alpha(n_1+n_2-2)$ $\lvert t \rvert \geqslant t_{\frac{\alpha}{2}}(n_1+n_2-2)$
5	$\sigma^2 \leqslant \sigma_0^2$ $\sigma^2 \geqslant \sigma_0^2$ $\sigma^2 = \sigma_0^2$ （μ 未知）	$\chi^2 = \dfrac{(n-1)S^2}{\sigma_0^2}$	$\sigma^2 > \sigma_0^2$ $\sigma^2 < \sigma_0^2$ $\sigma^2 \neq \sigma_0^2$	$\chi^2 \geqslant \chi_\alpha^2(n-1)$ $\chi^2 \leqslant \chi_{1-\alpha}^2(n-1)$ $\chi^2 \geqslant \chi_{\frac{\alpha}{2}}^2(n-1)$ 或 $\chi^2 \leqslant \chi_{1-\frac{\alpha}{2}}^2(n-1)$
6	$\sigma_1^2 \leqslant \sigma_2^2$ $\sigma_1^2 \geqslant \sigma_2^2$ $\sigma_1^2 = \sigma_2^2$ （μ_1,μ_2 未知）	$F = \dfrac{S_1^2}{S_2^2}$	$\sigma_1^2 > \sigma_2^2$ $\sigma_1^2 < \sigma_2^2$ $\sigma_1^2 \neq \sigma_2^2$	$F \geqslant F_\alpha(n_1-1,n_2-1)$ $F \leqslant F_{1-\alpha}(n_1-1,n_2-1)$ $F \geqslant F_\alpha(n_1-1,n_2-1)$ 或 $F \leqslant F_{1-\frac{\alpha}{2}}(n_1-1,n_2-1)$

二、两个正态总体方差比的 F 检验

设总体 $X \sim N(\mu_1,\sigma_1^2)$ 与总体 $Y \sim N(\mu_2,\sigma_2^2)$ 相互独立，$\mu_1,\sigma_1^2,\mu_2,\sigma_2^2$ 未知。从两总

体中分别取容量为 n_1, n_2 的样本,样本方差分别为 S_1^2, S_2^2,给定显著性水平 α,检验假设

$$H_0: \sigma_1^2 \geqslant \sigma_2^2, \quad H_1: \sigma_1^2 < \sigma_2^2.$$

S_1^2, S_2^2 分别为 σ_1^2, σ_2^2 的无偏估计,若 $\dfrac{s_1^2}{s_2^2}$ 比 1 小得多,则拒绝 H_0,所以拒绝域形式为

$\dfrac{s_1^2}{s_2^2} \leqslant k$ ($k < 1$ 待定),由于

$$\frac{S_1^2/\sigma_1^2}{S_2^2/\sigma_2^2} \sim F(n_1-1, n_2-1),$$

$$P\left\{\frac{S_1^2}{S_2^2} \leqslant k\right\} = P\left\{\frac{S_1^2/\sigma_1^2}{S_2^2/\sigma_2^2} \leqslant k\frac{\sigma_2^2}{\sigma_1^2}\right\} \leqslant P\left\{\frac{S_1^2/\sigma_1^2}{S_2^2/\sigma_2^2} \leqslant k\right\} \left(\text{当 } H_0 \text{ 为真时}\frac{\sigma_2^2}{\sigma_1^2} \leqslant 1\right).$$

要控制 $P\left\{\dfrac{S_1^2}{S_2^2} \leqslant k\right\} \leqslant \alpha$,只需令 $P\left\{\dfrac{S_1^2/\sigma_1^2}{S_2^2/\sigma_2^2} \leqslant k\right\} = \alpha$,即 $P\left\{\dfrac{S_1^2/\sigma_1^2}{S_2^2/\sigma_2^2} \geqslant k\right\} = 1 - \alpha$,所以

$$k = F_{1-\alpha}(n_1-1, n_2-1),$$

于是拒绝域为

$$F = \frac{s_1^2}{s_2^2} \leqslant F_{1-\alpha}(n_1-1, n_2-1).$$

上述检验法称为 **F 检验法**。关于 σ_1^2, σ_2^2 的另外两个检验问题的拒绝域在表 8-5 中给出。

例 2　研究由机器 A 和机器 B 生产的钢管的内径(单位:mm),随机抽取机器 A 生产的管子 16 根,测得样本方差 $s_1^2 = 0.034$;抽取机器 B 生产的管子 13 根,测得样本方差 $s_2^2 = 0.029$。设两样本相互独立,且分别服从正态分布 $N(\mu_1, \sigma_1^2), N(\mu_2, \sigma_2^2)$,这里 μ_1, $\mu_2, \sigma_1^2, \sigma_2^2$ 均未知,能否判定工作时机器 B 比机器 A 更稳定。(取 $\alpha = 0.1$)

解　由题意知要检验假设

$$H_0: \sigma_2^2 \geqslant \sigma_1^2, \quad H_1: \sigma_2^2 < \sigma_1^2.$$

检验统计量

$$F = \frac{S_2^2}{S_1^2},$$

拒绝域为

$$F = \frac{s_2^2}{s_1^2} \leqslant F_{1-\alpha}(n_2-1, n_1-1),$$

经计算得

$$n_1 = 16, \quad n_2 = 13, \quad F = \frac{s_2^2}{s_1^2} = 0.853,$$

查 F 分布表得　$F_{1-\alpha}(n_2-1, n_1-1) = F_{0.9}(12, 15) = \dfrac{1}{F_{0.1}(15, 12)} = 0.476$,

统计判决

$$F > F_{1-\alpha}(n_2-1, n_1-1),$$

故接受 H_0,即工作时机器 B 不比机器 A 更稳定。

习　题　8-3

1. 一细纱车间纺出的某种细纱支数标准差为 1.2,从某日纺出的一批细纱中随机取 16 缕进行支数测量,算得样本标准差为 2.1,问纱的均匀度有无显著变化? 取 $\alpha = 0.05$,并假设总体是正态分布。

2. 电工器材厂生产一批保险丝,抽取 10 根测试其熔化时间,结果为(单位:ms):

$$42 \quad 65 \quad 75 \quad 78 \quad 71 \quad 59 \quad 57 \quad 68 \quad 54 \quad 55$$

设熔化时间 T 服从正态分布,问是否可认为整批保险丝的熔化时间的标准差小于 $20(\alpha = 0.05)$。

3. 测得两批电子元件样品的电阻(单位:Ω)如表 8-6 所示。

表 8-6

Ⅰ 批	0.140	0.138	0.143	0.142	0.144	0.137
Ⅱ 批	0.135	0.140	0.142	0.136	0.138	0.140

设这两批元件的电阻值总体分别服从 $N(\mu_1, \sigma_1^2)$,$N(\mu_2, \sigma_2^2)$,且两样本相互独立,试问这两批电子元件电阻值的方差是否一样?($\alpha = 0.05$)

4. 某日从两台新机床加工的同一种零件中,分别抽若干个样品测量零件尺寸,数据如表 8-7 所示。

表 8-7

甲机床	6.2	5.7	6.5	6.0	6.3	5.8	5.7	6.0	6.0	5.8	6.0
乙机床	5.6	5.9	5.6	5.7	5.8	6.0	5.5	5.7	5.5		

试检验这两台新机床加工零件的精度是否有显著差异?($\alpha = 0.05$,零件尺寸服从正态分布)

5. 用两种方法(A 和 B)测定冰自 $-0.72\ \text{℃}$ 转变为 $0\ \text{℃}$ 的水的融化热(cal/g),测得数据如下:

方法 A:79.98   80.04   80.02   80.04   80.03   80.03
          80.04   79.97   80.05   80.03   80.02   80.00   80.02

方法 B:80.02   79.94   79.98   79.97   79.97   80.03   79.95
          79.97

设这两个样本相互独立,且分别来自总体 $N(\mu_A, \sigma_A^2)$,$N(\mu_B, \sigma_B^2)$。试检验 $H_0: \sigma_A^2 = \sigma_B^2$,$H_1: \sigma_A^2 \neq \sigma_B^2$。(显著性水平 $\alpha = 0.01$)

扫码查看
习题参考答案

第四节   大样本检验法

在前面讨论的所有假设检验问题中,我们都已知有关统计量的分析,并由此确定拒绝域。但在许多问题中,很难求得检验统计量的分布,有时即使能求出,使用上也很不方便(如二项分布参数 p 的检验问题),实际应用中往往求助于统计量的极限分布。若抽取大量样本(大样本),并用检验统计量的极限分布来近似作为其分布,由此得到的检验方法称为**大样本检验法**。

一、两总体均值差的大样本检验

设有两个独立总体 X, Y,其均值和方差分别为 μ_1, μ_2 和 σ_1^2, σ_2^2,现从每一总体中各取一样本,其样本容量、样本均值、样本方差分别记为 $n_1,\overline{X},S_1^2$ 和 $n_2,\overline{Y},S_2^2$,并且 n_1,n_2 很大。给定显著性水平 α ,检验假设

$$H_0:\mu_1=\mu_2,\quad H_1:\mu_1\neq\mu_2。$$

若两总体均为正态分布,由本章第二节的讨论知,当 σ_1^2,σ_2^2 已知时,可用 u 检验法来检验;当 σ_1^2,σ_2^2 未知但 $\sigma_1^2=\sigma_2^2$ 时,可用 t 检验法来检验。此处总体分布未知,即使总体为正态分布,由于 σ_1^2,σ_2^2 未知且 σ_1^2 与 σ_2^2 不一定相等,因而该处也不能用 t 检验。下面我们用大样本方法给出此假设的近似检验法。

当 n_1 很大时,由中心极限定理知,

$$\frac{\overline{X}-\mu_1}{\sigma_1/\sqrt{n_1}}\overset{近似}{\sim}N(0,1),\quad 即\ \overline{X}\overset{近似}{\sim}N\left(\mu_1,\frac{\sigma_1^2}{n_1}\right)。$$

同理,当 n_2 很大时,

$$\overline{Y}\overset{近似}{\sim}N\left(\mu_2,\frac{\sigma_2^2}{n_2}\right)。$$

由于 $\overline{X},\overline{Y}$ 相互独立,所以

$$\frac{(\overline{X}-\overline{Y})-(\mu_1-\mu_2)}{\sqrt{\dfrac{\sigma_1^2}{n_1}+\dfrac{\sigma_2^2}{n_2}}}\overset{近似}{\sim}N(0,1),$$

S_1^2,S_2^2 分别是 σ_1^2,σ_2^2 很好的近似值,用 S_1^2 代替 σ_1^2 ,用 S_2^2 代替 σ_2^2 ,仍有

$$U=\frac{(\overline{X}-\overline{Y})-(\mu_1-\mu_2)}{\sqrt{\dfrac{S_1^2}{n_1}+\dfrac{S_2^2}{n_2}}}\overset{近似}{\sim}N(0,1),$$

由此可得拒绝域为

$$|u|=\frac{|\bar{x}-\bar{y}|}{\sqrt{\dfrac{S_1^2}{n_1}+\dfrac{S_2^2}{n_2}}}\geq u_{\frac{\alpha}{2}}(n_1,n_2\ 很大)。$$

同理可得检验的单边拒绝域为

$$u=\frac{\bar{x}-\bar{y}}{\sqrt{\dfrac{S_1^2}{n_1}+\dfrac{S_2^2}{n_2}}}\geq u_\alpha\quad 和\quad u=\frac{\bar{x}-\bar{y}}{\sqrt{\dfrac{S_1^2}{n_1}+\dfrac{S_2^2}{n_2}}}\leq -u_\alpha。\tag{8-1}$$

二、二项分布参数的大样本检验

设 $P(A)=p$,在 n 次独立实验中事件 A 发生的次数为 X ,则 $X\sim b(n,p)$ 。给定显著性水平 α ,检验假设

$$H_0:p=p_0,\quad H_1:p\neq p_0(0<p_0<1,p_0\ 已知)。$$

设 $X_i=\begin{cases}1,& 第\ i\ 次试验中\ A\ 发生,\\ 0,& 否则,\end{cases}$ 则 $X_1,X_2,\cdots,X_n$ 相互独立,且都服从参数为 p 的

(0-1) 分布。又 $X=X_1+X_2+\cdots+X_n$,由中心极限定理,当 $n\to\infty$ 时, $\dfrac{X-E(X)}{\sqrt{D(X)}}\sim N(0,1)$ 。

当 H_0 为真,且 n 很大时,$U = \dfrac{X - np_0}{\sqrt{np_0(1 - p_0)}} \overset{近似}{\sim} N(0,1)$,由此可得拒绝域为 $|u| = $

$\dfrac{|x - np_0|}{\sqrt{np_0(1 - p_0)}} \geqslant u_{\frac{\alpha}{2}}$。

同理可得检验的单边拒绝域为

$$u = \frac{x - np_0}{\sqrt{np_0(1 - p_0)}} \geqslant u_\alpha \quad 和 \quad u = \frac{x - np_0}{\sqrt{np_0(1 - p_0)}} \leqslant -u_\alpha。$$

大样本检验是近似的,近似的含义是指检验的实际显著性水平与原先设定的显著性水平有差距,这是由于诸如式(8-1)中的 u 的分布与 $N(0,1)$ 有距离。如果 n 很大,这种差异就很小,实际中我们并不清楚对一定的 n,u 的分布与 $N(0,1)$ 的差异有多大,因而也就不能确定检验的实际水平与设定水平究竟差多少,在区间估计中也有类似问题。因此,大样本法是一个不得已而为之的方法,一般要精确考虑基于精确分布的方法。

习　题　8-4

1. 某产品的次品率为 0.17,现对此产品进行工艺试验,从中抽取 400 件检查,发现次品 56 件,能否认为这项新工艺可显著提高产品质量?($\alpha = 0.05$)

2. 为了比较两种子弹 A,B 的速度(单位:m/s),在相同条件下进行速度测定,算得样本平均值及标准差如表 8-8 所示。

表 8-8

子弹 A	$n_1 = 110$	$\bar{x}_1 = 2805$	$s_1 = 120.41$
子弹 B	$n_2 = 110$	$\bar{x}_2 = 2680$	$s_2 = 105.00$

扫码查看
习题参考答案

试用大样本方法检验这两种子弹的平均速度有无显著差异。($\alpha = 0.05$)

第五节　p 值检验法

前面讨论的假设检验方法称为**临界值法**,此法得到的结论是简单的,在给定的显著性水平下,不是拒绝原假设,就是接受原假设。但应用中可能会出现这样的情况:在一个较大的显著性水平(如 $\alpha = 0.05$)下得到拒绝原假设的结论,而在一个较小的显著性水平(如 $\alpha = 0.01$)下却得到接受原假设的结论。这种情况在理论上很容易解释:因为显著性水平变小后会导致检验的拒绝域变小,于是原来落在拒绝域内的观测值就可能落在拒绝域外(即落入接受域内),这种情况在实际应用中可能会带来一些不必要的麻烦。假如这时一个人主张选显著性水平 $\alpha = 0.05$,而另一个人主张选显著性水平 $\alpha = 0.01$,则第一个人的结论是拒绝 H_0,而第二个人的结论是接受 H_0,如何处理这一问题呢? 下面我们先从一个例子讲起,然后给出 p 值检验法。

例 1　一支香烟中的尼古丁含量 $X \sim N(\mu,1)$,质量标准规定 μ 不能超过 1.5 mg,现从某厂生产的香烟中随机抽取 20 支,测得平均每支香烟尼古丁含量为 $\bar{x} = 1.97$ mg,试问该厂生产的香烟尼古丁含量是否符合标准的规定？

解 按题意，需要检验假设

$$H_0:\mu \leqslant 1.5, \quad H_1:\mu > 1.5。$$

这是一个有关正态总体下方差已知时对总体均值的单边假设检验问题，采用 u 检验法得拒绝域为

$$u = \frac{\bar{x} - \mu_0}{\sigma / \sqrt{n}} \geqslant u_\alpha,$$

由已知数据可算得

$$u = \frac{\bar{x} - \mu_0}{\sigma / \sqrt{n}} = \frac{1.97 - 1.5}{1 / \sqrt{20}} = 2.1。$$

表 8-9 列出了显著性水平 α 取不同值时相应的拒绝域和检验结论，由此可以看出，对同一个假设检验问题，不同的 α 可能有不同的检验结论。

表 8-9　例 1 中的拒绝域

显著性水平	拒绝域	检验结论
$\alpha = 0.05$	$u \geqslant 1.645$	拒绝 H_0
$\alpha = 0.025$	$u \geqslant 1.96$	拒绝 H_0
$\alpha = 0.01$	$u \geqslant 2.327$	拒绝 H_0
$\alpha = 0.005$	$u \geqslant 2.576$	拒绝 H_0

假设检验依据的是样本信息，样本信息中包含了支持或反对原假设的证据，因此需要我们来探求一种定量表述样本信息中证据支持或反对原假设的强度。现在我们换一个角度分析例 1。在 $\mu = 1.5$ 时，$U = \dfrac{\bar{X} - \mu_0}{\sigma / \sqrt{n}} \sim N(0,1)$，此时可算得 $P\{U \geqslant 2.1\} = 0.0179$，当 α 以 0.0179 为基准做比较时，则上述检验问题的结论如表 8-10 所示。

表 8-10　以 0.0179 为基准的检验问题的结论

显著性水平	拒绝域	检验结论
$\alpha < 0.0179$	$u \geqslant u_\alpha (u_\alpha > 2.1)$	接受 H_0
$\alpha \geqslant 0.0179$	$u \geqslant u_\alpha (u_\alpha \leqslant 2.1)$	拒绝 H_0

通过上述分析可知，本例中由样本信息确定的 0.0179 是一个重要的值，它是能用观测值 2.1 做出"拒绝 H_0"的最小的显著性水平，这个值就是此检验法的 p 值。

定义 8.1 假设检验问题的 p 值是利用观测值能够做出的拒绝原假设的最小显著性水平。按 p 值的定义，对于任意指定的显著性水平 α，有以下结论：

(1) 若 $\alpha < p$，则在显著性水平 α 下接受 H_0；

(2) 若 $\alpha \geqslant p$，则在显著性水平 α 下拒绝 H_0。

有了这两条结论就能方便确定 H_0 的拒绝域。这种利用 p 值来检验假设的方法称为 p **值检验法**。

p 值反映了样本信息中所包含的反对原假设 H_0 的依据的强度，p 值实际上是我们已经观测到的一个小概率事件的概率，显然，p 值越小，H_0 越有可能不成立，说明样本信息中反对 H_0 的依据的强度越强、越充分。引进 p 值的概念有明显的好处，一方面，p 值比较直观，它避免了在检验之前需要主观确定显著性水平；另一方面，p 值包含了更多的拒绝域的信息。

在现代计算机统计软件中一般都给出检验问题的 p 值。在科学研究以及一些产品的数据分析报告中，研究者在讲述假设检验的结果时，往往不明显给出检验的显著性水平以及临界值，而是直接引用检验的 p 值，利用它来评价已获得的数据反对原假设的依据的强度，从而对原假设成立与否做出自己的判断。

一般的，若 $p \leqslant 0.01$，称拒绝 H_0 的依据很强或称检验是高度显著的；若 $0.01 < p \leqslant 0.05$，称拒绝 H_0 的依据是强的或称检验是显著的；若 $0.05 < p \leqslant 0.1$，称拒绝 H_0 的依据是弱的或称检验是不显著的；若 $0.1 < p$，一般来说，没有理由拒绝 H_0。

例 2　从甲地发送一个信号到乙地，设乙地收到信号是一个随机变量 X，且 $X \sim N(\mu, 0.2^2)$，其中 μ 是甲地发送的真实信号值，现从甲地 5 次发送同一信号，乙地收到的信号值分别为

$$8.05 \quad 8.15 \quad 8.2 \quad 8.1 \quad 8.25$$

给定显著性水平 $\alpha = 0.05$，试利用 p 值检验法检验假设 $H_0 : \mu = 8, H_1 : \mu \neq 8$。

解　这是一个有关正态总体下方差已知时对总体均值的双边假设检验问题，采用 u 检验法，检验统计量为 $U = \dfrac{\overline{X} - \mu_0}{\sigma / \sqrt{n}}$，拒绝域的形式为 $|u| \geqslant c$。由已知数据可算得检验统计量的观测值

$$u = \frac{\overline{x} - \mu_0}{\sigma / \sqrt{n}} = \frac{8.15 - 8}{0.2 / \sqrt{5}} = 1.68,$$

$$p = P\{|U| \geqslant 1.68\} = 2[1 - \Phi(1.68)] = 2(1 - 0.9535) = 0.093,$$

由于 $\alpha = 0.05 < 0.093 = p$，故接受 H_0。

例 3　某种元件的寿命 X（以 h 计）服从正态分布 $N(\mu, \sigma^2)$，μ, σ^2 均未知，现测得 16 只元件的寿命如下：

$$159 \quad 280 \quad 101 \quad 212 \quad 224 \quad 379 \quad 179 \quad 264$$
$$222 \quad 362 \quad 168 \quad 250 \quad 149 \quad 260 \quad 485 \quad 170$$

用 p 值检验法检验下列问题

$$H_0 : \mu \leqslant \mu_0 = 225, \quad H_1 : \mu > 225。$$

解　采用 t 检验法，检验统计量 $t = \dfrac{\overline{X} - \mu_0}{S / \sqrt{n}}$ 的观测值为

$$t_0 = \frac{241.5 - 225}{98.7259/\sqrt{16}} = 0.6685,$$

由计算机软件算得 $p = P_{\mu_0}\{t \geqslant 0.6685\} = 0.2570$。 由于 $p > \alpha = 0.05$，故接受 H_0。

习　题　8-5

1. 考察生长在老鼠身上的肿块的大小。以 X 表示在老鼠身上生长了 15 天的肿块的直径（以 mm 计），设 $X \sim N(\mu, \sigma^2)$，μ, σ^2 均未知。今随机地取 9 只老鼠（在它们身上的肿块都长了 15 天），测得 $\bar{x} = 4.3, s = 1.2$，试取 $\alpha = 0.05$，用 p 值检验法检验假设 $H_0 : \mu = 4.0$，$H_1 : \mu \neq 4.0$，求出 p 值。

2. 某厂生产的某种型号的电池，其使用寿命（单位：h）长期以来服从方差 $\sigma^2 = 5000$ 的正态分布。现有一批这种电池，从它的生产情况来看，使用寿命的波动性有所改变。现随机取 26 只电池，测出其使用寿命的样本方差 $s^2 = 9200$。用 p 值检验法检验假设问题

扫码查看
习题参考答案

$$H_0 : \sigma^2 = \sigma_0^2 = 5000, \quad H_1 : \sigma^2 \neq 5000, \alpha = 0.02。$$

第六节　　非参数假设检验

前面我们讨论了参数假设检验问题，所检验的对象是总体分布中的未知参数，而总体分布函数的形式是已知的。若总体分布未知，对总体分布或有关参数所做的检验称为非参数假设检验。本节将讨论几种重要的非参数检验问题。

一、分布拟合检验

问题　　对某对象（产品、元件、农作物等）的某特性指标进行测试，获得一大批实验数据，问如何利用这些数据（样本）确定此指标（总体）的概率分布？

要解决此问题，一般需要做以下两方面的工作。

第一步　　拟合总体分布形式。

如果事先没有任何关于总体分布的检验或依据，对连续性总体，一般先把抽样所获得的数据进行整理，然后作出样本分组频数分布直方图，由此确定总体分布函数形式 $F_0(x, \theta_1, \cdots, \theta_k)$，其中 $\theta_1, \cdots, \theta_k$ 是未知参数。用极大似然估计法求出 $\theta_1, \cdots, \theta_k$ 的估计值 $\hat{\theta}_1, \cdots, \hat{\theta}_k$，从而猜测总体的分布函数为 $F_0(x, \hat{\theta}_1, \cdots, \hat{\theta}_k)$。

第二步　　拟合好坏的检验。

设总体的真实分布为 $F(x)$，给定显著水平 α 及样本观测值 $x_1, x_2, \cdots, x_n$，检验假设
$$H_0 : F(x) = F_0(x, \hat{\theta}_1, \cdots, \hat{\theta}_k), \quad H_1 : F(x) \neq F_0(x, \hat{\theta}_1, \cdots, \hat{\theta}_k)。$$

要检验假设 H_0，必须利用样本建立用以衡量 $F(x)$ 与 $F_0(x)$ 差异的统计量。这种统计量有多种选择，下面介绍皮尔逊 χ^2 检验和偏度、峰度检验。

1. 皮尔逊 χ^2 检验

设总体 X 为连续型，下面利用样本数值来拟合总体分布概率密度函数 $f(x)$。根据

样本值的情况,将其分为 l 组,各组范围为

$$[a_0,a_1),[a_1,a_2),\cdots,[a_{l-1},a_l), \quad 其中 a_0 < a_1 < a_2 < \cdots < a_l。$$

记 $A_i = \{X \in [a_{i-1},a_i)\}(i=1,2,\cdots,l)$,并记 m_i 为落在 $[a_{i-1},a_i)$ 内的样本数,则事件 A_i 发生的频率为 $f_i = \dfrac{m_i}{n}$。在 H_0 为真的前提下,事件 A_i 发生的概率为

$$p_i = F_0(a_{i-1},\hat{\theta}_1,\cdots,\hat{\theta}_k) - F_0(a_i,\hat{\theta}_1,\cdots,\hat{\theta}_k)。$$

显然,可采用统计量 $\chi^2 = \sum\limits_{i=1}^{l} \dfrac{(m_i - np_i)^2}{np_i}$ 来衡量样本与 H_0 中所假设的分布的吻合程度。于是,H_0 的拒绝域形式为 $\chi^2 \geqslant K$(K 待定)。

皮尔逊证明了以下定理:

定理 8.1　若 n 很大($n \geqslant 50$),则当 H_0 成立时,$\chi^2 \overset{\text{近似}}{\sim} \chi^2(l-k-1)$,于是得到 H_0 的拒绝域为

$$\chi^2 \geqslant \chi^2(l-k-1)。$$

皮尔逊 χ^2 检验法是基于上述定理得到的,在使用时必须注意 n 要足够大,以及每个 $np_i \geqslant 5$,否则应适当合并组,以满足这一要求。

例1　自 1965 年 1 月 1 日至 1971 年 2 月 9 日共 2231 天中,全世界记录到震级 4 级及以上的地震共 162 次,统计如表 8-11 所示。

表 8-11

相继两次地震间隔天数	0—4	5—9	10—14	15—19	20—24	25—29	30—34	35—39	$\geqslant 40$
出现的频数	50	31	26	17	10	8	6	6	8

试检验相继两次地震间隔的天数服从指数分布。($\alpha = 0.05$)

解　按题意需检验假设

$$H_0: f(x) = f_0(x) = \begin{cases} \lambda e^{-\lambda x}, & x > 0, \\ 0, & x \leqslant 0, \end{cases} \quad H_1: f(x) \neq f_0(x)。$$

由于 λ 未知,先用极大似然估计求得 λ 的估计值为 $\hat{\lambda} = \dfrac{1}{\bar{x}} = \dfrac{162}{2231} \approx 0.0726$。由于总体为连续型,我们将 X 的可能取值的区间 $[0,+\infty)$ 分为 9 个互不重叠的小区间 $[a_{i-1},a_i)$ $(i=1,2,\cdots,9)$。

取 $A_i = \{a_{i-1} \leqslant X < a_i\}$,则

$$F_0(x,\hat{\lambda}) = \begin{cases} 1 - e^{-0.072x}, & x > 0, \\ 0, & x \leqslant 0, \end{cases}$$

若 H_0 真,则　　$p_i = P(A_i) = F_0(a_i) - F_0(a_{i-1}), \quad i = 1,2,\cdots,9。$

计算结果列于表 8-12。

表 8-12

A_i	m_i	p_i	np_i	$m_i - np_i$	$\dfrac{(m_i - np_i)^2}{np_i}$
$A_1 : 0 \leqslant x < 4.5$	50	0.2787	45.1494	4.8506	0.5211
$A_2 : 4.5 \leqslant x < 9.5$	31	0.2196	35.5752	-4.5752	0.5884
$A_3 : 9.5 \leqslant x < 14.5$	26	0.1527	24.7374	1.2626	0.0644
$A_4 : 14.5 \leqslant x < 19.5$	17	0.1062	17.2044	-0.2044	0.0024
$A_5 : 19.5 \leqslant x < 24.5$	10	0.0739	11.9718	-1.9718	0.3248
$A_6 : 24.5 \leqslant x < 29.5$	8	0.0514	8.3268	-0.3268	0.0128
$A_7 : 29.5 \leqslant x < 34.5$	6	0.0358	5.7996	0.2004	0.0069
$A_8 : 34.5 \leqslant x < 39.5$	6	0.0249	4.0338 $\Big\}$	0.7646	0.0442
$A_9 : 39.5 \leqslant x < \infty$	8	0.0568	9.2016		
$\sum$					1.565

有些组的 $np_i < 5$,应适当合并,使每组均有 $np_i \geqslant 5$,如第四列花括号所示,并组后的组数 $l = 8$。

H_0 的拒绝域为 $$\chi^2 \geqslant \chi^2(l-k-1),$$
其中 $$l=8, k=1, \alpha=0.05, \chi_\alpha^2(l-k-1) = \chi_{0.05}^2(6) = 12.592.$$

由于 $\chi^2 = 1.565 < 12.592 = \chi_{0.05}^2(6)$,故在水平 $\alpha = 0.05$ 下接受 H_0,认为总体服从指数分布。

例 2 一台摇奖机是一个圆球形容器,内有 10 个质地均匀的小球,分别标有 $0, 1, 2, \cdots, 9$ 共 10 个数码,转动容器让小球随机分布,然后从中掉出一球,其号码为 X,如果摇奖机合格,则 X 的分布律应为 $P\{X=k\} = \dfrac{1}{10}(k=0,1,2,\cdots,9)$,现用这台摇奖机做了 800 次试验,得到数据如表 8-13。

表 8-13

号码	0	1	2	3	4	5	6	7	8	9
出现的频数	74	92	83	79	80	73	77	75	76	91

试用这些数据检验该摇奖机是否合格?$(\alpha = 0.05)$

解 由题意要检验假设 $$H_0 : P\{X=k\} = \frac{1}{10}, \quad k=0,1,2,\cdots,9.$$

将已知数据按号码分为 10 组,分组为 $A_i = \{i\}(i=0,1,2,\cdots,9)$。记 $p_i = P\{X \in A_i\}(i=0,1,2,\cdots,9)$,当 H_0 为真时,$p_i = \dfrac{1}{10}(i=0,1,2,\cdots,9)$,计算结果列于表 8-14 中。

表 8-14

A_i	m_i	p_i	np_i	$m_i - np_i$	$\dfrac{(m_i - np_i)^2}{np_i}$
A_0	74	0.1	80	-6	0.45
A_1	92	0.1	80	12	1.8
A_2	83	0.1	80	3	0.1125
A_3	79	0.1	80	-1	0.0125
A_4	80	0.1	80	0	0
A_5	73	0.1	80	-7	0.6125
A_6	77	0.1	80	-3	0.1125
A_7	75	0.1	80	-5	0.3125
A_8	76	0.1	80	-4	0.2
A_9	91	0.1	80	11	1.5125
$\sum$					5.125

H_0 的拒绝域为　　$\chi^2 = \sum\limits_{i=0}^{9} \dfrac{(m_i - np_i)^2}{np_i} \geqslant \chi_\alpha^2(l - k - 1)$,

其中　　　　　　　　$l = 10,\quad k = 0,\quad \alpha = 0.05,\quad \chi_{0.05}^2(9) = 16.919$。

由于 $\chi^2 = 5.125 < 16.919 = \chi_{0.05}^2(9)$,故接受 H_0,认为摇奖机是合格的。

2. 偏度、峰度检验

由于正态分布广泛地存在于客观世界,因此,当研究一个连续型总体时,人们往往先考虑它是否服从正态分布。上面介绍的 χ^2 检验法虽然是检验总体分布的较一般方法,但用它来检验总体的正态性时,犯第 II 类错误的概率往往较大。为此,统计学家们对检验正态总体的种种方法进行了比较,认为其中以偏度、峰度检验法及夏皮罗－威尔克法较为有效,这里仅介绍偏度、峰度检验法,这种检验法的理论依据是正态分布曲线是对称的,且陡缓适当。为此,引入两个量,一个表示密度曲线的偏斜度,另一个表示密度曲线的陡缓度。

设随机变量 X 的 k 阶中心矩为 μ_k,分别称 $\gamma_1 = \dfrac{\mu_3}{\mu_2^{\frac{3}{2}}}$,$\gamma_2 = \dfrac{\mu_4}{\mu_2^{2}}$ 为 X 的**偏度**和**峰度**。从总体 X 中取一样本,记 B_k 为样本的 k 阶中心矩,则 γ_1,γ_2 的矩法估计量分别为 $g_1 = \dfrac{B_3}{B_2^{\frac{3}{2}}}$,

$g_2 = \dfrac{B_4}{B_2^{2}}$,并分别称 g_1,g_2 为**样本偏度**和**样本峰度**。

若总体 X 服从正态分布,则 $\gamma_1 = 0,\gamma_2 = 3$,且当样本容量 n 充分大时,近似地有

$$g_1 \sim N\left(0, \frac{6(n-2)}{(n+1)(n+3)}\right),$$

$$g_2 \sim N\left(3 - \frac{6}{n+1}, \frac{24n(n-2)(n-3)}{(n+1)^2(n+3)(n+5)}\right).$$

因此,当样本容量 n 充分大时, g_1 与 $\gamma_1 = 0$ 的偏离不应太大,而 g_2 与 $\gamma_2 = 3$ 的偏离不应太大,故假设 $H_0 : X$ 服从正态分布,拒绝域形式为 $|g_1| \geqslant k_1$ 或 $\left|g_2 - 3 + \frac{6}{n+1}\right| \geqslant k_2$,其中 k_1, k_2 由下面两式确定

$$P\{|g_1| \geqslant k_1\} = \frac{\alpha}{2}, \quad P\left\{\left|g_2 - 3 + \frac{6}{n+1}\right| \geqslant k_2\right\} = \frac{\alpha}{2}.$$

当 n 充分大时

$$k_1 = u_{\frac{\alpha}{4}}\sqrt{\frac{6(n-2)}{(n+1)(n+3)}}, \quad k_2 = u_{\frac{\alpha}{4}}\sqrt{\frac{24n(n-2)(n-3)}{(n+1)^2(n+3)(n+5)}},$$

由此得到了 H_0 的显著性水平为 α 拒绝域.

二、两总体相等性检验

设两总体 X, Y 的分布函数分别为 $F_1(x)$ 与 $F_2(x)$,如何检验 $F_1(x)$ 与 $F_2(x)$ 是否相同呢? 在总体分布类型已知时,此问题可以归纳为两总体参数(如数字特征等)是否相等这种参数假设检验问题. 在总体分布类型完全未知时,我们只能采用非参数检验法. 下面介绍两种使用简单的非参数检验法:符号检验法与秩和检验法.

1. 符号检验法

从总体 X, Y 中分别取容量均为 N 的样本 $X_1, X_2, \cdots, X_N$ 和 $Y_1, Y_2, \cdots, Y_N$,检验假设

$$H_0 : F_1(x) = F_2(y), \quad H_1 : F_1(x) \neq F_2(y).$$

将数据配对排好列成表. 当 $x_i > y_i$ 时,取"+"号;当 $x_i < y_i$ 时,取"−"号;当 $x_i = y_i$ 时,取"0",并用 n_+ 和 n_- 分别表示"+"号与"−"号的个数.

若 H_0 成立,两总体分布相同, n_+ 和 n_- 应相差不大. 由于试验存在误差,所以它们会有一定的差异,但差异不宜过大. 如差异过大,就认为不仅仅存在实验误差,而且 $F_1(x)$ 与 $F_2(x)$ 还有差异. 记 $n = n_+ + n_-$,选统计量 $s = \min\{n_+, n_-\}$,对于 n 和给定的 α,查符号检验表(见附表6),可得相应的 $s_\alpha(n)$. 当 $S \leqslant S_\alpha(n)$ 时,则拒绝 H_0,认为两总体分布有显著差异.

例3　研究车间播放音乐对工人生产效率的影响. 该车间有10名工人,播放音乐前与播放音乐后各30天平均日产量(件)如表8-15所示,由此能否说明音乐有助于提高生产效率?($\alpha = 0.05$)

表8-15　播放音乐前后平均日产量

不放音乐 x	90	80	92	84	88	87	82	85	70	79
播放音乐 y	99	85	97	83	81	94	72	85	82	89
符合	−	−	−	+	+	−	+	0	−	−

解 要检验播放音乐对工人生产效率有无影响,就是检验假设

$$H_0:F_1(x)=F_2(y), \quad H_1:F_1(x)\neq F_2(y)。$$

由表 8-15 可知 $n_+=3,n_-=6,n=9,S=3$,查附表 6 得 $S_{0.05}(9)=1$。

由于 $S>S_{0.05}(9)$,故接受 H_0,即认为播放音乐对生产效率没有显著影响。

2. 秩和检验法

从两总体 X,Y 中分别取容量为 n_1,n_2 的样本,检验假设

$$H_0:F_1(x)=F_2(y), \quad H_1:F_1(x)\neq F_2(y)。$$

将两总体的 n_1+n_2 个观测值放在一起,按从小到大的顺序排列。若 H_0 成立,则总体 X,Y 同分布,两总体的观测值应较均匀地分布在此排列中;若分布不均匀,则认为 H_0 不成立。如何构造统计量来描述这种均匀性呢?

每个观测值在此排列中的序号称为这个观测值的**秩**。若有几个观测值相同,则每个观测值的秩取为这几个数的序号的平均值。求出每个观测值的秩,将属于总体 X 的样本观测值的秩相加,其和记为 R_1,称为总体 X 的**样本秩和**。同理,将其余观测值的秩相加得总体 Y 的**样本秩和** R_2,显然 R_1,R_2 为离散型随机变量,且有

$$R_1+R_2=\frac{1}{2}(n_1+n_2)(n_1+n_2+1)。$$

设 $n_1\leqslant n_2$(或 $n_2\leqslant n_1$),取 $T=R_1$(或 R_2)为统计量。若 H_0 成立,秩和 R_1 一般来说不应过分集中取太大和太小的值。因而,当 R_1 的观测值过大或过小时,我们就拒绝 H_0,拒绝域为 $T\leqslant T_1$ 或 $T\geqslant T_2$,其中 T_1,T_2 可由附表 7 查得。

例 4 设由实验获得 Ⅰ,Ⅱ 两组样本值,列表 8-16 如下。

表 8-16

Ⅰ	2.36	3.14	7.52	3.48	2.76	5.43	6.54	7.41
Ⅱ	4.38	4.25	6.54	3.28	7.21	6.54		

试问两总体是否同分布?($\alpha=0.05$)

解 采用秩和检验法检验假设

$$H_0:F_1(x)=F_2(y), \quad H_1:F_1(x)\neq F_2(y),$$

其中 $F_1(x),F_2(y)$ 分别为总体 Ⅰ,Ⅱ 的分布函数。

将两组样本观测值混在一起,按从小到大顺序,并计算相应的秩,列表 8-17 如下。

表 8-17

编号	1	2	3	4	5	6	7	8	9	10	11	12	13	14
Ⅰ	2.36	2.76	3.14		3.48			5.43	6.54				7.41	7.52
Ⅱ				3.28		4.25	4.38			6.54	6.54	7.21		
秩	1	2	3	4	5	6	7	8	9	10	11	12	13	14

其中观测值 6.54 出现 3 次,序号分别为 9,10,11,因而其秩为 $\dfrac{9+10+11}{3}=10$。

$n_1=8,n_2=6$,取统计量

$$T=R_2=4+6+7+10+10+12=49。$$

由 $\alpha=0.05$ 查附表 7 得 $T_1=32,T_2=58$。

由于 $T_1<T<T_2$,故接受 H_0,即认为两组样本对应的总体同分布。

附表 7 秩和检验表只列到 $n_1,n_2\leqslant 10$ 的情形,当其大于 10 时,统计量

$$T\overset{\text{近似}}{\sim}N\Big(\frac{n_1(n_1+n_2+1)}{2},\frac{n_1n_2(n_1+n_2+1)}{12}\Big),$$

于是可用 u 检验法求拒绝域。

三、独立性检验

在研究随机量的概率性质时,我们常假设两个随机变量相互独立;在对两个正态总体的参数作有关假设检验时,我们也常假定它们相互独立。这种假设是否合理呢? 独立性有时从直观上容易判断,但也有时很难从直观上判断,如地下水位的变化是否与地震的发生独立,某种疾病是否与性别有关等,需要根据实际观测结果来检验独立性是否成立。

设有两个总体 X,Y,给定显著性水平 α,检验非参数假设:$H_0:X,Y$ 相互独立。将 X 的所有可能取值分为 r 个不同组 $A_1,A_2,\cdots,A_r$;将 Y 的所有可能取值分为 s 个不同组 $B_1,B_2,\cdots,B_s$。对 (X,Y) 进行 n 次独立观测,分别记录事件 $(X\in A_i,Y\in B_j)$ 出现的频数 $m_{ij}(i=1,\cdots,r;j=1,\cdots,s)$,将所得结果列成 $r\times s$ 格列联表(表 8-18)。记

$$p_{ij}=P\{X\in A_i,Y\in B_j\},\quad p_{i\cdot}=\sum_{j=1}^{s}p_{ij}=P\{X\in A_i\},$$

$$p_{\cdot j}=\sum_{i=1}^{r}p_{ij}=P\{Y\in B_j\},\quad i=1,\cdots,r,j=1,\cdots,s,$$

表 8-18 中 $\hat{p}_{i\cdot},\hat{p}_{\cdot j}$ 分别为 $p_{i\cdot},p_{\cdot j}$ 的估计值。

表 8-18　格列联表

m_{ij}		Y				$m_{i\cdot}=\sum\limits_{j=1}^{s}m_{ij}$	$\hat{p}_{i\cdot}=\dfrac{m_{i\cdot}}{n}$
		B_1	B_2	$\cdots$	B_s		
X	A_1	m_{11}	m_{12}	$\cdots$	m_{1s}	$m_{1\cdot}$	$\hat{p}_{1\cdot}$
	A_2	m_{21}	m_{22}	$\cdots$	m_{2s}	$m_{2\cdot}$	$\hat{p}_{2\cdot}$
	$\vdots$	$\vdots$	$\vdots$	$\vdots$	$\vdots$	$\vdots$	$\vdots$
	A_r	m_{r1}	m_{r2}	$\cdots$	m_{rs}	$m_{r\cdot}$	$\hat{p}_{r\cdot}$
$m_{\cdot j}=\sum\limits_{i=1}^{r}m_{ij}$		$m_{\cdot 1}$	$m_{\cdot 2}$	$\cdots$	$m_{\cdot s}$	n	
$\hat{p}_{\cdot j}=\dfrac{m_{\cdot j}}{n}$		$\hat{p}_{\cdot 1}$	$\hat{p}_{\cdot 2}$	$\cdots$	$\hat{p}_{\cdot s}$		1

若 H_0 成立,则 $\qquad p_{ij}=p_i.\, p_{\cdot j}=\hat{p}_i.\, \hat{p}_{\cdot j},$

事件$(X\in A_i,Y\in B_j)$的理论频数为

$$M_{ij}=n\hat{p}_{ij}=n\hat{p}_i.\,\hat{p}_{\cdot j}\,(i=1,\cdots,r\,;\,j=1,\cdots,s)。$$

取统计量 $\qquad \chi^2=\sum_{i=1}^{r}\sum_{j=1}^{s}\frac{(m_{ij}-M_{ij})^2}{M_{ij}}=n\Big(\sum_{i=1}^{r}\sum_{j=1}^{s}\frac{m_{ij}^2}{m_i.\,m_j.}-1\Big)。$

当 H_0 成立且 n 很大时,$\chi^2\overset{近似}{\sim}\chi^2(v)$,$v=(r-1)(s-1)$,由此可得 H_0 的拒绝域为

$$\chi^2=n\Big(\sum_{i=1}^{r}\sum_{j=1}^{s}\frac{m_{ij}^2}{m_i.\,m_j.}-1\Big)\geqslant\chi_{\alpha}^2((r-1)(s-1))。$$

例 5 观察 168 例伤寒患者的情况,按照其患病的轻重程度和年龄记录数据作表 8-19。问这些资料能否说明伤寒患者的轻重程度与年龄无关?$(\alpha=0.05)$

解 以 X 表示患者的年龄,以 Y 表示患者患病的程度,根据患者病情的轻、中、重,Y 相应取值为 1,2,3。需要检验假设 H_0:两总体 X,Y 相互独立。H_0:两总体 X,Y 相互独立的拒绝域为

$$\chi^2=n\Big(\sum_{i=1}^{r}\sum_{j=1}^{s}\frac{m_{ij}^2}{m_i.\,m_j.}-1\Big)\geqslant\chi_{\alpha}^2[(r-1)(s-1)]。$$

由所给数据计算得

$$\chi^2=9.811,\chi_{\alpha}^2((r-1)(s-1))=\chi_{0.05}^2[(7-1)(3-1)]=21.026。$$

由于 $\chi^2<\chi_{\alpha}^2[(r-1)(s-1)]$,故接受 H_0,即根据已有资料不能说明病情与年龄有关。

表 8-19 伤寒患者病情记录

例数 m_{ij}		病情 Y			$m_i.=\sum\limits_{j}$
		1	2	3	
		轻微	中等	严重	
年龄 X	10 岁以下	0	5	2	7
	11—15 岁	1	5	7	13
	16—20 岁	6	23	20	49
	21—25 岁	3	19	13	35
	26—30 岁	7	23	9	39
	31—35 岁	1	12	6	18
	36 岁以上	0	4	2	6
$m_{\cdot j}=\sum\limits_{i}$		18	91	59	168

习 题 8-6

1. 一农场 10 年前在一鱼塘中按比例 20∶15∶40∶25 投放了四种鱼:鲢鱼、鲈鱼、竹夹

鱼和鲇鱼的鱼苗,现在在鱼塘里获得一样本如表 8-20。

表 8-20

序号	1	2	3	4	
种类	鲑鱼	鲈鱼	竹夹鱼	鲇鱼	
数量(条)	132	100	200	168	$\sum = 600$

试取 $\alpha = 0.05$,检验各类鱼数量的比例较 10 年前是否有显著的改变。

2. 对某汽车零件制造厂生产的气缸螺栓直径进行抽样检验,测得 100 个数据,分组统计如表 8-21。

表 8-21

分组	10.93 − 10.95	10.95 − 10.97	10.97 − 10.99	10.99 − 11.01
频数	5	8	20	34
分组	11.01 − 11.03	11.03 − 11.05	11.05 − 11.07	11.07 − 11.09
频数	17	6	6	4

试检验螺栓直径是否服从正态分布。

3. 甲、乙两个车间生产同一种产品,要比较这种产品的某项指标波动的情况。从这两车间连续 15 天取得反映波动大小的数据如表 8-22。

表 8-22

甲	1.13	1.26	1.16	1.44	0.86	1.39	1.21	1.22
乙	1.21	1.31	0.99	1.59	1.41	1.48	1.31	1.12
甲	1.20	0.62	1.18	1.34	1.57	1.30	1.13	
乙	1.60	1.38	1.60	1.84	1.95	1.25	1.25	

在显著性水平 0.05 下用符号检验法检验假设"这两个车间所生产的产品的该项指标的波动分布相同"。

4. 为查明某种血清是否会抑制白血病,选取患白血病已到晚期的老鼠 9 只,其中有 5 只接受治疗,另 4 只不接受治疗。设两样本相互独立,从试验开始时计算,其存活时间(月)如表 8-23。

表 8-23

不做治疗	1.9	0.5	0.9	2.1	
接受治疗	3.1	5.3	1.4	4.6	2.8

问这种血清对白血病是否有抑制作用?(用秩和检验法,$\alpha = 0.05$)

5. 假设某工厂可能发生两种类型的事故A(起火)和B(爆炸),而工厂使用3种不同的原料L,M,N,表 8-24 是事故情况的记录,试问事故类型与原料类型是否有关?($\alpha = 0.05$)

表 8-24

扫码查看
习题参考答案

事故次数		原料			$\sum$
		L	M	N	
事故	A	42	13	33	88
	B	20	8	25	53
$\sum$		62	21	58	141

综合练习八

一、选择题

1. 设 α 和 β 分别为假设检验中犯第一类错误和犯第二类错误的概率,那么增大样本容量 n 可以(　　)。

　　A. 减小 α,但增大 β　　　　　　B. 减小 β,但增大 α

　　C. 同时减小 α 和 β　　　　　　D. 同时增大 α 和 β

2. 对显著水平 α 的检验结果而言,犯第一类(去真)错误的概率 $P\{$拒绝 $H_0 | H_0$ 为真$\}$(　　)。

　　A. $\neq \alpha$　　　　　B. $=1-\alpha$　　　　　C. $> \alpha$　　　　　D. $\leqslant \alpha$

3. 设 $\overline{X}$ 和 S^2 是来自正态总体 $N(\mu, \sigma^2)$ 的样本均值和样本方差,样本容量为 n, $|\overline{X} - \mu_0| > t_{0.05}(n-1)\dfrac{S}{\sqrt{n}}$ 为(　　)。

　　A. $H_0: \mu = \mu_0$ 的拒绝域　　　　　　B. $H_0: \mu = \mu_0$ 的接受域

　　C. μ 的一个置信区间　　　　　　D. σ^2 的一个置信区间

4. 对正态总体 $N(\mu, \sigma^2)$ 的假设检验问题(σ^2 未知)$H_0: \mu \leqslant 1, H_1: \mu > 1$。若取显著水平 $\alpha = 0.05$,则其拒绝域为(　　)。

　　A. $|\overline{X} - 1| > u_{0.05}$　　　　　　B. $\overline{X} > 1 + t_{0.05}(n-1)\dfrac{S}{\sqrt{n}}$

　　C. $|\overline{X} - 1| > t_{0.025}(n-1)\dfrac{S}{\sqrt{n-1}}$　　　　　　D. $\overline{X} < 1 - t_{0.05}(n-1)\dfrac{S}{\sqrt{n}}$

5. 对正态总体 $N(\mu, \sigma^2)$,取显著水平 $\alpha = ($　　$)$ 时,原假设 $H_0: \sigma^2 = 1$ 的接受域为 $\chi^2_{0.95}(n-1) < (n-1)S^2 < \chi^2_{0.05}(n-1)$。

　　A. 0.95　　　　　B. 0.05　　　　　C. 0.9　　　　　D. 0.1

二、应用题

1. 假设正态总体服从 $X \sim N(\mu, 1)$，$x_1, x_2, \cdots, x_{10}$ 是来自 X 的 10 个观测值，要在 $\alpha = 0.05$ 的水平下检验 $H_0: \mu = 0$，$H_1: \mu \neq 0$，取拒绝域为 $R = \{|\bar{x}| \geqslant c\}$。

(1) 求 c；

(2) 若已知 $\bar{x} = 1$，是否可以据此接受 H_0；

(3) 若以 $R = \{|\bar{x}| \geqslant 1.15\}$ 作为 H_0 的拒绝域，试求检验的显著性水平 α。

2. 某装置的平均工作温度据制造厂商称不高于 190 ℃，今随机抽取 16 台进行测试，得工作的平均温度和标准差分别为 195 ℃ 和 8 ℃，根据这些数据能否说明这种装置的平均工作温度高于厂商所称？（设工作温度服从正态分布，且取 $\alpha = 0.05$）

3. 从一批木材中随机抽取 100 根，测其小头直径，得样本平均值为 11.2 cm，已知标准差为 2.6 cm，问这批木材的小头直径的平均值是否在 12 cm 以上？（取 $\alpha = 0.05$）

4. 一自动车床加工的零件的长度服从正态分布 $N(\mu, \sigma^2)$，车床工作正常时零件长度的均值为 10.5。经过一段时间生产后，要检验一下此车床工作是否正常，为此抽查该车床加工的 31 个零件，测得数据如表 8-25 所示。

表 8-25

零件长度	10.1	10.3	10.6	11.2	11.5	11.8	12.0
出现频数	1	3	7	10	6	3	1

若加工零件长度的方差不变，问现此车床工作是否正常？（取 $\alpha = 0.05$）

5. 为研究矽肺患者肺功能的变化情况，某医院对 I，II 期矽肺患者各 33 名测其肺活量，得 I 期患者的平均数为 2710 mm，标准差为 147 mm，II 期患者的平均数为 2830 mm，标准差为 118 mm，假定第 I，II 期患者的肺活量服从正态分布 $N(\mu_1, \sigma_1^2)$，$N(\mu_2, \sigma_2^2)$，试问第 I、II 期患者的肺活量有无显著差异？（$\alpha = 0.05$）

6. 某厂生产一种熔丝，规定熔丝熔化时间的方差不能超过 400。今从一批产品中抽取 25 个，测得其熔化时间的方差为 388.58。设熔化时间服从正态分布，根据所给数据，检查这批产品的方差是否符合要求。（$\alpha = 0.05$）

7. 冶炼某种金属有甲、乙两种方法，为了检验这两种方法生产的产品中所含杂质的波动是否有显著差异，各取一个样本，得数据如下：

甲：29.6　22.8　25.7　23.0　22.3　24.2　26.1　26.4　27.2　30.2　24.5　29.5　25.1

乙：22.6　22.5　20.6　23.5　24.3　21.9　20.6　23.2　23.4

从经验知道，产品的杂质含量服从正态分布。问在显著性水平 $\alpha = 0.05$ 下，甲、乙两种方法生产的产品的杂质含量波动是否有明显差异？

8. 某批发商销售一电子制造厂生产的 U 盘，按协议规定，电子制造厂提供的此类 U 盘的合格率必须在 95% 以上。批发商某天计划从该厂进一批 U 盘，从将出厂的 U 盘中随机抽查了 400 个，发现有 32 个是次品，问在显著性水平 $\alpha = 0.02$ 下，按协议这批 U 盘能否接受？

9. 据报载,某大城市为了确定城市养猫灭鼠的效果,进行调查得:

$$养猫户:n_1=119,有老鼠活动的有 15 户;$$

$$无猫户:n_2=418,有老鼠活动的有 58 户。$$

问:养猫与不养猫对大城市家庭灭鼠有无显著差别?($\alpha=0.05$)

10. 设计如下的试验,用以检验受试者是否具有特异功能:在三张卡片上分别写上小写字母 a,b,c,并把三张卡片字母朝下按任意顺序放好,再给受试者三个分别写有大写字母 A,B,C 的信封,让他将卡片与信封配对,即把他认为写着字母 $a(b,c)$ 的卡片放入信封 $A(B,C)$ 中,然后检查配对正确的个数,如此重复 50 次,现将某一受试者的试验结果列成表 8-26。

表 8-26

正确配对个数	0	1	3
出现的频数	14	24	12

请根据表 8-26 中的数据检验受试者是否具有特异功能。($\alpha=0.05$)

扫码查看
习题参考答案

第九章　　回归分析与方差分析

回归分析与方差分析都是数理统计中具有广泛应用的内容,前者定量地建立一个随机变量与一个或多个非随机变量的相关关系;后者定性研究试验条件变化对试验结果影响的显著性。本章介绍它们的基本内容。

第一节　　一元线性回归分析

在客观世界中普遍存在着变量之间的关系。变量之间的关系一般来说可分为确定性的关系与非确定性的关系两种。确定性关系是指变量之间的关系可以用函数关系来表达,例如电流 I、电压 V、电阻 R 之间有关系式 $V=IR$。非确定性关系即所谓的相关关系,例如,农作物的单位面积产量与施肥量之间有密切关系,但是不能由施肥量精确知道单位面积产量,这是因为单位面积产量还受到许多其他因素及一些无法控制的随机因素的影响。

对于具有相关关系的变量,虽然不能找到它们之间的确定表达式,但是通过大量的观测数据,可以发现它们之间存在一定的统计规律,数理统计中研究变量之间相关关系的一种有效方法就是回归分析。

一、一元线性回归模型

一元线性回归是讨论随机指标(变量)y 与可控因素(非随机变量)x 之间的统计相关关系。

设随机变量 y 与可控变量 x 在试验中的 n 对实测数据为 $(x_1,y_1),(x_2,y_2),\cdots,(x_n,y_n)$,其中 y_i 是 $x=x_i$ 时随机变量 y 的实测值。将实测点 $(x_i,y_i)(i=1,2,\cdots,n)$ 画在直角坐标平面上,这样得到的图形通常称为**散点图**。如果图中的散点大致分布在一条直线附近,就可以认为 y 与 x 的关系为

$$y=a+bx+\varepsilon, \tag{9-1}$$

如果略去随机项,得到

$$\hat{y}=a+bx, \tag{9-2}$$

在 y 的上方加"^"是为了区别 y 的实测值。满足(9-1)式的模型称为**一元线性回归模型**,而(9-2)式表示的直线方程称为 y 对 x 的**回归方程**(或称**经验回归方程**),其中 a,b 称为**回归系数**。对于给定的 x,由回归方程(9-2)得到的 $\hat{y}$ 值,称为 y 的**回归值**。

例1　研究某一化学反应过程中,温度 $x(℃)$ 对产品得率 $y(\%)$ 的影响,现测得若干数据如表 9-1 所示。

表 9-1

温度 x(℃)	100	110	120	130	140	150	160	170	180	190
得率 y(%)	45	51	54	61	66	70	74	78	85	89

　　这里自变量 x 是普通变量，y 是随机变量，画出散点图如图 9-1 所示，由图大致看出 y,x 关系呈现线性函数 $a+bx$ 的形式，但各点不完全在一条直线上，这是因为 y 还受到其他一些随机因素的影响。这样，y 可以看成由两部分叠加而成，一部分是 x 的线性函数 $a+bx$，另一部分是随机因素引起的误差 ε，即

$$y=a+bx+\varepsilon,$$

这就是所谓的一元线性回归模型。

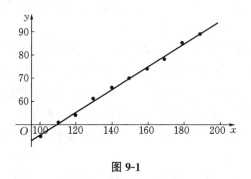

图 9-1

　　一般地，假设 x 与 y 之间的相关关系可表示为

$$y=a+bx+\varepsilon, \tag{9-1}'$$

其中 a,b 为未知常数，ε 为随机误差且 $\varepsilon \sim N(0,\sigma^2)$，$\sigma^2$ 未知。x 与 y 的这种关系称为**一元线性回归模型**，$y=a+bx$ 称为**回归直线**，a,b 称为**回归系数**，此时 $y \sim N(a+bx,\sigma^2)$。对于 (x,y) 的样本 $(x_1,y_1),(x_2,y_2),\cdots,(x_n,y_n)$，有

$$\begin{cases} y_i=a+bx_i+\varepsilon_i, & i=1,2,\cdots,n, \\ \varepsilon_i \sim N(0,\sigma^2), & \varepsilon_1,\cdots,\varepsilon_n \text{ 相互独立。} \end{cases}$$

二、参数的最小二乘法估计

　　下面我们用最小二乘法来估计模型(9-1)′中的未知参数 a,b。记

$$L(a,b)=\sum_{i=1}^{n}\varepsilon_i^2=\sum_{i=1}^{n}(y_i-\hat{y}_i)^2=\sum_{i=1}^{n}[y_i-(a+bx_i)]^2,$$

称 $L(a,b)$ 为**偏差平方和**。最小二乘法就是选择 a,b 的估计值 $\hat{a},\hat{b}$，使得 $L(a,b)$ 值最小。为了求 $L(a,b)$ 的最小值，分别求 $L(a,b)$ 关于 a,b 的偏导数，并令它们等于零，得

$$\begin{cases} \dfrac{\partial}{\partial a}L(a,b)=\sum_{i=1}^{n}(y_i-a-bx_i)(-2)=0, \\ \dfrac{\partial}{\partial b}L(a,b)=\sum_{i=1}^{n}(y_i-a-bx_i)(-2x_i)=0, \end{cases}$$

整理后得到

$$\begin{cases} na + b\sum_{i=1}^{n} x_i = \sum_{i=1}^{n} y_i, \\ a\sum_{i=1}^{n} x_i + b\sum_{i=1}^{n} x_i^2 = \sum_{i=1}^{n} x_i y_i, \end{cases} \tag{9-3}$$

式(9-3)称为正规方程组。由正规方程组解得

$$\hat{b} = \frac{\sum_{i=1}^{n}(x_i - \bar{x})(y_i - \bar{y})}{\sum_{i=1}^{n}(x_i - \bar{x})^2}, \quad \hat{a} = \bar{y} - \hat{b}\bar{x}, \quad \text{其中} \ \bar{x} = \frac{1}{n}\sum_{i=1}^{n} x_i, \quad \bar{y} = \frac{1}{n}\sum_{i=1}^{n} y_i.$$

用最小二乘法求出的估值 $\hat{a}, \hat{b}$ 分别称为 a, b 的最小二乘估计。此时,回归直线为

$$\hat{y} = \hat{a} + \hat{b}x = \bar{y} + \hat{b}(x - \bar{x}).$$

由此可知,回归直线总是过样本点集的几何中心 $(\bar{x}, \bar{y})$,常数 σ^2 常用 $\hat{\sigma}^2 = \frac{1}{n-2}\sum_{i=1}^{n}(y_i - \hat{a} - \hat{b}x_i)^2$ 作估计。

由以下定理可知,上述参数 a, b, σ^2 的估计都是无偏估计。

定理 9.1 (1) $\hat{a} \sim N\left(a, \dfrac{\sigma^2 \sum_{i=1}^{n} x_i^2}{n\sum_{i=1}^{n}(x_i - \bar{x})^2}\right)$; 　　　(2) $\hat{b} \sim N\left(b, \dfrac{\sigma^2}{\sum_{i=1}^{n}(x_i - \bar{x})^2}\right)$;

(3) $\dfrac{n-2}{\sigma^2}\hat{\sigma}^2 \sim \chi^2(n-2)$; 　　　　(4) $\hat{\sigma}^2$ 分别与 $\hat{a}, \hat{b}$ 相互独立。

证明略。

例 2 (续例 1) 求 y 关于 x 的线性回归方程。

解 分别求出例 1 中 a, b, σ^2 的估计值为

$$\hat{a} = -2.73935, \quad \hat{b} = 0.48303, \quad \hat{\sigma}^2 = 0.90303,$$

故经验回归直线为 $\hat{y} = -2.73935 + 0.48303x$。

三、线性回归的显著性检验

在实际问题中,自变量和因变量是否存在线性关系,除通过专业知识和散点图来做出粗略判断外,还需对拟合效果进行检验,如果拟合效果较好,则回归方程才可用来进行预测和控制。下面介绍两种常用的检验方法。

1. t 检验法

若回归方程符合实际,则 $b \neq 0$,否则因变量与自变量无关,所以 $y = a + bx$ 是否合理,归结为对假设 $H_0: b = 0, H_1: b \neq 0$ 进行检验。

若 H_0 成立,即 $b = 0$,由定理 9.1 知,

$$\frac{\hat{b}}{\sigma\Big/\sqrt{\sum\limits_{i=1}^{n}(x_i-\bar{x})^2}} \sim N(0,1), \qquad \frac{n-2}{\sigma^2}\hat{\sigma}^2 \sim \chi^2(n-2)$$

且 $\hat{b}$ 与 $\hat{\sigma}^2$ 相互独立,所以

$$T = \frac{\dfrac{\hat{b}}{\sigma\Big/\sqrt{\sum\limits_{i=1}^{n}(x_i-\bar{x})^2}}}{\sqrt{\dfrac{(n-2)\hat{\sigma}^2}{\sigma^2}\Big/(n-2)}} = \frac{\hat{b}}{\hat{\sigma}}\sqrt{\sum\limits_{i=1}^{n}(x_i-\bar{x})^2} \sim t(n-2),$$

故 $\qquad\qquad\qquad P\{|T| \geqslant t_{\frac{\alpha}{2}}(n-2)\} = \alpha,$

α 为显著性水平,即得 H_0 的拒绝域为 $|T| \geqslant t_{\frac{\alpha}{2}}(n-2)$。

例 3 (续例 2)检验例 2 中的回归效果是否显著,取 $\alpha = 0.05$。

解 由例 2 知 $\hat{b} = 0.48303$,$\hat{\sigma}^2 = 0.90303$,$\sum\limits_{i=1}^{n}(x_i-\bar{x})^2 = 8250$,查表得 $t_{\frac{0.05}{2}}(n-2) = t_{\frac{0.05}{2}}(8) = 2.3060$。

假设 $H_0: b = 0$ 的拒绝域为 $|t| \geqslant 2.3060$,现在

$$|t| = \frac{0.48303}{\sqrt{0.90303}} \times \sqrt{8250} = 46.17 > 2.3060,$$

故拒绝 $H_0: b = 0$,认为回归效果是显著的。

2. 相关系数检验法

取检验统计量

$$R = \frac{\sum\limits_{i=1}^{n}(x_i-\bar{x})(y_i-\bar{y})}{\sqrt{\sum\limits_{i=1}^{n}(x_i-\bar{x})^2}\sqrt{\sum\limits_{i=1}^{n}(y_i-\bar{y})^2}},$$

通常称 R 为**样本相关系数**。类似于随机变量间的相关系数,R 的取值 r 反映了自变量 x 与因变量 y 之间的线性相关关系。可以推出:在显著性水平 α 下,当 $|r| > r_\alpha(n-1)$ 时拒绝 H_0,其中临界值 $r_\alpha(n-2)$ 在附表 8 中给出。相关系数检验法是工程技术中广泛应用的一种检验方法。

当假设 $H_0: b = 0$ 被拒绝时,就认为 y 与 x 存在线性关系,从而认为回归效果显著;若接受 H_0,则认为 y 与 x 的关系不能用一元线性回归模型来描述,即回归效果不显著,此时,可能有如下几种情形:

(1) x 对 y 没有显著影响;

(2) x 对 y 有显著影响,但这种影响不能用线性关系来描述;

(3) 影响 y 取值的,除 x 外,另有其他不可忽略的因素,因此,在接受 H_0 的同时,需要进一步查明原因分别处理,此时,专业知识往往起着重要作用。

四、预测

回归方程的一个重要应用是,对给定的点 $x = x_0$ 能对随机变量 y 的取值 y_0 进行估计,即所谓的**预测问题**。估计一般有两种方式:点估计和区间估计。

y_0 的点估计就是回归值 $\hat{y}_0 = \hat{a} + \hat{b}x_0$,工程上叫作**预测值**;另一种对 y_0 的预测是采用在一定置信度下的区间估计。可以证明

$$T = \frac{y_0 - \hat{y}_0}{\hat{\sigma}\sqrt{1 + \dfrac{1}{n} + \dfrac{(x_0 - \bar{x})^2}{\sum\limits_{i=1}^{n}(x_i - \bar{x})^2}}} \sim t(n-2),$$

从而可得

$$P\{|T| < t_{\frac{\alpha}{2}}(n-2)\} = 1 - \alpha,$$

所以,给定置信水平 $1 - \alpha$,y_0 的置信区间为

$$\left(\hat{y}_0 - t_{\frac{\alpha}{2}}(n-2)\hat{\sigma}\sqrt{1 + \frac{1}{n} + \frac{(x_0 - \bar{x})^2}{\sum\limits_{i=1}^{n}(x_i - \bar{x})^2}},\ \hat{y}_0 + t_{\frac{\alpha}{2}}(n-2)\hat{\sigma}\sqrt{1 + \frac{1}{n} + \frac{(x_0 - \bar{x})^2}{\sum\limits_{i=1}^{n}(x_i - \bar{x})^2}}\right)。$$

可以看出,在 x_0 处 y 的预测区间的长度为

$$2t_{\frac{\alpha}{2}}(n-2)\hat{\sigma}\sqrt{1 + \frac{1}{n} + \frac{(x_0 - \bar{x})^2}{\sum\limits_{i=1}^{n}(x_i - \bar{x})^2}}。$$

当其中 $x_0 = \bar{x}$ 时,预测区间的长度最短,估计最精确。而预测区间越长,估计的精度越差。

当 n 很大且 x_0 位于 $\bar{x}$ 附近时,有

$$t_{\frac{\alpha}{2}}(n-2) \approx u_{\frac{\alpha}{2}}, \quad x_0 \approx \bar{x},$$

于是 y_0 的置信水平为 $1 - \alpha$ 的置信区间近似为 $(\hat{y}_0 - u_{\frac{\alpha}{2}}\hat{\sigma}, \hat{y}_0 + u_{\frac{\alpha}{2}}\hat{\sigma})$。

例 4 (续例 2)求 $x_0 = 135$ 处 y 的置信度为 0.95 的预测区间。

解 经计算,当 $x_0 = 135$ 时,

$$\hat{y}_0 = -2.73935 + 0.48303 \times 135 \approx 62.4697,$$

$$\hat{\sigma} = \sqrt{\frac{\sum\limits_{i=1}^{10}(y_i - \hat{a} - \hat{b}x_i)^2}{n-2}} = \sqrt{\frac{7.2242}{10-2}} = 0.903,$$

$$t_{\frac{\alpha}{2}}(n-2) = t_{0.025}(8) = 2.306,$$

$$t_{\frac{\alpha}{2}}\hat{\sigma}\sqrt{1 + \frac{1}{n} + \frac{(x - \bar{x})}{S_{xx}}} = 2.306 \times 0.903 \times \sqrt{1 + \frac{1}{10} + \frac{\left(135 - \frac{1}{10} \times 1450\right)^2}{8250}} = 2.196,$$

因此 y_0 的预测区间为 $(62.506 - 2.196, 62.506 + 2.196)$,即 $(60.31, 64.702)$。

习 题 9-1

1. 在一元线性回归模型中,试证:未知参数 a, b 的最小二乘估计恰是极大似然估计。

通过原点的一元线性回归模型为

$$Y = bx + \varepsilon, \quad \varepsilon \sim N(0, \sigma^2),$$

试由独立样本观测值 $(x_i, y_i)(i = 1, 2, \cdots, n)$ 采用最小二乘法估计 b。

2. 为了研究 $20\ ℃$ 时钢线含碳量 x（单位：%）对电阻 Y（单位：$\mu\Omega$）的影响，试验员做了 7 次试验，得数据如表 9-2。

表 9-2

x_i	0.10	0.30	0.40	0.55	0.70	0.80	0.95
y_i	15	18	19	21	22.6	23.8	26

（1）画出散点图；

（2）求出经验回归方程；

（3）试求相关系数 R 的值，并在显著性水平 $\alpha = 0.01$ 下检验 $H_0: b = 0$。

扫码查看
习题参考答案

第二节　可线性化的非线性回归

在实际问题中，常会遇到这样的情形：散点图上的几个样本数据点明显不在一条直线附近，而在某曲线周围，这表明变量之间不存在线性相关关系，而是一种非线性的相关关系。但在某些情况下可以通过适当的变量变换，将它化为一元线性回归来处理。下面介绍几种常见的可转化为一元线性回归的模型。

一、对数变换

对于指数函数、幂函数和对数函数等曲线型，可采用对数变换将其转化为直线回归方程。

对于 $Y = \alpha e^{\beta x} \cdot \varepsilon, \ln\varepsilon \sim N(0, \sigma^2)$，其中 α, β, σ^2 是与 x 无关的未知参数。将 $Y = \alpha e^{\beta x} \cdot \varepsilon$ 两边取对数得

$$\ln Y = \ln\alpha + \beta x + \ln\varepsilon。$$

令 $\ln Y = Y', \ln\alpha = a, \beta = b, x = x', \ln\varepsilon = \varepsilon'$，则 $Y = \alpha e^{\beta x} \cdot \varepsilon, \ln\varepsilon \sim N(0, \sigma^2)$ 可转化为一元线性回归模型

$$Y' = a + bx' + \varepsilon', \varepsilon' \sim N(0, \sigma^2)。$$

二、倒数变换

对于双曲线型 $\dfrac{1}{Y} = a + \dfrac{b}{x} + \varepsilon, \varepsilon \sim N(0, \sigma^2)$，其中 α, β, σ^2 是与 x 无关的未知参数。令

$$\frac{1}{Y} = Y', \quad \frac{1}{x} = x',$$

则 $\dfrac{1}{Y}=a+\dfrac{b}{x}+\varepsilon, \varepsilon \sim N(0,\sigma^2)$ 可转化为一元线性回归模型

$$Y'=a+bx'+\varepsilon', \varepsilon' \sim N(0,\sigma^2)。$$

例1 在彩色显像技术中,考虑析出银的光学密度 x 与形成染料光学密度 y 之间的相关关系,其中11个样本数据如表9-3。

表 9-3

x_i	0.05	0.06	0.07	0.10	0.14	0.20	0.25	0.31	0.38	0.43	0.47
y_i	0.10	0.14	0.23	0.37	0.59	0.79	1.00	1.12	1.19	1.25	1.29

试分析 x 与 y 之间的相关关系。

解 由这11个样本数据点 (x_i, y_i) 作出散点图 9-2。

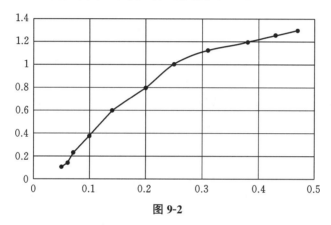

图 9-2

从散点图可看出,这些数据点在一条曲线 L 周围。根据相关知识,结合散点图,可认为曲线 L 大致为

$$y=\alpha e^{-\frac{\beta}{x}}, \quad \alpha, \beta > 0,$$

对上式两边取对数有 $\qquad \ln y = \ln \alpha - \beta \dfrac{1}{x}。$

令 $\qquad\qquad \ln y = y', \dfrac{1}{x}=x', \ln \alpha = a, -\beta = b,$

即有 $\qquad\qquad y'=a+bx',$

于是数据 (x_i, y_i) 相应地变换成 (x'_i, y'_i),数据如表 9-4。

表 9-4

$x'_i=\dfrac{1}{x_i}$	20.00	16.67	14.29	10.00	7.14	5.00	4.00	3.23	2.63	2.33	2.13
$y'_i=\ln y_i$	-2.30	-1.97	-1.47	-0.99	-0.53	-0.24	0.00	0.11	0.17	0.22	0.25

将变换后的数据点 (x'_i, y'_i) 画出散点图 9-3。

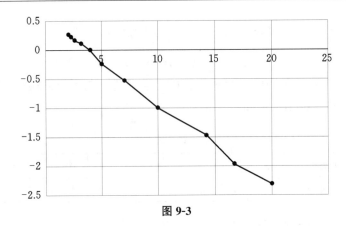

图 9-3

从散点图可看出 x' 与 y' 具有线性相关关系,因此用一元线性回归分析,计算出 x' 与 y' 的经验回归方程为

$$\hat{y}' = 0.55 - 0.15x',$$

这里 $a = 0.55, b = -0.15$,所以

$$\alpha = e^a = e^{0.55} = 1.73, \quad \beta = -b = 0.15,$$

可求得 x 与 y 之间相关关系的经验公式为

$$\hat{y} = 1.73e^{-\frac{0.15}{x}}。$$

习 题 9-2

1. 某矿脉中 13 个相邻样本点处,某种伴生金属的含量数据如表 9-5 所示。

表 9-5

序号	距离 x	含量 y
1	2	106.42
2	3	108.20
3	4	109.58
4	5	109.50
5	7	110.00
6	8	109.93
7	10	110.49
8	11	110.59
9	14	110.60
10	15	110.90
11	16	110.76
12	18	111.00
13	19	111.20

试建立回归方程$\left(已知\ y\ 与\ x\ 有经验公式\dfrac{1}{\hat{y}}=\hat{a}+\dfrac{\hat{b}}{x}\right)$。

2. 气体的体积 V(单位:m³)与压强 p(单位:1.013×10^5 Pa)之间的一般关系为 $pV^k=c$。今对某种气体测试得到下列数据(见表 9-6)。

表 9-6

V_i	1.62	1	0.75	0.62	0.52	0.46
p_i	0.5	1	1.5	2	2.5	3

试对参数 k,c 进行估计。

第三节　　多元线性回归分析

一、多元线性回归分析

在实际问题中,随机变量 Y 往往与多个普通变量 $x_1,x_2,\cdots,x_p(p>1)$ 有关。假定要考察 Y 与 $x_1,x_2,\cdots,x_p$ 之间的线性相关关系,设
$$Y=b_0+b_1x_1+\cdots+b_px_p+\varepsilon,\ \varepsilon\sim N(0,\sigma^2),$$
其中 $b_0,b_1,\cdots,b_p,\sigma^2$ 为与 $x_1,x_2,\cdots,x_p$ 无关的未知参数,这就是 p 元线性回归模型。

对变量 $x_1,x_2,\cdots,x_p,Y$ 做 n 次观测得到样本值$(x_{i1},\cdots,x_{ip};y_i)$ $(i=1,2,\cdots,n)$,这里 $y_1,y_2,\cdots,y_n$ 同分布,且有
$$y_i=b_0+b_1x_{i1}+\cdots+b_px_{ip}+\varepsilon_i,\ \varepsilon_i\sim N(0,\sigma^2)。$$

与一元线性回归的情况一样,用最小二乘法估计参数,即求 $\hat{b}_0,\hat{b}_1,\cdots,\hat{b}_p$,使当 $b_0=\hat{b}_0,b_1=\hat{b}_1,\cdots,b_p=\hat{b}_p$ 时,$Q=\sum\limits_{i=1}^{n}(y_i-b_0-b_1x_{i1}-\cdots-b_px_{ip})^2$ 达到最小。

求 Q 分别关于 $b_0,b_1,\cdots,b_p$ 的偏导数,并令它们等于零,得
$$\begin{cases}\dfrac{\partial Q}{\partial b_0}=-2\sum\limits_{i=1}^{n}(y_i-b_0-b_1x_{i1}-\cdots-b_px_{ip})=0,\\[3mm]\dfrac{\partial Q}{\partial b_i}=-2\sum\limits_{i=1}^{n}(y_i-b_0-b_1x_{i1}-\cdots-b_px_{ip})x_{ij}=0,\ j=1,2,\cdots,p。\end{cases}\tag{9-4}$$

化简(9-4)式得
$$\begin{cases}b_0n+b_1\sum\limits_{i=1}^{n}x_{i1}+b_2\sum\limits_{i=1}^{n}x_{i2}+\cdots+b_p\sum\limits_{i=1}^{n}x_{ip}=\sum\limits_{i=1}^{n}y_i,\\[3mm]b_0\sum\limits_{i=1}^{n}x_{i1}+b_1\sum\limits_{i=1}^{n}x_{i1}^2+b_2\sum\limits_{i=1}^{n}x_{i1}x_{i2}+\cdots+b_p\sum\limits_{i=1}^{n}x_{i1}x_{ip}=\sum\limits_{i=1}^{n}x_{i1}y_i,\\[1mm]\qquad\qquad\cdots\cdots\\[1mm]b_0\sum\limits_{i=1}^{n}x_{ip}+b_1\sum\limits_{i=1}^{n}x_{ip}x_{i1}+b_2\sum\limits_{i=1}^{n}x_{ip}x_{i2}+\cdots+b_p\sum\limits_{i=1}^{n}x_{ip}^2=\sum\limits_{i=1}^{n}x_{ip}y_i。\end{cases}\tag{9-5}$$

扫码查看
习题参考答案

式(9-5) 称为**正规方程组**,为了方便求解,将式(9-5) 写成矩阵形式,为此,引入矩阵

$$X = \begin{pmatrix} 1 & x_{11} & x_{12} & \cdots & x_{1p} \\ 1 & x_{21} & x_{22} & \cdots & x_{2p} \\ \vdots & \vdots & \vdots & & \vdots \\ 1 & x_{n1} & x_{n2} & \cdots & x_{np} \end{pmatrix}, \quad Y = \begin{pmatrix} y_1 \\ y_2 \\ \vdots \\ y_n \end{pmatrix}, \quad B = \begin{pmatrix} b_0 \\ b_1 \\ \vdots \\ b_p \end{pmatrix},$$

因为

$$X^{\mathrm{T}}X = \begin{pmatrix} 1 & 1 & \cdots & 1 \\ x_{11} & x_{21} & \cdots & x_{n1} \\ \vdots & \vdots & & \vdots \\ x_{1p} & x_{2p} & \cdots & x_{np} \end{pmatrix} \begin{pmatrix} 1 & x_{11} & x_{12} & \cdots & x_{1p} \\ 1 & x_{21} & x_{22} & \cdots & x_{2p} \\ \vdots & \vdots & \vdots & & \vdots \\ 1 & x_{n1} & x_{n2} & \cdots & x_{np} \end{pmatrix},$$

$$= \begin{pmatrix} n & \sum\limits_{i=1}^{n} x_{i1} & \cdots & \sum\limits_{i=1}^{n} x_{ip} \\ \sum\limits_{i=1}^{n} x_{i1} & \sum\limits_{i=1}^{n} x_{i1}^2 & \cdots & \sum\limits_{i=1}^{n} x_{i1}x_{ip} \\ \vdots & \vdots & & \vdots \\ \sum\limits_{i=1}^{n} x_{ip} & \sum\limits_{i=1}^{n} x_{ip}x_{i1} & \cdots & \sum\limits_{i=1}^{n} x_{ip}^2 \end{pmatrix},$$

$$X^{\mathrm{T}}Y = \begin{pmatrix} 1 & 1 & \cdots & 1 \\ x_{11} & x_{21} & \cdots & x_{n1} \\ \vdots & \vdots & & \vdots \\ x_{1p} & x_{2p} & \cdots & x_{np} \end{pmatrix} \begin{pmatrix} y_1 \\ y_2 \\ \vdots \\ y_n \end{pmatrix} = \begin{pmatrix} \sum\limits_{i=1}^{n} y_i \\ \sum\limits_{i=1}^{n} x_{i1}y_i \\ \vdots \\ \sum\limits_{i=1}^{n} x_{ip}y_i \end{pmatrix},$$

于是(9-5) 式可写成

$$X^{\mathrm{T}}XB = X^{\mathrm{T}}Y, \tag{9-6}$$

这就是正规方程组的矩阵形式。在(9-6) 式两边左乘 $X^{\mathrm{T}}X$ 的逆矩阵$(X^{\mathrm{T}}X)^{-1}$(设 $(X^{\mathrm{T}}X)^{-1}$ 存在),得到(9-6) 式的解

$$\hat{B} = \begin{pmatrix} \hat{b}_0 \\ \hat{b}_1 \\ \vdots \\ \hat{b}_p \end{pmatrix} = (X^{\mathrm{T}}X)^{-1}X^{\mathrm{T}}Y,$$

这就是我们需要求的$(b_0, b_1, \cdots, b_p)^{\mathrm{T}}$ 的最大似然估计。我们取 $\hat{b}_0 + \hat{b}_1 x_1 + \cdots + \hat{b}_p x_p \xlongequal{\text{记成}} \hat{y}$ 作为 $\mu(x_1, x_2, \cdots, x_p) = b_0 + b_1 x_1 + \cdots + b_p x_p$ 的估计。方程 $\hat{y} = \hat{b}_0 + \hat{b}_1 x_1 + \cdots + \hat{b}_p x_p$ 称为 p 元经验线性回归方程,简称回归方程。

二、显著性检验

显著性检验通常采用 F 检验进行,与一元回归类似,首先建立回归方程不显著的假设,若经过检验否定原假设,则说明 y 与 $x_1,x_2,\cdots,x_m$ 之间存在线性关系。为此引入下述定义:

记 $\hat{y}_i = \hat{a} + \hat{b}x_i$,称 $y_i - \hat{y}_i$ 为 x_i 处的**残差**。

残差平方和:$S_E = \sum\limits_{i=1}^{n}(y_i - \hat{y}_i)^2$(自由度为 $df_R = n - m - 1$)。

总离差平方和:$S_T = \sum\limits_{i=1}^{n}(y_i - \bar{y})^2 = \sum\limits_{i=1}^{n}y_i^2 - \dfrac{1}{n}\left(\sum\limits_{i=1}^{n}y_i\right)^2$。

回归平方和:$S_R = \sum\limits_{i=1}^{n}(\hat{y}_i - \bar{y})^2$(自由度为 $df_R = m$)。

其中,$\bar{y} = \dfrac{1}{n}\sum\limits_{i=1}^{n}y_i$,$S_E = S_T - S_R$。

选取统计量为 $F = \dfrac{S_R/m}{S_E/(n-m-1)}$,最后查 $F_\alpha(m, n-m-1)$ 的值,将它和 F 值比较,做出接受或拒绝 H_0 的推断。

例1 一种合金在某种添加剂的不同浓度 x(%)下,延伸系数 y 有变化,为了研究这种变化关系,现进行 16 次试验,数据如表 9-7。

表 9-7

序号	1	2	3	4	5	6	7	8	9	10	11	12	13	14	15	16
x	34	36	37	38	39	39	39	40	40	41	42	43	43	45	47	48
y	1.30	1.00	0.73	0.90	0.81	0.70	0.60	0.50	0.44	0.56	0.30	0.42	0.35	0.40	0.41	0.60

(1)作出散点图; (2)求 y 对 x 的回归方程; (3)检验回归方程的显著性($\alpha = 0.05$)。

解 (1)散点图如图 9-4 所示。

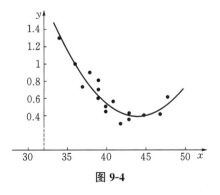

图 9-4

（2）求 y 对 x 的回归方程

从散点图可看出，合金的延伸系数 y 随添加剂的浓度 x 增加而降低，但当 x 超过一定值后，y 有所回升。根据散点图形状可以认为是二次多项式回归（抛物线回归）

$$\hat{y} = \hat{a}_0 + \hat{a}_1 x + \hat{a}_2 x^2 。$$

作变量代换 $x_1 = x, x_2 = x^2$，则可将上述回归方程化为二元线性回归方程

$$\hat{y} = \hat{a}_0 + \hat{a}_1 x_1 + \hat{a}_2 x_2 。$$

将数据作相应的变换（见表 9-8）：

表 9-8

序号	1	2	3	4	5	6	7	8	9	10	11	12	13	14	15	16
x_{1i}	34	36	37	38	39	39	39	40	40	41	42	43	43	45	47	48
x_{2i}	1156	1296	1369	1444	1521	1521	1521	1600	1600	1681	1764	1849	1849	2025	2209	2304
y	1.30	1.00	0.73	0.90	0.81	0.70	0.60	0.50	0.44	0.56	0.30	0.42	0.35	0.40	0.41	0.60

计算相关系数：

$$\overline{x_1} = \frac{1}{16} \sum_{i=1}^{16} x_{1i} = 40.6875, \overline{x_2} = \frac{1}{16} \sum_{i=1}^{16} x_{2i} = 1669.3125,$$

$$\bar{y} = \frac{1}{16} \sum_{i=1}^{16} y_i = 0.62625, l_{11} = \sum_{i=1}^{16} x_{1i} x_{1i} - 16(\overline{x_1})^2 = 221.44,$$

$$l_{12} = l_{21} = \sum_{i=1}^{16} x_{1i} x_{2i} - 16 \overline{x_1} \cdot \overline{x_2} = 18282.6,$$

$$l_{22} = \sum_{i=1}^{16} x_{2i} x_{2i} - 16 \overline{x_2} \cdot \overline{x_2} = 1513685,$$

$$l_{1y} = \sum_{i=1}^{16} x_{1i} y_i - 16 \overline{x_1} \cdot \bar{y} = -11.64875,$$

$$l_{2y} = \sum_{i=1}^{16} x_{2i} y_i - 16 \overline{x_2} \cdot \bar{y} = -923.05125,$$

故有方程组

$$\begin{cases} 221.44 a_1 + 18282.6 a_2 = -11.64875, \\ 18282.6 a_1 + 1513685 a_2 = -923.05125, \end{cases}$$

解得　　　　$\hat{a}_1 = -0.8205, \hat{a}_2 = 0.009301, \hat{a}_0 = \bar{y} - \hat{a}_1 \overline{x_1} - \hat{a}_2 \overline{x_2} = 18.484,$
因此抛物线的回归方程是

$$\hat{y} = 18.484 - 0.8205 x + 0.009301 x^2 。$$

（3）检验回归方程的显著性

因为　　　　　　$S_T = \sum_{i=1}^{16} (y_i)^2 - 16(\bar{y})^2 = 1.09774,$

$$S_R = \hat{a}_1 l_{1y} + \hat{a}_2 l_{2y}$$

$$= (-0.8205) \times (11.649) + 0.009301 \times (-0.92305) = 0.9727,$$

$$S_E = S_T - S_R = 1.09774 - 0.9727 = 0.12504,$$

因此

$$f = \frac{S_R/k}{S_E/(n-k-1)} = \frac{0.9727/2}{0.12504/(16-2-1)} = 202.26,$$

而 $\alpha = 0.05$ 时,临界值 $F_{0.05}(2,13) = 3.81 < 202.26$,故拒绝 H_0,因此可以认为回归方程效果显著。

最后我们指出,在实际问题中,与 Y 有关的因素往往很多,如果将它们都取作自变量,必然会导致所得到的回归方程很庞大。实际上,有些自变量对 Y 的影响很小,如果将这些自变量剔除,不但能使回归方程变得简洁,便于应用,而且还能明确哪些因素(自变量)的改变对 Y 有显著的影响,从而使人们对事物有进一步的认识。

习 题 9-3

1. 某种水泥凝固时释放的热量 y(卡 / 克)与 3 种化学成分(单位%)x_1, x_2, x_3 有关,现将观测的 13 组数据列于表 9-9。

表 9-9

x_1	7	1	11	11	7	11	3	1	2	21	1	11	10
x_2	26	29	56	31	52	55	71	31	54	47	40	66	68
x_3	60	52	60	47	33	22	6	44	22	26	34	12	12
y	78.5	74.3	104.3	87.6	95.9	109.2	102.7	72.5	93.1	115.9	83.8	113.3	109.4

试求 y 对 x_1, x_2, x_3 的线性回归方程,并作回归检验。($\alpha = 0.05$)

2. 某种化工产品的得产率 Y 与反应温度 x_1、反应时间 x_2 及某反应物浓度 x_3 有关。今得试验结果如表 9-10 所示,其中 x_1, x_2, x_3 均为二水平且均以编码形式表达。

表 9-10

x_1	-1	-1	-1	-1	1	1	1	1
x_2	-1	-1	1	1	-1	-1	1	1
x_3	-1	1	-1	1	-1	1	-1	1
y	7.6	10.3	9.2	10.2	8.4	11.1	9.8	12.6

(1) 设 $\mu(x_1, x_2, x_3) = b_0 + b_1 x_1 + b_2 x_2 + b_3 x_3$,求 Y 的多元线性回归方程。

(2) 若认为反应时间不影响得产率,即认为 $\mu(x_1, x_2, x_3) = \beta_0 + \beta_1 x_1 + \beta_3 x_3$,求 Y 的多元线性回归方程。

扫码查看
习题参考答案

第四节　方 差 分 析

在实际问题和科学实验中,影响一事物的因素往往有很多。例如在化工生产中,有原料成分、原料剂量、催化剂、反应温度、压力、反应时间等因素,每一因素的改变都有可能影响产品的质量。有些因素影响较大,有些因素影响较小,方差分析就是根据试验的结果进行分析,用以鉴别各有关因素对实验结果影响的有效方法。

在试验中,将要考察的指标称为**试验指标**,影响试验指标的条件称为**因素**,因素所处的状态称为该因素的**水平**。如果在一项试验的过程中只有一个因素在改变称为**单因素试验**,如果多于一个因素在改变称为**多因素试验**。

一、单因素方差分析

1. 单因素方差分析原理

单因素方差分析是指在影响指标的众多因素中仅就某个因素 A 加以考察,并设 A 有 r 个水平: $A_1, A_2, \cdots, A_r$,每个水平 A_i 对应的总体 $X_i (i=1,2,\cdots,r)$ 均服从同方差的正态分布,即 $X_i \sim N(\mu_i, \sigma^2)$。记 $(X_{i1}, X_{i2}, \cdots, X_{in_i})$ 是来自第 i 个总体 $X_i (i=1,2,\cdots,r)$ 的容量为 n_i 的样本, $\mu = \dfrac{1}{n} \sum\limits_{i=1}^{r} n_i \mu_i$ 称为理论总平均(其中 $n = \sum\limits_{i=1}^{r} n_i$)。

如果因素 A 对试验没有显著影响,则试验的全部结果 X_{ij} 应来自同一正态总体 $N(\mu, \sigma^2)$。因此,从假设检验的角度看,单因素方差分析的任务就是检验 r 个总体 $N(\mu_i, \sigma^2)$ $(i=1,2,\cdots,r)$ 的均值是否相等,即检验假设 $H_0: \mu_1 = \mu_2 = \cdots = \mu_r$, $H_1: \mu_1, \mu_2, \cdots, \mu_r$ 不全相等。显然,当 $r=2$ 时就是二总体的均值检验。

2. 单因素方差分析的检验统计量

离差平方和 $S_T = \sum\limits_{i=1}^{r} \sum\limits_{j=1}^{n_i} (X_{ij} - \overline{X})^2$ 的分解:

$$S_T = S_e + S_A,$$

其中, $S_e = \sum\limits_{i=1}^{r} \sum\limits_{j=1}^{n_i} (X_{ij} - \overline{X_i})^2$,称为**误差平方和**;

$$S_A = \sum_{i=1}^{r} \sum_{j=1}^{n_i} (\overline{X_i} - \overline{X})^2 = \sum_{i=1}^{r} n_i (\overline{X_i} - \overline{X})^2 = \sum_{i=1}^{r} n_i \overline{X_i}^2 - n\overline{X}^2,$$ 称为因素 A 的**效应平方和**,且 $\dfrac{S_e}{\sigma^2} \sim \chi^2(n-r)$, $\hat{\sigma}^2 = \dfrac{S_e}{n-r}$ 是 σ^2 的**无偏估计量**。

当 H_0 为真时,有检验统计量

$$F = \frac{S_A/(r-1)}{S_e/(n-r)} \sim F(r-1, n-r).$$

因此,在检验水平为 α 时,若由样本观察值算得统计量 $F = \dfrac{S_A/(r-1)}{S_e/(n-r)}$ 之值 f 且有 $f \geqslant F_\alpha(r-1, n-r)$ 成立,则应当拒绝 H_0,否则就接受 H_0。

3. 单因素方差分析的计算

方差分析的计算是复杂而烦琐的,一般为方便起见,通常把计算和检验的主要过程列成表 9-11 的形式,称表 9-11 为单因素试验方差分析表。

表 9-11 单因素试验方差分析表

方差来源	平方和	自由度	均方误差	方差比	F 临界值
因素 A	S_A	$r-1$	$\overline{S}_A = \dfrac{S_A}{r-1}$	$F = \dfrac{\overline{S}_A}{\overline{S}_e}$	$F_\alpha(r-1, n-r)$
误差	S_e	$n-r$	$\overline{S}_e = \dfrac{S_e}{n-r}$		
总和	S_T	$n-1$			

在进行方差计算时，为简化计算，常可以按以下简便公式来计算 S_T, S_A, S_e。

记
$$T_i = \sum_{j=1}^{n_i} X_{ij}, i=1,2,\cdots,r, T = \sum_{i=1}^{r}\sum_{j=1}^{n_i} X_{ij},$$
则有
$$S_T = \sum_{i=1}^{r}\sum_{j=1}^{n_i} X_{ij}^2 - n\overline{X}^2 = \sum_{i=1}^{r}\sum_{j=1}^{n_i} X_{ij}^2 - \frac{T^2}{n},$$
$$S_A = \sum_{i=1}^{r} n_i \overline{X}_i^2 - n\overline{X}^2 = \sum_{i=1}^{r} \frac{T_i^2}{n_i} - \frac{T^2}{n},$$
$$S_e = S_T - S_A。$$

例 1 在实验室内有多种方法可以测定生物样品中的磷含量，为研究各种测定方法之间是否存在差异，随机选择四种方法来测定同一干草样品的磷含量，结果如表 9-12 所示，试分析不同方法之间的差异是否显著。

表 9-12

测定方法	1	2	3	4	总和
测量值	34	37	34	36	
	36	36	37	34	
	34	35	35	37	
	35	37	37	34	
	34	37	36	35	
总和	173	182	179	176	710

解 这是一个单因素 4 水平的试验数据。

（1）提出假设：H_0：各种测定方法之间没有显著差异；H_1：各种测定方法之间有显著差异。

（2）确定显著性水平：$\alpha = 0.05$。

（3）检验计算：

矫正数：$C = \dfrac{T^2}{nk} = \dfrac{710^2}{4\times 5} = 25205$；

总平方和：$SS_T = \sum x^2 - C = (34^2 + 36^2 + \cdots + 35^2) - 25205 = 29$；

处理间平方和：$SS_t = \dfrac{1}{n} \sum T_i^2 - C = \dfrac{1}{5}(137^2 + \cdots + 176^2) - 25205 = 9$；

处理内平方和：$SS_e = SS_T - SS_t = 29 - 20 = 9$；

总自由度：$df_T = nk - 1 = 5 \times 4 - 1 = 19$；

处理间自由度：$df_t = k - 1 = 4 - 1 = 3$；

处理内自由度：$df_e = k(n-1) = 16$；

处理间方差：$s_t^2 = \dfrac{SS_t}{df_t} = \dfrac{9}{3} = 3$；

处理内方差：$s_e^2 = \dfrac{SS_e}{df_e} = \dfrac{20}{16} = 1.25$；

故 F 的值为：$F = \dfrac{s_t^2}{s_e^2} = 2.40$。

查附表 5，当 $df_t = 3, df_e = 16$ 时，$F_{0.05} = 3.24$，$F < F_{0.05}$，$p > 0.05$。

（4）统计推断：接受 H_0，拒绝 H_1。

（5）得出结论：所有测定方法间没有显著差异。

二、双因素方差分析

在实际工作中时常会遇到两种因素共同影响试验结果的情况，此时需要检验究竟是哪一个因素起作用，还是两个因素都起作用，或者两个因素的影响都不显著。

进行双因素方差分析的目的，是要检验两个因素 A,B 对试验结果有无显著影响。因素 A 取 r 个水平 $A_1, A_2, \cdots, A_r$，因素 B 取 s 个水平 $B_1, B_2, \cdots, B_s$，在 (A_i, B_j) 水平组合下的试验结果独立地服从同方差的正态分布 $N(\mu_{ij}, \sigma^2)$ $(i = 1, 2, \cdots, r, \ j = 1, 2, \cdots, s)$。

若每一因素组合仅做一次试验，则称双因素无重复试验，记试验结果为 X_{ij}，则 $X_{ij} \sim N(\mu_{ij}, \sigma^2)$ $(i = 1, 2, \cdots, r, \ j = 1, 2, \cdots, s)$，且各 X_{ij} 独立。为判断因素 A 对指标影响是否显著，就要检验下列假设

$H_{0A} : \mu_{1j} = \mu_{2j} = \cdots = \mu_{rj} = \mu_{\cdot j}$；

$H_{1A} : \mu_{1j}, \mu_{2j}, \cdots, \mu_{rj}$ 不全相等，$j = 1, 2, \cdots, s$。

为判断因素 B 的影响是否显著，就要检验下列假设

$H_{0B} : \mu_{i1} = \mu_{i2} = \cdots = \mu_{is} = \mu_{i\cdot}$；

$H_{1B} : \mu_{i1}, \mu_{i2}, \cdots, \mu_{is}$，不全相等，$i = 1, 2, \cdots, r$。

类似单因素方差分析的检验方法一样，记

$S_T = \displaystyle\sum_{i=1}^{r} \sum_{j=1}^{s} (X_{ij} - \overline{X})^2$，称为**离差平方总和**；

$S_e = \displaystyle\sum_{i=1}^{r} \sum_{j=1}^{s} (X_{ij} - \overline{X}_{i\cdot} - \overline{X}_{\cdot j} + \overline{X})^2$，称为**误差平方和**；

$S_A = s \displaystyle\sum_{i=1}^{r} (\overline{X}_{i\cdot} - \overline{X})^2$，称为因素 A 的**效应平方和**；

$S_B = r \sum\limits_{j=1}^{s} (\overline{X}._j - \overline{X})^2$，称为因素 B 的**效应平方和**；

则
$$S_T = S_e + S_A + S_B。$$

在 H_{0A}、H_{0B} 均成立时，有检验统计量：

$$F_A = \frac{S_A/(r-1)}{S_e/[(r-1)(s-1)]} \sim F[(r-1),(r-1)(s-1)]$$

和

$$F_B = \frac{S_B/(s-1)}{S_e/[(r-1)(s-1)]} \sim F[(s-1),(r-1)(s-1)]。$$

类似于单因素的方差分析，对给定的检验水平 α，由样本值算得 $F_A = \dfrac{S_A/(r-1)}{S_e/[(r-1)(s-1)]}$ 之值 f_A，若 $f_A \geqslant F_\alpha[(r-1),(r-1)(s-1)]$，则应拒绝 H_{0A}，接受 H_{1A}；否则就应当接受 H_{0A}。

由样本值算得 $F_B = \dfrac{S_B/(s-1)}{S_e/[(r-1)(s-1)]}$ 之值 f_B，若 $f_B \geqslant F_\alpha[(s-1),(r-1)(s-1)]$，则应拒绝 H_{0B}；否则就应当接受 H_{0B}。

类似于单因素的方差分析，也可将计算的主要结果和检验过程列成表 9-13 形式，称表 9-13 为双因素不重复试验方差分析表。

表 9-13　双因素不重复试验方差分析表

方差来源	平方和	自由度	均方误差	F 值
因素 A	S_A	$r-1$	$\overline{S}_A = \dfrac{S_A}{r-1}$	$F_A = \dfrac{\overline{S}_A}{\overline{S}_e}$
因素 B	S_B	$s-1$	$\overline{S}_B = \dfrac{S_B}{s-1}$	$F_B = \dfrac{\overline{S}_B}{\overline{S}_e}$
误差	S_e	$(r-1)(s-1)$	$\overline{S}_e = \dfrac{S_e}{(r-1)(s-1)}$	
总和	S_T	$rs-1$		

实际计算时，可以利用下列记号和公式简化计算：

$$T_i. = \sum_{j=1}^{s} X_{ij}, \quad T._j = \sum_{i=1}^{r} X_{ij}, \quad T = \sum_{i=1}^{r} \sum_{j=1}^{s} X_{ij}, i=1,2,\cdots,r, \ j=1,2,\cdots,s,$$

$$S_T = \sum_{i=1}^{r} \sum_{j=1}^{s} X_{ij}^2 - \frac{T^2}{rs}, \qquad S_A = \frac{1}{s} \sum_{i=1}^{r} T_i.^2 - \frac{T^2}{rs},$$

$$S_B = \frac{1}{r} \sum_{j=1}^{s} T._j^2 - \frac{T^2}{rs}, \qquad S_e = S_T - S_A - S_B。$$

例 2　在某种橡胶的配方中，考虑了 3 种不同的促进剂，4 种不同的氧化剂，各种配方试验一次，测得 300% 定伸强度如表 9-14 所示。

表 9-14

促进剂 A	氧化剂 B			
	B_1	B_2	B_3	B_4
A_1	32	35	35.5	38.5
A_2	33.5	36.5	38	39.5
A_3	36	37.5	39.5	43

问不同促进剂、不同分量氧化剂分别对定伸强度有无显著性影响？

解 由题意，影响定伸强度这一指标的因素有两个：促进剂 A，氧化剂 B，$s=3$，$r=4$，列出如表 9-15 所示的方差分析表。

表 9-15

来源	平方和	自由度	均方和	F 值
因素 A	28.3	2	14.15	$F_A = 36.3$
因素 B	66.1	3	22.02	$F_B = 56.5$
误差	2.35	6	0.39	
总和	96.75	11		

取 $\alpha = 0.05$，查表得 $F_{0.05}(2,6) = 5.14$，$F_{0.05}(3,6) = 4.76$。比较可知
$$F_A > 5.14, \quad F_B > 4.76,$$
所以不同促进剂和不同分量的氧化剂对橡胶定伸强度都有显著影响。

在以上的双因素方差分析中，我们做了假定：
$$\mu_{ij} = \mu + \alpha_i + \beta_j,$$
如果此式不能成立，则需考虑两个因素 A 与 B 在不同水平组合下的交互作用。对有交互作用下方差分析感兴趣的读者可进一步阅读有关书籍。

除了双因素无重复试验，还有双因素等重复试验的方差分析，有兴趣的读者可自行查阅有关资料，通常在进行方差分析时需借助计算机软件（如 SPSS、R、Excel 等）来实现。

习 题 9-4

1. 4 种大白鼠经不同剂量雌激素注射后的子宫重量（单位：g）如表 9-16 所示。

表 9-16

鼠种	每百克大白鼠注射雌激素剂量 /mg		
	0.2	0.4	0.8
甲	106	116	445
乙	42	68	115
丙	70	111	133
丁	42	63	87

则：(1) 鼠种的影响是否显著？　　(2) 剂量差异的影响是否显著？（$\alpha = 0.05$）

2. 电池的板极材料与使用的环境温度对电池的输出电压均有影响。现材料类型与环境温度都取了三个水平，测得输出电压数据如表 9-17 所示，问不同材料、不同温度及它们的交互作用对输出电压有无显著影响？（$\alpha = 0.05$）

表 9-17

材料类型	环境温度		
	15 ℃	25 ℃	35 ℃
1	130　155 174　180	34　40 80　75	20　70 82　58
2	150　188 159　126	136　122 106　115	25　70 58　45
3	138　110 168　160	174　120 150　139	96　104 82　60

综合练习九

1. 服装标准的制作过程需要调查很多人的身材，得到一系列服装各部位的尺寸与身高、胸围等的关系。表 9-18 给出的是一组女青年的身高 x 与裤长 y 的数据。

表 9-18

x	168	162	160	160	156	157	159	168	159	162	158	156	165	158	166
y	107	103	103	102	100	100	101	107	110	102	100	99	105	101	105
x	162	150	152	156	159	156	164	168	165	162	158	157	172	147	155
y	105	97	98	101	103	99	107	108	106	103	101	101	110	95	99

(1) 求裤长 y 对身高 x 的线性回归方程；

(2) 在显著性水平 $\alpha = 0.01$ 下检验回归方程的显著性。

2. 炼钢厂出钢水时用的钢包，在使用过程中由于钢水及炉渣对耐火材料的侵蚀，其容积不断增大。现在钢包的容积用盛满钢水时的质量 y(kg) 表示，相应的试验次数用 x 表示，数据如表 9-19 所示。

表 9-19

序号	1	2	3	4	5	6	7	8	9	10	11	12	13
x	2	3	4	5	7	8	10	11	14	15	16	18	19
y	106.42	108.2	109.58	109.5	110	109.93	110.49	110.59	110.6	110.9	110.76	111	111.2

请写出 y 与 x 的如下四种回归方程：

(1) $\dfrac{1}{y}=a+\dfrac{b}{x}$；　　　　　　(2) $y=a+b\ln x$；

(3) $y=a+b\sqrt{x}$；　　　　　　(4) $y-100=ae^{-\frac{x}{b}}(b>0)$。

3. 设 $\begin{cases}y_1=a+e_1,\\y_2=2a-b+e_2,\\y_3=a+2b+e_3,\end{cases}$ 其中 $e_i(i=1,2,3)$ 相互独立，且 $E(e_i)=0,D(e_i)=\sigma^2$，求 a 和 b 的最小二乘估计。

4. 教师对学生智力的评价是否影响学生智力的发展？为此任意抽取 18 名学生进行试验。将这 18 名学生随机地分为 3 组，每组 6 名，先对每名学生测试智商，然后教师对第一组学生宣称他们在今年一年中智力不可能有较大提高，对第二组学生宣称有中等程度的提高，对第三组学生宣称他们将有很大的提高，一年后再测试这些学生的智商，两次智商测试成绩的差如表 9-20 所示。

表 9-20

第一组	3	3	6	9	11	5
第二组	10	4	11	15	6	3
第三组	20	10	16	15	9	8

据此能否认为教师的评估影响了学生智力的发展？（$\alpha=0.05$）

5. 为研究各产地的绿茶的叶酸含量是否有显著差异，特选四个产地的绿茶，其中 A_1 制作了 7 个样品，A_2 制作了 5 个样品，A_3，A_4 制作了 6 个样品，共有 24 个样品。按随机次序测试其叶酸含量(mg)，测试结果如表 9-21 所示。

表 9-21

绿茶	样品所含叶酸含量 /mg						
A_1	7.9	6.2	6.6	8.6	8.9	10.1	9.6
A_2	5.7	7.5	9.8	6.1	8.4		
A_3	6.4	7.1	7.9	4.5	5.0	4.0	
A_4	6.8	7.5	5.0	5.3	6.1	7.4	

试用方差分析检验四种绿茶的叶酸平均含量是否存在显著差异。（$\alpha=0.05$）

扫码查看
习题参考答案

附录 常用概率统计表

附表1 泊松分布表

$$P\{X \leqslant x\} = \sum_{k=0}^{x} \frac{\lambda^k e^{-\lambda}}{k!}$$

x	λ								
	0.1	0.2	0.3	0.4	0.5	0.6	0.7	0.8	0.9
0	0.9048	0.8187	0.7408	0.6730	0.6065	0.5488	0.4966	0.4493	0.4066
1	0.9953	0.9825	0.9631	0.9384	0.9098	0.8781	0.8442	0.8088	0.7725
2	0.9998	0.9989	0.9964	0.9921	0.9856	0.9769	0.9659	0.9526	0.9371
3	1.0000	0.9999	0.9997	0.9992	0.9982	0.9966	0.9942	0.9909	0.9865
4		1.0000	1.0000	0.9999	0.9998	0.9996	0.9992	0.9986	0.9977
5				1.0000	1.0000	1.0000	0.9999	0.9998	0.9997
6							1.0000	1.0000	1.0000

x	λ								
	1.0	1.5	2.0	2.5	3.0	3.5	4.0	4.5	5.0
0	0.3679	0.2231	0.1353	0.0821	0.0498	0.0302	0.0183	0.0111	0.0067
1	0.7358	0.5578	0.4060	0.2873	0.1991	0.1359	0.0916	0.0611	0.0404
2	0.9197	0.8088	0.6767	0.5438	0.4232	0.3208	0.2381	0.1736	0.1247
3	0.9810	0.9344	0.8571	0.7576	0.6472	0.5366	0.4335	0.3423	0.2650
4	0.9963	0.9814	0.9473	0.8912	0.8153	0.7254	0.6288	0.5321	0.4405
5	0.9994	0.9955	0.9834	0.9580	0.9161	0.8576	0.7851	0.7029	0.6160
6	0.9999	0.9991	0.9955	0.9858	0.9665	0.9347	0.8893	0.8311	0.7622
7	1.0000	0.9998	0.9989	0.9958	0.9881	0.9733	0.9489	0.9134	0.8666
8		1.0000	0.9998	0.9989	0.9962	0.9901	0.9786	0.9597	0.9319
9			1.0000	0.9997	0.9989	0.9967	0.9919	0.9829	0.9682
10				0.9999	0.9997	0.9990	0.9972	0.9933	0.9863
11				1.0000	0.9999	0.9997	0.9991	0.9976	0.9945
12					1.0000	0.9999	0.9997	0.9992	0.9980

x	λ								
	5.5	6.0	6.5	7.0	7.5	8.0	8.5	9.0	9.5
0	0.0041	0.0025	0.0015	0.0009	0.0006	0.0003	0.0002	0.0001	0.0001
1	0.0266	0.0174	0.0113	0.0073	0.0047	0.0030	0.0019	0.0012	0.0008
2	0.0884	0.0620	0.0430	0.0296	0.0203	0.0138	0.0093	0.0062	0.0042
3	0.2017	0.1512	0.1118	0.0818	0.0591	0.0424	0.0301	0.0212	0.0149
4	0.3575	0.2851	0.2237	0.1730	0.1321	0.0996	0.0744	0.0550	0.0403
5	0.5289	0.4457	0.3690	0.3007	0.2414	0.1912	0.1496	0.1157	0.0885
6	0.6860	0.6063	0.5265	0.4497	0.3782	0.3134	0.2562	0.2068	0.1649
7	0.8095	0.7440	0.6728	0.5987	0.5246	0.4530	0.3856	0.3239	0.2687
8	0.8944	0.8472	0.7916	0.7291	0.6620	0.5925	0.5231	0.4557	0.3918
9	0.9462	0.9161	0.8774	0.8305	0.7764	0.7166	0.6530	0.5874	0.5218
10	0.9747	0.9574	0.9332	0.9015	0.8622	0.8159	0.7634	0.7060	0.6453
11	0.9890	0.9799	0.9661	0.9466	0.9208	0.8881	0.8487	0.8030	0.7520
12	0.9955	0.9912	0.9840	0.9730	0.9573	0.9362	0.9091	0.8758	0.8364
13	0.9983	0.9964	0.9929	0.9872	0.9784	0.9658	0.9486	0.9261	0.8981
14	0.9994	0.9986	0.9970	0.9943	0.9897	0.9827	0.9726	0.9585	0.9400
15	0.9998	0.9995	0.9988	0.9976	0.9954	0.9918	0.9862	0.9780	0.9665
16	0.9999	0.9998	0.9996	0.9990	0.9980	0.9963	0.9934	0.9889	0.9823
17	1.0000	0.9999	0.9998	0.9996	0.9992	0.9984	0.9970	0.9947	0.9911
18		1.0000	0.9999	0.9999	0.9997	0.9994	0.9987	0.9976	0.9957
19			1.0000	1.0000	0.9999	0.9997	0.9995	0.9989	0.9980
20					1.0000	0.9999	0.9999	0.9998	0.9996	0.9991

x	λ·								
	10.0	11.0	12.0	13.0	14.0	15.0	16.0	17.0	18.0
0	0.0000	0.0000	0.0000						
1	0.0005	0.0002	0.0001	0.0000	0.0000				
2	0.0028	0.0012	0.0005	0.0002	0.0001	0.0000	0.0000		
3	0.0103	0.0049	0.0023	0.0010	0.0005	0.0002	0.0001	0.0000	0.0000
4	0.0293	0.0151	0.0076	0.0037	0.0018	0.0009	0.0004	0.0002	0.0001
5	0.0671	0.0375	0.0203	0.0107	0.0055	0.0028	0.0014	0.0007	0.0003
6	0.1301	0.0786	0.0458	0.0259	0.0142	0.0076	0.0040	0.0021	0.0010
7	0.2202	0.1432	0.0895	0.0540	0.0316	0.0180	0.0100	0.0054	0.0029
8	0.3328	0.2320	0.1550	0.0998	0.0621	0.0374	0.0220	0.0126	0.0071
9	0.4579	0.3405	0.2424	0.1658	0.1094	0.0699	0.0433	0.0261	0.0154
10	0.5830	0.4599	0.3472	0.2517	0.1757	0.1185	0.0774	0.0491	0.0304
11	0.6968	0.5793	0.4616	0.3532	0.2600	0.1848	0.1270	0.0847	0.0549
12	0.7916	0.6887	0.5760	0.4631	0.3585	0.2676	0.1931	0.1350	0.0917
13	0.8645	0.7813	0.6815	0.5730	0.4644	0.3632	0.2745	0.2009	0.1426
14	0.9165	0.8540	0.7720	0.6751	0.5704	0.4657	0.3675	0.2808	0.2081
15	0.9513	0.9074	0.8444	0.7636	0.6694	0.5681	0.4667	0.3715	0.2867
16	0.9730	0.9441	0.8987	0.8355	0.7559	0.6641	0.5660	0.4677	0.3750
17	0.9857	0.9678	0.9370	0.8905	0.8272	0.7489	0.6593	0.5640	0.4686
18	0.9928	0.9823	0.9626	0.9302	0.8826	0.8195	0.7423	0.6550	0.5622
19	0.9965	0.9907	0.9787	0.9573	0.9235	0.8752	0.8122	0.7363	0.6509
20	0.9984	0.9953	0.9884	0.9750	0.9521	0.9170	0.8682	0.8055	0.7307
21	0.9993	0.9977	0.9939	0.9859	0.9712	0.9469	0.9108	0.8615	0.7991
22	0.9997	0.9990	0.9970	0.9924	0.9833	0.9673	0.9418	0.9047	0.8551
23	0.9999	0.9995	0.9985	0.9960	0.9907	0.9805	0.9633	0.9367	0.8989
24	1.0000	0.9998	0.9993	0.9980	0.9950	0.9888	0.9777	0.9594	0.9317
25		0.9999	0.9997	0.9990	0.9974	0.9938	0.9869	0.9748	0.9554
26		1.0000	0.9999	0.9995	0.9987	0.9967	0.9925	0.9848	0.9718
27			0.9999	0.9998	0.9994	0.9983	0.9959	0.9912	0.9827
28			1.0000	0.9999	0.9997	0.9991	0.9978	0.9950	0.9897
29				1.0000	0.9999	0.9996	0.9989	0.9973	0.9941
30					0.9999	0.9998	0.9994	0.9986	0.9967
31					1.0000	0.9999	0.9997	0.9993	0.9982
32						1.0000	0.9999	0.9996	0.9990
33							0.9999	0.9998	0.9995
34							1.0000	0.9999	0.9998
35								1.0000	0.9999
36									0.9999
37									1.0000

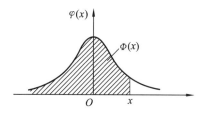

附表 2　标准正态分布表

$$\Phi(x) = \int_{-\infty}^{x} \frac{1}{\sqrt{2\pi}} e^{-\frac{t^2}{2}} \mathrm{d}t$$

x	0.00	0.01	0.02	0.03	0.04	0.05	0.06	0.07	0.08	0.09
0.0	0.5000	0.5040	0.5080	0.5120	0.5160	0.5199	0.5239	0.5279	0.5319	0.5359
0.1	0.5398	0.5438	0.5478	0.5517	0.5557	0.5596	0.5636	0.5675	0.5714	0.5753
0.2	0.5793	0.5832	0.5871	0.5910	0.5948	0.5987	0.6026	0.6064	0.6103	0.6141
0.3	0.6179	0.6217	0.6255	0.6293	0.6331	0.6368	0.6406	0.6443	0.6480	0.6517
0.4	0.6554	0.6591	0.6628	0.6664	0.6700	0.6736	0.6772	0.6808	0.6844	0.6879
0.5	0.6915	0.6950	0.6985	0.7019	0.7054	0.7088	0.7123	0.7157	0.7190	0.7224
0.6	0.7257	0.7291	0.7324	0.7357	0.7389	0.7422	0.7454	0.7486	0.7517	0.7549
0.7	0.7580	0.7611	0.7642	0.7673	0.7704	0.7734	0.7764	0.7794	0.7823	0.7852
0.8	0.7881	0.7910	0.7939	0.7967	0.7995	0.8023	0.8051	0.8078	0.8106	0.8133
0.9	0.8159	0.8186	0.8212	0.8238	0.8264	0.8289	0.8315	0.8340	0.8365	0.8389
1.0	0.8413	0.8438	0.8461	0.8485	0.8508	0.8531	0.8554	0.8577	0.8599	0.8621
1.1	0.8643	0.8665	0.8686	0.8708	0.8729	0.8749	0.8770	0.8790	0.8810	0.8830
1.2	0.8849	0.8869	0.8888	0.8907	0.8925	0.8944	0.8962	0.8980	0.8997	0.9015
1.3	0.9032	0.9049	0.9066	0.9082	0.9099	0.9115	0.9131	0.9147	0.9162	0.9177
1.4	0.9192	0.9207	0.9222	0.9236	0.9251	0.9265	0.9278	0.9292	0.9306	0.9319
1.5	0.9332	0.9345	0.9357	0.9370	0.9382	0.9394	0.9406	0.9418	0.9429	0.9441
1.6	0.9452	0.9463	0.9474	0.9484	0.9495	0.9505	0.9515	0.9525	0.9535	0.9545
1.7	0.9554	0.9564	0.9573	0.9582	0.9591	0.9599	0.9608	0.9616	0.9625	0.9633
1.8	0.9641	0.9649	0.9656	0.9664	0.9671	0.9678	0.9686	0.9693	0.9699	0.9706
1.9	0.9713	0.9719	0.9726	0.9732	0.9738	0.9744	0.9750	0.9756	0.9761	0.9767
2.0	0.9772	0.9778	0.9783	0.9788	0.9793	0.9798	0.9803	0.9808	0.9812	0.9817
2.1	0.9821	0.9826	0.9830	0.9834	0.9838	0.9842	0.9846	0.9850	0.9854	0.9857
2.2	0.9861	0.9864	0.9868	0.9871	0.9875	0.9878	0.9881	0.9884	0.9887	0.9890
2.3	0.9893	0.9896	0.9898	0.9901	0.9904	0.9906	0.9909	0.9911	0.9913	0.9916
2.4	0.9918	0.9920	0.9922	0.9925	0.9927	0.9929	0.9931	0.9932	0.9934	0.9936
2.5	0.9938	0.9940	0.9941	0.9943	0.9945	0.9946	0.9948	0.9949	0.9951	0.9952
2.6	0.9953	0.9955	0.9956	0.9957	0.9959	0.9960	0.9961	0.9962	0.9963	0.9964
2.7	0.9965	0.9966	0.9967	0.9968	0.9969	0.9970	0.9971	0.9972	0.9973	0.9974
2.8	0.9974	0.9975	0.9976	0.9977	0.9977	0.9978	0.9979	0.9979	0.9980	0.9981
2.9	0.9981	0.9982	0.9982	0.9983	0.9984	0.9984	0.9985	0.9985	0.9986	0.9986
3.0	0.9987	0.9987	0.9987	0.9988	0.9988	0.9989	0.9989	0.9989	0.9990	0.9990
3.1	0.9990	0.9991	0.9991	0.9991	0.9992	0.9992	0.9992	0.9992	0.9993	0.9993
3.2	0.9993	0.9993	0.9994	0.9994	0.9994	0.9994	0.9994	0.9995	0.9995	0.9995
3.3	0.9995	0.9995	0.9995	0.9996	0.9996	0.9996	0.9996	0.9996	0.9996	0.9997
3.4	0.9997	0.9997	0.9997	0.9997	0.9997	0.9997	0.9997	0.9997	0.9997	0.9998

附表 3 t 分布分位数表

$$P\{t(n) > t_\alpha(n)\} = \alpha$$

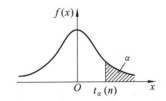

n	$\alpha = 0.25$	0.10	0.05	0.025	0.01	0.005
1	1.0000	3.0777	6.3138	12.7062	31.8207	63.6574
2	0.8165	1.8856	2.9200	4.3037	6.9646	9.9248
3	0.7649	1.6377	2.3534	3.1824	4.5407	5.8409
4	0.7407	1.5332	2.1318	2.7764	3.7469	4.6041
5	0.7267	1.4759	2.0150	2.5706	3.3649	4.0322
6	0.7176	1.4398	1.9432	2.4469	3.1427	3.7074
7	0.7111	1.4149	1.8946	2.3646	2.9980	3.4995
8	0.7064	1.3968	1.8595	2.3060	2.8965	3.3554
9	0.7027	1.3830	1.8331	2.2622	2.8214	3.2498
10	0.6998	1.3722	1.8125	2.2281	2.7638	3.1693
11	0.6974	1.3634	1.7959	2.2010	2.7181	3.1058
12	0.6955	1.3562	1.7823	2.1788	2.6810	3.0545
13	0.6938	1.3502	1.7709	2.1604	2.6503	3.0123
14	0.6924	1.3450	1.7613	2.1448	2.6245	2.9768
15	0.6912	1.3406	1.7531	2.1315	2.6025	2.9467
16	0.6901	1.3368	1.7459	2.1199	2.5835	2.9208
17	0.6892	1.3334	1.7396	2.1098	2.5669	2.8982
18	0.6884	1.3304	1.7341	2.1009	2.5524	2.8784
19	0.6876	1.3277	1.7291	2.0930	2.5395	2.8609
20	0.6870	1.3253	1.7247	2.0860	2.5280	2.8453
21	0.6864	1.3232	1.7207	2.0796	2.5177	2.8314
22	0.6858	1.3212	1.7171	2.0739	2.5083	2.8188
23	0.6853	1.3195	1.7139	2.0687	2.4999	2.8073
24	0.6848	1.3178	1.7109	2.0639	2.4922	2.7969
25	0.6844	1.3163	1.7108	2.0595	2.4851	2.7874
26	0.6840	1.3150	1.7056	2.0555	2.4786	2.7787
27	0.6837	1.3137	1.7033	2.0518	2.4727	2.7707
28	0.6834	1.3125	1.7011	2.0484	2.4671	2.7633
29	0.6830	1.3114	1.6991	2.0452	2.4620	2.7564
30	0.6828	1.3104	1.6973	2.0423	2.4573	2.7500
31	0.6825	1.3095	1.6955	2.0395	2.4528	2.7440
32	0.6822	1.3086	1.6939	2.0369	2.4487	2.7385
33	0.6820	1.3077	1.6924	2.0345	2.4448	2.7333
34	0.6818	1.3070	1.6909	2.0322	2.4411	2.7284
35	0.6816	1.3062	1.6896	2.0301	2.4377	2.7238
36	0.6814	1.3055	1.6883	2.0281	2.4345	2.7195
37	0.6812	1.3049	1.6871	2.0262	2.4314	2.7154
38	0.6810	1.3042	1.6860	2.0244	2.4286	2.7116
39	0.6808	1.3036	1.6849	2.0227	2.4258	2.7079
40	0.6807	1.3031	1.6839	2.0211	2.4233	2.7045
41	0.6805	1.3025	1.6829	2.0195	2.4208	2.7012
42	0.6804	1.3020	1.6820	2.0181	2.4185	2.6981
43	0.6802	1.3016	1.6811	2.0167	2.4163	2.6951
44	0.6801	1.3011	1.6802	2.0154	2.4141	2.6923
45	0.6800	1.3006	1.6794	2.0141	2.4121	2.6896

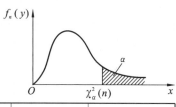

附表 4　χ^2 分布分位数表

$P\{\chi^2(n) > \chi_\alpha^2(n)\} = \alpha$

n	$\alpha = 0.995$	0.99	0.975	0.95	0.90	0.75
1	—	—	0.001	0.004	0.016	0.102
2	0.010	0.020	0.051	0.103	0.211	0.575
3	0.072	0.115	0.216	0.352	0.584	1.213
4	0.207	0.297	0.484	0.711	1.064	1.923
5	0.412	0.554	0.831	1.145	1.610	2.675
6	0.676	0.872	1.237	1.635	2.204	3.455
7	0.989	1.239	1.690	2.167	2.833	4.255
8	1.344	1.646	2.180	2.733	3.490	5.071
9	1.735	2.088	2.700	3.325	4.168	5.899
10	2.156	2.558	3.247	3.940	4.865	6.737
11	2.603	3.053	3.816	4.575	5.578	7.584
12	3.074	3.571	4.404	5.226	6.304	8.438
13	3.565	4.107	5.009	5.892	7.042	9.299
14	4.075	4.660	5.629	6.571	7.790	10.165
15	4.601	5.229	6.262	7.261	8.547	11.037
16	5.142	5.812	6.908	7.962	9.312	11.912
17	5.697	6.408	7.564	8.672	10.085	12.792
18	6.265	7.015	8.231	9.390	10.865	13.675
19	6.884	7.633	8.907	10.117	11.651	14.562
20	7.434	8.260	9.591	10.851	12.443	15.452
21	8.034	8.897	10.283	11.591	13.240	16.344
22	8.643	9.542	10.982	12.338	14.042	17.240
23	9.260	10.196	11.689	13.091	14.848	18.137
24	9.886	10.856	12.401	13.848	15.659	19.037
25	10.520	11.524	13.120	14.611	16.473	19.939
26	11.160	12.198	13.844	15.379	17.292	20.843
27	11.808	12.879	14.573	16.151	18.114	21.749
28	12.461	13.565	15.308	16.928	18.939	22.657
29	13.121	14.257	16.047	17.708	19.768	23.567
30	13.787	14.954	16.791	18.493	20.599	24.478
31	14.458	15.655	17.539	19.281	21.431	25.390
32	15.131	16.362	18.291	20.072	22.271	26.304
33	15.815	17.074	19.047	20.867	23.110	27.219
34	16.501	17.789	19.806	21.664	23.952	27.136
35	17.192	18.509	20.569	22.465	24.797	29.054
36	17.887	19.233	21.336	23.269	25.643	29.973
37	18.586	19.960	22.106	24.075	26.492	30.893
38	19.289	20.691	22.878	24.884	27.343	31.815
39	19.996	21.426	23.654	25.695	28.196	32.737
40	20.707	22.164	24.433	26.509	29.051	33.660
41	21.421	22.906	25.215	27.326	29.907	34.585
42	22.138	23.650	25.999	28.144	30.765	35.510
43	22.859	24.398	26.785	28.965	31.625	36.436
44	23.584	25.148	27.575	29.787	32.487	37.363
45	24.311	25.901	28.366	30.612	33.350	38.291

n	$\alpha = 0.25$	0.10	0.05	0.025	0.01	0.005
1	1.323	2.706	3.841	5.024	6.635	7.879
2	2.773	4.605	5.991	7.378	9.210	10.597
3	4.108	6.251	7.815	9.348	11.345	12.838
4	5.385	7.779	9.488	11.143	13.277	14.860
5	6.626	9.236	11.071	12.833	15.086	16.750
6	7.841	10.645	12.592	14.449	16.812	18.548
7	9.037	12.017	14.067	16.013	18.475	20.278
8	10.219	13.362	15.507	17.535	20.090	21.995
9	11.389	14.684	16.919	19.023	21.666	23.589
10	12.549	15.987	18.307	20.483	23.209	25.188
11	13.701	17.275	19.675	21.920	24.725	26.757
12	14.845	18.549	21.026	23.337	26.217	28.299
13	15.984	19.812	22.362	24.736	27.688	29.819
14	17.117	21.064	23.685	26.119	29.141	31.319
15	18.245	22.307	24.996	27.488	30.578	32.801
16	19.369	23.542	26.296	28.845	32.000	34.267
17	20.489	24.769	27.587	30.191	33.409	35.718
18	21.605	25.989	28.869	31.526	34.805	37.156
19	22.718	27.204	30.144	32.852	36.191	38.582
20	23.828	28.412	31.410	34.170	37.566	39.997
21	24.935	29.615	32.671	35.479	38.932	41.401
22	26.039	30.813	33.924	36.781	40.289	42.796
23	27.141	32.007	35.172	38.076	41.638	44.181
24	28.241	33.196	36.415	39.364	42.980	45.559
25	29.339	34.382	37.652	40.646	44.314	46.928
26	30.435	35.563	38.885	41.923	45.642	48.290
27	31.528	36.741	40.113	43.194	46.963	49.645
28	32.620	37.916	41.337	44.461	48.273	50.993
29	33.711	39.087	42.557	45.722	49.588	52.336
30	34.800	40.256	43.773	46.979	50.892	53.672
31	35.887	41.422	44.985	48.232	52.191	55.003
32	36.973	42.585	46.194	49.480	53.486	56.328
33	38.058	43.745	47.400	50.725	54.776	57.648
34	39.141	44.903	48.602	51.966	56.061	58.964
35	40.233	46.059	49.802	53.203	57.342	60.275
36	41.304	47.212	50.998	54.437	58.619	61.581
37	42.383	48.363	52.192	55.668	59.892	62.883
38	43.462	49.513	53.384	56.896	61.162	64.181
39	44.539	50.660	54.572	58.120	62.428	65.476
40	45.616	51.805	55.758	59.342	63.691	66.766
41	46.692	52.949	56.942	60.561	64.950	68.053
42	47.766	54.090	58.124	61.777	66.206	69.336
43	48.840	55.230	59.304	62.990	67.459	70.616
44	49.913	56.369	60.481	64.201	68.710	71.393
45	50.985	57.505	61.656	65.410	69.957	73.166

附表 5　F 分布分位数表

$$P\{F(n_1,n_2) > F_\alpha(n_1,n_2)\}=\alpha$$

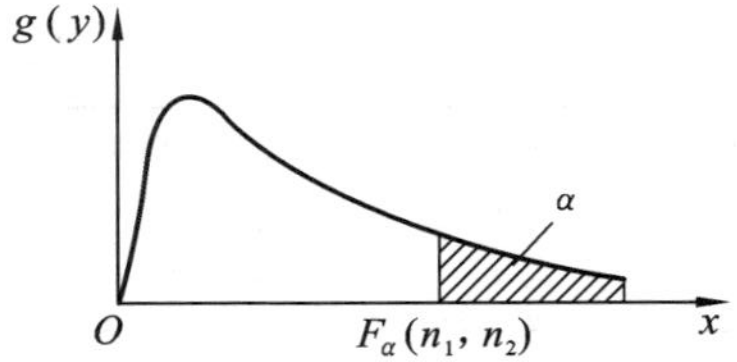

$\alpha = 0.10$

n_2 \ n_1	1	2	3	4	5	6	7	8	9	10	12	15	20	24	30	40	60	120	∞
1	39.86	49.50	53.59	55.83	57.24	58.20	58.91	59.44	59.86	60.19	60.71	61.22	61.74	62.00	62.26	62.53	62.79	63.06	63.33
2	8.53	9.00	9.16	9.24	9.29	9.33	9.35	9.37	9.38	9.39	9.41	9.42	9.44	9.45	9.46	9.47	9.47	9.48	9.49
3	5.54	5.46	5.39	5.34	5.31	5.28	5.27	5.25	5.24	5.23	5.22	5.20	5.18	5.18	5.17	5.16	5.15	5.14	5.13
4	4.54	4.32	4.19	4.11	4.05	4.01	3.98	3.95	3.94	3.92	3.90	3.87	3.84	3.83	3.82	3.80	3.79	3.78	4.76
5	4.06	3.78	3.62	3.52	3.45	3.40	3.37	3.34	3.32	3.30	3.27	3.24	3.21	3.19	3.17	3.16	3.14	3.12	3.10
6	3.78	3.46	3.29	3.18	3.11	3.05	3.01	2.98	2.96	2.94	2.90	2.87	2.84	2.82	2.80	2.78	2.76	2.74	2.72
7	3.59	3.26	3.07	2.96	2.88	2.83	2.78	2.75	2.72	2.70	2.67	2.63	2.59	2.58	2.56	2.54	2.51	2.49	2.47
8	3.46	3.11	2.29	2.81	2.73	2.67	2.62	2.59	2.56	2.54	2.50	2.46	2. 42	2.40	2.38	2.36	2.34	2.32	2.29
9	3.36	3.01	2.81	2.69	2.61	2.55	2.51	2.47	2.44	2.42	2.38	2.34	2.30	2.28	2.25	2.23	2.21	2.18	2.16
10	3.29	2.92	2.73	2.61	2.52	2.46	2.41	2.38	2.35	2.32	2.28	2.24	2.20	2.18	2.16	2.13	2.11	2.08	2.06
11	3.23	2.86	2.66	2.54	2.45	2.39	2.34	2.30	2.27	2.25	2.21	2.17	2.12	2.10	2.08	2.05	2.03	2.00	1.97
12	3.18	2.81	2.61	2.48	2.39	2.33	2.28	2.24	2.21	2.19	2.15	2.10	2.06	2.04	2.01	1.99	1.96	1.93	1.90
13	3.14	2.76	2.56	2.43	2.35	2.28	2.23	2.20	2.16	2.14	2.10	2.05	2.01	1.98	1.96	1.93	1.90	1.88	1.85
14	3.10	2.73	2.52	2.39	2.31	2.24	2.19	2.15	2.12	2.10	2.05	2.01	1.96	1.94	1.91	1.89	1.86	1.83	1.80
15	3.07	2.70	2.49	2.36	2.27	2.21	2.16	2.12	2.09	2.06	2.02	1.97	1.92	1.90	1.87	1.85	1.82	1.79	1.76

续表

$\alpha = 0.10$

n_1 \ n_2	1	2	3	4	5	6	7	8	9	10	12	15	20	24	30	40	60	120	∞
16	3.05	2.67	2.46	2.33	2.24	2.18	2.13	2.09	2.06	2.03	1.99	1.94	1.89	1.87	1.84	1.81	1.78	1.75	1.72
17	3.03	2.64	2.44	2.31	2.22	2.15	2.10	2.06	2.03	2.00	1.96	1.91	1.86	1.84	1.81	1.78	1.75	1.72	1.69
18	3.01	2.62	2.42	2.29	2.20	2.13	2.08	2.04	2.00	1.98	1.93	1.89	1.84	1.81	1.78	1.75	1.72	1.69	1.66
19	2.99	2.61	2.40	2.27	2.18	2.11	2.06	2.02	1.98	1.96	1.91	1.86	1.81	1.79	1.76	1.73	1.70	1.67	1.63
20	2.97	2.59	2.38	2.25	2.16	2.09	2.04	2.00	1.96	1.94	1.89	1.84	1.79	1.77	1.74	1.71	1.68	1.64	1.61
21	2.96	2.57	2.36	2.23	2.14	2.08	2.02	1.98	1.95	1.92	1.87	1.83	1.78	1.75	1.72	1.69	1.66	1.62	1.59
22	2.95	2.56	2.35	2.22	2.13	2.06	2.01	1.97	1.93	1.90	1.86	1.81	1.76	1.73	1.70	1.67	1.64	1.60	1.57
23	2.94	2.55	2.34	2.21	2.11	2.05	1.99	1.95	1.92	1.89	1.84	1.80	1.74	1.72	1.69	1.66	1.62	1.59	1.55
24	2.93	2.54	2.33	2.19	2.10	2.04	1.98	1.94	1.91	1.88	1.83	1.78	1.73	1.70	1.67	1.64	1.61	1.57	1.53
25	2.92	2.53	2.32	2.18	2.09	2.02	1.97	1.93	1.89	1.87	1.82	1.77	1.72	1.69	1.66	1.63	1.59	1.56	1.52
26	2.91	2.52	2.31	2.17	2.08	2.01	1.96	1.92	1.88	1.86	1.81	1.76	1.71	1.68	1.65	1.61	1.58	1.54	1.50
27	2.90	2.51	2.30	2.17	2.07	2.00	1.95	1.91	1.87	1.85	1.80	1.75	1.70	1.67	1.64	1.60	1.57	1.53	1.49
28	2.89	2.50	2.29	2.16	2.06	2.00	1.94	1.90	1.87	1.84	1.79	1.74	1.69	1.66	1.63	1.59	1.56	1.52	1.48
29	2.89	2.50	2.28	2.15	2.06	1.99	1.93	1.89	1.86	1.83	1.78	1.73	1.68	1.65	1.62	1.58	1.55	1.51	1.47
30	2.88	2.49	2.28	2.14	2.05	1.98	1.93	1.88	1.85	1.82	1.77	1.72	1.67	1.64	1.61	1.57	1.54	1.50	1.46
40	2.84	2.44	2.23	2.09	2.00	1.93	1.87	1.83	1.79	1.76	1.71	1.66	1.61	1.57	1.54	1.51	1.47	1.42	1.38
60	2.79	2.39	2.18	2.04	1.95	1.87	1.82	1.77	1.74	1.71	1.66	1.60	1.54	1.51	1.48	1.44	1.40	1.35	1.29
120	2.75	2.35	2.13	1.99	1.90	1.82	1.77	1.72	1.68	1.65	1.60	1.55	1.48	1.45	1.41	1.37	1.32	1.26	1.19
∞	2.71	2.30	2.08	1.94	1.85	1.77	1.72	1.67	1.63	1.60	1.55	1.49	1.42	1.38	1.34	1.30	1.24	1.17	1.00

续表

$\alpha = 0.05$

n_2 \ n_1	1	2	3	4	5	6	7	8	9	10	12	15	20	24	30	40	60	120	∞
1	161.4	199.5	215.7	224.6	230.2	234.0	236.8	238.9	240.5	241.9	243.9	245.9	248.0	249.1	250.1	251.1	252.2	253.3	254.3
2	18.51	19.00	19.16	19.25	19.30	19.33	19.35	19.37	19.38	19.40	19.41	19.43	19.45	19.45	19.46	19.47	19.48	19.49	19.50
3	10.13	9.55	9.28	9.12	9.01	8.94	8.89	8.85	8.81	8.79	8.74	8.70	8.66	8.64	8.62	8.59	8.57	8.55	8.53
4	7.71	6.94	6.59	6.39	6.26	6.16	6.09	6.04	6.00	5.96	5.91	5.86	5.80	5.77	5.75	5.72	5.69	5.66	5.63
5	6.61	5.79	5.41	5.19	5.05	4.95	4.88	4.82	4.77	4.74	4.68	4.62	4.56	4.53	4.50	4.46	4.43	4.40	4.36
6	5.99	5.14	4.76	4.53	4.39	4.28	4.21	4.15	4.10	4.06	4.00	3.94	3.87	3.84	3.81	3.77	3.74	3.70	3.67
7	5.59	4.74	4.35	4.12	3.97	3.87	3.79	3.73	3.68	3.64	3.57	3.51	3.44	3.41	3.38	3.34	3.30	3.27	3.23
8	5.32	4.46	4.07	3.84	3.69	3.58	3.50	3.44	3.39	3.35	3.28	3.22	3.15	3.12	3.08	3.04	3.01	2.97	2.93
9	5.12	4.26	3.86	3.63	3.48	3.37	3.29	3.23	3.18	3.14	3.07	3.01	2.94	2.90	2.86	2.83	2.79	2.75	2.71
10	4.96	4.10	3.71	3.48	3.33	3.22	3.14	3.07	3.02	2.98	2.91	2.85	2.77	2.74	2.70	2.66	2.62	2.58	2.54
11	4.84	3.98	3.59	3.36	3.20	3.09	3.01	2.95	2.90	2.85	2.79	2.72	2.65	2.61	2.57	2.53	2.49	2.45	2.40
12	4.75	3.89	3.49	3.26	3.11	3.00	2.91	2.85	2.80	2.75	2.69	2.62	2.54	2.51	2.47	2.43	2.38	2.34	2.30
13	4.67	3.81	3.41	3.18	3.03	2.92	2.83	2.77	2.71	2.67	2.60	2.53	2.46	2.42	2.38	2.34	2.30	2.25	2.21
14	4.60	3.74	3.34	3.11	2.96	2.85	2.76	2.70	2.65	2.60	2.53	2.46	2.39	2.35	2.31	2.27	2.22	2.18	2.13
15	4.54	3.68	3.29	3.06	2.90	2.79	2.71	2.64	2.59	2.54	2.48	2.40	2.33	2.29	2.25	2.20	2.16	2.11	2.07
16	4.49	3.63	3.24	3.01	2.85	2.74	2.66	2.59	2.54	2.49	2.42	2.35	2.28	2.24	2.19	2.15	2.11	2.06	2.01
17	4.45	3.59	3.20	2.96	2.81	2.70	2.61	2.55	2.49	2.45	2.38	2.31	2.23	2.19	2.15	2.10	2.06	2.01	1.96
18	4.41	3.55	3.16	2.93	2.77	2.66	2.58	2.51	2.46	2.41	2.34	2.27	2.19	2.15	2.11	2.06	2.02	1.97	1.92
19	4.38	3.52	3.13	2.90	2.74	2.63	2.54	2.48	2.42	2.38	2.31	2.23	2.16	2.11	2.07	2.03	1.98	1.93	1.88
20	4.35	3.49	3.10	2.87	2.71	2.60	2.51	2.45	2.39	2.35	2.28	2.20	2.12	2.08	2.04	1.99	1.95	1.90	1.84
21	4.32	3.47	3.07	2.84	2.68	2.57	2.49	2.42	2.37	2.32	2.25	2.18	2.10	2.05	2.01	1.96	1.92	1.87	1.81
22	4.30	3.44	3.05	2.82	2.66	2.55	2.46	2.40	2.34	2.30	2.23	2.15	2.07	2.03	1.98	1.94	1.89	1.84	1.78
23	4.28	3.42	3.03	2.80	2.64	2.53	2.44	2.37	2.32	2.27	2.20	2.13	2.05	2.01	1.96	1.91	1.86	1.81	1.76
24	4.26	3.40	3.01	2.78	2.62	2.51	2.42	2.36	2.30	2.25	2.18	2.11	2.03	1.98	1.94	1.89	1.84	1.79	1.73

续表

$\alpha = 0.05$

n_2 \ n_1	1	2	3	4	5	6	7	8	9	10	12	15	20	24	30	40	60	120	∞
25	4.24	3.39	2.99	2.76	2.60	2.49	2.40	2.34	2.28	2.24	2.16	2.09	2.01	1.96	1.92	1.87	1.82	1.77	1.71
26	4.23	3.37	2.98	2.74	2.59	2.47	2.39	2.32	2.27	2.22	2.15	2.07	1.99	1.95	1.90	1.85	1.80	1.75	1.69
27	4.21	3.35	2.96	2.73	2.57	2.46	2.37	2.31	2.25	2.20	2.13	2.06	1.97	1.93	1.88	1.84	1.79	1.73	1.67
28	4.20	3.34	2.95	2.71	2.56	2.45	2.36	2.29	2.24	2.19	2.12	2.04	1.96	1.91	1.87	1.82	1.77	1.71	1.65
29	4.18	3.33	2.93	2.70	2.55	2.43	2.35	2.28	2.22	2.18	2.10	2.03	1.94	1.90	1.85	1.81	1.75	1.70	1.64
30	4.17	3.32	2.92	2.69	2.53	2.42	2.33	2.27	2.21	2.16	2.09	2.01	1.93	1.89	1.84	1.79	1.74	1.68	1.62
40	4.08	3.23	2.84	2.61	2.45	2.34	2.25	2.18	2.12	2.08	2.00	1.92	1.84	1.79	1.74	1.69	1.64	1.58	1.51
60	4.00	3.15	2.76	2.53	2.37	2.25	2.17	2.10	2.04	1.99	1.92	1.84	1.75	1.70	1.65	1.59	1.53	1.47	1.39
120	3.92	3.07	2.68	2.45	2.29	2.17	2.09	2.02	1.96	1.91	1.83	1.75	1.66	1.61	1.55	1.50	1.43	1.35	1.25
∞	3.84	3.00	2.60	2.37	2.21	2.10	2.01	1.94	1.88	1.83	1.75	1.67	1.57	1.52	1.46	1.39	1.32	1.22	1.00

$\alpha = 0.025$

n_2 \ n_1	1	2	3	4	5	6	7	8	9	10	12	15	20	24	30	40	60	120	∞
1	647.8	799.5	864.2	899.6	921.8	937.1	948.2	956.7	963.3	968.6	976.7	984.9	993.1	997.2	1001	1006	1010	1014	1018
2	38.51	39.00	39.17	39.25	39.30	39.33	39.36	39.37	39.39	39.40	39.41	39.43	39.45	39.46	39.46	39.47	39.48	39.49	39.50
3	17.44	16.04	15.44	15.10	14.88	14.73	14.62	14.54	14.47	14.42	14.34	14.25	14.17	14.12	14.08	14.04	13.99	13.95	13.90
4	12.22	10.65	9.98	9.60	9.36	9.20	9.07	8.98	8.90	8.84	8.75	8.66	8.56	8.51	8.46	8.41	8.36	8.31	8.26
5	10.01	8.43	7.76	7.39	7.15	6.98	6.85	6.76	6.68	6.62	6.52	6.43	6.33	6.28	6.23	6.18	6.12	6.07	6.02
6	8.81	7.26	6.60	6.23	5.99	5.82	5.70	5.60	5.52	5.46	5.37	5.27	5.17	5.12	5.07	5.01	4.96	4.90	4.85
7	8.07	6.54	5.89	5.52	5.29	5.12	4.99	4.90	4.82	4.76	4.67	4.57	4.47	4.42	4.36	4.31	4.25	4.20	4.14
8	7.57	6.06	5.42	5.05	4.82	4.65	4.53	4.43	4.36	4.30	4.20	4.10	4.00	3.95	3.89	3.84	3.78	3.73	3.67
9	7.21	5.71	5.08	4.72	4.48	4.32	4.20	4.10	4.03	3.96	3.87	3.77	3.67	3.61	3.56	3.51	3.45	3.39	3.33
10	6.94	5.46	4.83	4.47	4.24	4.07	3.95	3.85	3.78	3.72	3.62	3.52	3.42	3.37	3.31	3.26	3.20	3.14	3.08

续表

$\alpha = 0.025$

n_1 / n_2	1	2	3	4	5	6	7	8	9	10	12	15	20	24	30	40	60	120	∞
11	6.72	5.26	4.63	4.28	4.04	3.88	3.76	3.66	3.59	3.53	3.43	3.33	3.23	3.17	3.12	3.06	3.00	2.94	2.88
12	6.55	5.10	4.47	4.12	3.89	3.73	3.61	3.51	3.44	3.37	3.28	3.18	3.07	3.02	2.96	2.91	2.85	2.79	2.72
13	6.41	4.97	4.35	4.00	3.77	3.60	3.48	3.39	3.31	3.25	3.15	3.05	2.95	2.89	2.84	2.78	2.72	2.66	2.60
14	6.30	4.86	4.24	3.89	3.66	3.50	3.38	3.29	3.21	3.15	3.05	2.95	2.84	2.79	2.73	2.67	2.61	2.55	2.49
15	6.20	4.77	4.15	3.80	3.58	3.41	3.29	3.20	3.12	3.06	2.96	2.86	2.76	2.70	2.64	2.59	2.52	2.46	2.40
16	6.12	4.69	4.08	3.73	3.50	3.34	3.22	3.12	3.05	2.99	2.89	2.79	2.68	2.63	2.57	2.51	2.45	2.38	2.32
17	6.04	4.62	4.01	3.66	3.44	3.28	3.16	3.06	2.98	2.92	2.82	2.72	2.62	2.56	2.50	2.44	2.38	2.32	2.25
18	5.98	4.56	3.95	3.61	3.38	3.22	3.10	3.01	2.93	2.87	2.77	2.67	2.56	2.50	2.44	2.38	2.32	2.26	2.19
19	5.92	4.51	3.90	3.56	3.33	3.17	3.05	2.96	2.88	2.82	2.72	2.62	2.51	2.45	2.39	2.33	2.27	2.20	2.13
20	5.87	4.46	3.86	3.51	3.29	3.13	3.01	2.91	2.84	2.77	2.68	2.57	2.46	2.41	2.35	2.29	2.22	2.16	2.09
21	5.83	4.42	3.82	3.48	3.25	3.09	2.97	2.87	2.80	2.73	2.64	2.53	2.42	2.37	2.31	2.25	2.18	2.11	2.04
22	5.79	4.38	3.78	3.44	3.22	3.05	2.93	2.84	2.76	2.70	2.60	2.50	2.39	2.33	2.27	2.21	2.14	2.08	2.00
23	5.75	4.35	3.75	3.41	3.18	3.02	2.90	2.81	2.73	2.67	2.57	2.47	2.36	2.30	2.24	2.18	2.11	2.04	1.97
24	5.72	4.32	3.72	3.38	3.15	2.99	2.87	2.78	2.70	2.64	2.54	2.44	2.33	2.27	2.21	2.15	2.08	2.01	1.94
25	5.69	4.29	3.69	3.35	3.13	2.97	2.85	2.75	2.68	2.61	2.51	2.41	2.30	2.24	2.18	2.12	2.05	1.98	1.91
26	5.66	4.27	3.67	3.33	3.10	2.94	2.82	2.73	2.65	2.59	2.49	2.39	2.28	2.22	2.16	2.09	2.03	1.95	1.88
27	5.63	4.24	3.65	3.31	3.08	2.92	2.80	2.71	2.63	2.57	2.47	2.36	2.25	2.19	2.13	2.07	2.00	1.93	1.85
28	5.61	4.22	3.63	3.29	3.06	2.90	2.78	2.69	2.61	2.55	2.45	2.34	2.23	2.17	2.11	2.05	1.98	1.91	1.83
29	5.59	4.20	3.61	3.27	3.04	2.88	2.76	2.67	2.59	2.53	2.43	2.32	2.21	2.15	2.09	2.03	1.96	1.89	1.81
30	5.57	4.18	3.59	3.25	3.03	2.87	2.75	2.65	2.57	2.51	2.41	2.31	2.20	2.14	2.07	2.01	1.94	1.87	1.79
40	5.42	4.05	3.46	3.13	2.90	2.74	2.62	2.53	2.45	2.39	2.29	2.18	2.07	2.01	1.94	1.88	1.80	1.72	1.64
60	5.29	3.93	3.34	3.01	2.79	2.63	2.51	2.41	2.33	2.27	2.17	2.06	1.94	1.88	1.82	1.74	1.67	1.58	1.48
120	5.15	3.80	3.23	2.89	2.67	2.52	2.39	2.30	2.22	2.16	2.05	1.94	1.82	1.76	1.69	1.61	1.53	1.43	1.31
∞	5.02	3.69	3.12	2.79	2.57	2.41	2.29	2.19	2.11	2.05	1.94	1.83	1.71	1.64	1.57	1.48	1.39	1.27	1.00

续表

$\alpha = 0.01$

n_2 \ n_1	1	2	3	4	5	6	7	8	9	10	12	15	20	24	30	40	60	120	∞
1	4052	4999.5	5403	5625	5764	5859	5928	5982	6022	6056	6106	6157	6209	6235	6261	6287	6313	6339	6366
2	98.50	99.00	99.17	99.25	99.30	99.33	99.36	99.37	99.39	99.40	99.42	99.43	99.45	99.46	99.47	99.47	99.48	99.49	99.50
3	34.12	30.82	29.46	28.71	28.24	27.91	27.67	27.49	27.35	27.23	27.05	26.87	26.69	26.60	26.50	26.41	26.32	26.22	26.13
4	21.20	18.00	16.69	15.98	15.52	15.21	14.98	14.80	14.66	14.55	14.37	14.20	14.02	13.93	13.84	13.75	13.65	13.56	13.46
5	16.26	13.37	12.06	11.39	10.97	10.67	10.46	10.29	10.16	10.05	9.89	9.72	9.55	9.47	9.38	9.29	9.20	9.11	9.02
6	13.75	10.92	9.78	9.15	8.75	8.47	8.26	8.10	7.98	7.87	7.72	7.56	7.40	7.31	7.23	7.14	7.06	6.97	6.88
7	12.25	9.55	8.45	7.85	7.46	7.19	6.99	6.84	6.72	6.62	6.47	6.31	6.16	6.07	5.99	5.91	5.82	5.74	5.65
8	11.26	8.65	7.59	7.01	6.63	6.37	6.18	6.03	5.91	5.81	5.67	5.52	5.36	5.28	5.20	5.12	5.03	4.95	4.86
9	10.56	8.02	6.99	6.42	6.06	5.80	5.61	5.47	5.35	5.26	5.11	4.96	4.81	4.73	4.65	4.57	4.48	4.40	4.31
10	10.04	7.56	6.55	5.99	5.64	5.39	5.20	5.06	4.94	4.85	4.71	4.56	4.41	4.33	4.25	4.17	4.08	4.00	3.91
11	9.65	7.21	6.22	5.67	5.32	5.07	4.89	4.74	4.63	4.54	4.40	4.25	4.10	4.02	3.94	3.86	3.78	3.69	3.60
12	9.33	6.93	5.95	5.41	5.06	4.82	4.64	4.50	4.39	4.30	4.16	4.01	3.86	3.78	3.70	3.62	3.54	3.45	3.36
13	9.07	6.70	5.74	5.21	4.86	4.62	4.44	4.30	4.19	4.10	3.96	3.82	3.66	3.59	3.51	3.43	3.34	3.25	3.17
14	8.86	6.51	5.56	5.04	4.69	4.46	4.28	4.14	4.03	3.94	3.80	3.66	3.51	3.43	3.35	3.27	3.18	3.09	3.00
15	8.68	6.36	5.42	4.89	4.56	4.32	4.14	4.00	3.89	3.80	3.67	3.52	3.37	3.29	3.21	3.13	3.05	2.96	2.87
16	8.53	6.23	5.29	4.77	4.44	4.20	4.03	3.89	3.78	3.69	3.55	3.41	3.26	3.18	3.10	3.02	2.93	2.84	2.75
17	8.40	6.11	5.18	4.67	4.34	4.10	3.93	3.79	3.68	3.59	3.46	3.31	3.16	3.08	3.00	2.92	2.83	2.75	2.65
18	8.29	6.01	5.09	4.58	4.25	4.01	3.84	3.71	3.60	3.51	3.37	3.23	3.08	3.00	2.92	2.84	2.75	2.66	2.57
19	8.18	5.93	5.01	4.50	4.17	3.94	3.77	3.63	3.52	3.43	3.30	3.15	3.00	2.92	2.84	2.76	2.67	2.58	2.49
20	8.10	5.85	4.94	4.43	4.10	3.87	3.70	3.56	3.46	3.37	3.23	3.09	2.94	2.86	2.78	2.69	2.61	2.52	2.42
21	8.02	5.78	4.87	4.37	4.04	3.81	3.64	3.51	3.40	3.31	3.17	3.03	2.88	2.80	2.72	2.64	2.55	2.46	2.36
22	7.95	5.72	4.82	4.31	3.99	3.76	3.59	3.45	3.35	3.26	3.12	2.98	2.83	2.75	2.67	2.58	2.50	2.40	2.31

续表

$\alpha = 0.01$

n_1 \ n_2	1	2	3	4	5	6	7	8	9	10	12	15	20	24	30	40	60	120	∞
23	7.88	5.66	4.76	4.26	3.94	3.71	3.54	3.41	3.30	3.21	3.07	2.93	2.78	2.70	2.62	2.54	2.45	2.35	2.26
24	7.82	5.61	4.72	4.22	3.90	3.67	3.50	3.36	3.26	3.17	3.03	2.89	2.74	2.66	2.58	2.49	2.40	2.31	2.21
25	7.77	5.57	4.68	4.18	3.85	3.63	3.46	3.32	3.22	3.13	2.99	2.85	2.70	2.62	2.54	2.45	2.36	2.27	2.17
26	7.72	5.53	4.64	4.14	3.82	3.59	3.42	3.29	3.18	3.09	2.96	2.81	2.66	2.58	2.50	2.42	2.33	2.23	2.13
27	7.68	5.49	4.60	4.11	3.78	3.56	3.39	3.26	3.15	3.06	2.93	2.78	2.63	2.55	2.47	2.38	2.29	2.20	2.10
28	7.64	5.45	4.57	4.07	3.75	3.53	3.36	3.23	3.12	3.03	2.90	2.75	2.60	2.52	2.44	2.35	2.26	2.17	2.06
29	7.60	5.42	4.54	4.04	3.73	3.50	3.33	3.20	3.09	3.00	2.87	2.73	2.57	2.49	2.41	2.33	2.23	2.14	2.03
30	7.56	5.39	4.51	4.02	3.70	3.47	3.30	3.17	3.07	2.98	2.84	2.70	2.55	2.47	2.39	2.30	2.21	2.11	2.01
40	7.31	5.18	4.31	3.83	3.51	3.29	3.12	2.99	2.89	2.80	2.66	2.52	2.37	2.29	2.20	2.11	2.02	1.92	1.80
60	7.08	4.98	4.13	3.65	3.34	3.12	2.95	2.82	2.72	2.63	2.50	2.35	2.20	2.12	2.03	1.94	1.84	1.73	1.60
120	6.85	4.79	3.95	3.48	3.17	2.96	2.79	2.66	2.56	2.47	2.34	2.19	2.03	1.95	1.86	1.76	1.66	1.53	1.38
∞	6.63	4.61	3.78	3.32	3.02	2.80	2.64	2.51	2.41	2.32	2.18	2.04	1.88	1.79	1.70	1.59	1.47	1.32	1.00

$\alpha = 0.005$

n_1 \ n_2	1	2	3	4	5	6	7	8	9	10	12	15	20	24	30	40	60	120	∞
1	16211	20000	21615	22500	23056	23437	23715	23925	24091	24224	24426	24630	24836	24940	25044	25148	25253	25359	25465
2	198.5	199.0	199.2	199.2	199.3	199.3	199.4	199.4	199.4	199.4	199.4	199.4	199.4	199.5	199.5	199.5	199.5	199.5	199.5
3	55.55	49.80	47.47	46.19	45.39	44.84	44.43	44.13	43.88	43.69	43.39	43.08	42.78	42.62	42.47	42.31	42.15	41.99	41.83
4	31.33	26.28	24.26	23.15	22.46	21.97	21.62	21.35	21.14	20.97	20.70	20.44	20.17	20.03	19.89	19.75	19.61	19.47	19.32
5	22.78	18.31	16.53	15.56	14.94	14.51	14.20	13.96	13.77	13.62	13.38	13.15	12.90	12.78	12.66	12.53	12.40	12.27	12.14
6	18.63	14.54	12.92	12.03	11.46	11.07	10.79	10.57	10.39	10.25	10.03	9.81	9.59	9.47	9.36	9.24	9.12	9.00	8.88
7	16.24	12.40	10.88	10.05	9.52	9.16	8.89	8.68	8.51	8.38	8.18	7.97	7.75	7.65	7.53	7.42	7.31	7.19	7.08
8	14.69	11.04	9.60	8.81	8.30	7.95	7.69	7.50	7.34	7.21	7.01	6.81	6.61	6.50	6.40	6.29	6.18	6.06	5.95
9	13.61	10.11	8.72	7.96	7.47	7.13	6.88	6.69	6.54	6.42	6.23	6.03	5.83	5.73	5.62	5.52	5.41	5.30	5.19
10	12.83	9.43	8.08	7.34	6.87	6.54	6.30	6.12	5.97	5.85	5.66	5.47	5.27	5.17	5.07	4.97	4.86	4.75	4.64

续表

$\alpha = 0.005$

n_1 \\ n_2	1	2	3	4	5	6	7	8	9	10	12	15	20	24	30	40	60	120	∞
11	12.23	8.91	7.60	6.88	6.42	6.10	5.86	5.68	5.54	5.42	5.24	5.05	4.86	4.76	4.65	4.55	4.44	4.34	4.23
12	11.75	8.51	7.23	6.52	6.07	5.76	5.52	5.35	5.20	5.09	4.91	4.72	4.53	4.43	4.33	4.23	4.12	4.01	3.90
13	11.37	8.19	6.93	6.23	5.79	5.48	5.25	5.08	4.94	4.82	4.64	4.46	4.27	4.17	4.07	3.97	3.87	3.76	3.65
14	11.06	7.92	6.68	6.00	5.56	5.26	5.03	4.86	4.72	4.60	4.43	4.25	4.06	3.96	3.86	3.76	3.66	3.55	3.44
15	10.80	7.70	6.48	5.80	5.37	5.07	4.85	4.67	4.54	4.42	4.25	4.07	3.88	3.79	3.69	3.58	3.48	3.37	3.26
16	10.58	7.51	6.30	5.64	5.21	4.91	4.69	4.52	4.38	4.27	4.10	3.92	3.73	3.64	3.54	3.44	3.33	3.22	3.11
17	10.38	7.35	6.16	5.50	5.07	4.78	4.56	4.39	4.25	4.14	3.97	3.79	3.61	3.51	3.41	3.31	3.21	3.10	2.98
18	10.22	7.21	6.03	5.37	4.96	4.66	4.44	4.28	4.14	4.03	3.86	3.68	3.50	3.40	3.30	3.20	3.10	2.99	2.87
19	10.07	7.09	5.92	5.27	4.85	4.56	4.34	4.18	4.04	3.93	3.76	3.59	3.40	3.31	3.21	3.11	3.00	2.89	2.78
20	9.94	6.99	5.82	5.17	4.76	4.47	4.26	4.09	3.96	3.85	3.68	3.50	3.32	3.22	3.12	3.02	2.92	2.81	2.69
21	9.83	6.89	5.73	5.09	4.68	4.39	4.18	4.01	3.88	3.77	3.60	3.43	3.24	3.15	3.05	2.95	2.84	2.73	2.61
22	9.73	6.81	5.65	5.02	4.61	4.32	4.11	3.94	3.81	3.70	3.54	3.36	3.18	3.08	2.98	2.88	2.77	2.66	2.55
23	9.63	6.73	5.58	4.95	4.54	4.26	4.05	3.88	3.75	3.64	3.47	3.30	3.12	3.02	2.92	2.82	2.71	2.60	2.48
24	9.55	6.66	5.52	4.89	4.49	4.20	3.99	3.83	3.69	3.59	3.42	3.25	3.06	2.97	2.87	2.77	2.66	2.55	2.43
25	9.48	6.60	5.46	4.84	4.43	4.15	3.94	3.78	3.64	3.54	3.37	3.20	3.01	2.92	2.82	2.72	2.61	2.50	2.38
26	9.41	6.54	5.41	4.79	4.38	4.10	3.89	3.73	3.60	3.49	3.33	3.15	2.97	2.87	2.77	2.67	2.56	2.45	2.33
27	9.34	6.49	5.36	4.74	4.34	4.06	3.85	3.69	3.56	3.45	3.28	3.11	2.93	2.83	2.73	2.63	2.52	2.41	2.29
28	9.28	6.44	5.32	4.70	4.30	4.02	3.81	3.65	3.52	3.41	3.25	3.07	2.89	2.79	2.69	2.59	2.48	2.37	2.25
29	9.23	6.40	5.28	4.66	4.26	3.98	3.77	3.61	3.48	3.38	3.21	3.04	2.86	2.76	2.66	2.56	2.45	2.33	2.21
30	9.18	6.35	5.24	4.62	4.23	3.95	3.74	3.58	3.45	3.34	3.18	3.01	2.82	2.73	2.63	2.52	2.42	2.30	2.18
40	8.83	6.07	4.98	4.37	3.99	3.71	3.51	3.35	3.22	3.12	2.95	2.78	2.60	2.50	2.40	2.30	2.18	2.06	1.93
60	8.49	5.79	4.73	4.14	3.76	3.49	3.29	3.13	3.01	2.90	2.74	2.57	2.39	2.29	2.19	2.08	1.96	1.83	1.69
120	8.18	5.54	4.50	3.92	3.55	3.28	3.09	2.93	2.81	2.71	2.54	2.37	2.19	2.09	1.98	1.87	1.75	1.61	1.43
∞	7.88	5.30	4.28	3.72	3.35	3.09	2.90	2.74	2.62	2.52	2.36	2.19	2.00	1.90	1.79	1.67	1.53	1.36	1.00

附表 6　符号检验表

$$P\{S \leqslant S_a\} = \alpha$$

	n	1	2	3	4	5	6	7	8	9	10	11	12	13	14	15	16	17	18	19	20	21	22	23
	0.01								0	0	0	0	1	1	1	2	2	2	3	3	3	4	4	4
	0.05						0	0	0	1	1	1	2	2	2	3	3	4	4	4	5	5	5	6
α	0.10				0	0	0	1	1	1	2	2	3	3	3	4	4	5	5	5	6	6	7
	0.25			0	0	0	1	1	1	2	2	3	3	3	4	4	5	5	6	6	6	7	7	8

	n	24	25	26	27	28	29	30	31	32	33	34	35	36	37	38	39	40	41	42	43	44	45	46
	0.01	5	5	6	6	6	7	7	7	8	8	9	9	9	10	10	11	11	11	12	12	13	13	13
	0.05	6	7	7	7	8	8	9	9	9	10	10	11	11	12	12	12	13	13	14	14	15	15	15
α	0.10	7	7	8	8	9	9	10	10	10	11	11	12	12	13	13	13	14	14	15	15	16	16	16
	0.25	8	9	9	10	10	10	11	11	12	12	13	13	14	14	14	15	15	16	16	17	17	18	18

	n	47	48	49	50	51	52	53	54	55	56	57	58	59	60	61	62	63	64	65	66	67	68	
	0.01	14	14	15	15	15	16	16	17	17	17	18	18	19	19	20	20	20	21	21	22	22	22	
	0.05	16	16	17	17	18	18	18	19	19	20	20	21	21	21	22	22	23	23	24	24	25	25	
α	0.10	17	17	18	18	19	19	20	20	20	21	21	22	22	23	23	24	24	24	25	25	26	26	
	0.25	19	19	19	20	20	21	21	22	22	23	23	24	24	25	25	25	26	26	27	27	28	28	

	n	69	70	71	72	73	74	75	76	77	78	79	80	81	82	83	84	85	86	87	88	89	90	
	0.01	23	23	24	24	25	25	25	26	26	27	27	28	28	28	29	29	30	30	31	31	31	32	
	0.05	25	26	26	27	27	28	28	28	29	29	30	30	31	31	32	32	32	33	33	34	34	35	
α	0.10	27	27	28	28	28	29	29	30	30	31	31	32	32	33	33	33	34	34	35	35	36	36	
	0.25	29	29	30	30	31	31	32	32	32	33	33	34	34	35	35	36	36	37	37	38	38	39	

附表7　秩和检验表
$$P\{T_1 < T < T_2\} = 1-\alpha$$

n_1　　n_2	$\alpha=0.025$ T_1	T_2	$\alpha=0.05$ T_1	T_2	n_1　　n_2	$\alpha=0.025$ T_1	T_2	$\alpha=0.05$ T_1	T_2
2　4			3	11	5　5	18	37	19	36
5			3	13	6	19	41	20	40
6	3	15	4	14	7	20	45	22	43
7	3	17	4	16	8	21	49	23	47
8	3	19	4	18	9	22	53	25	50
9	3	21	4	20	10	24	56	26	54
10	4	22	5	21	6　6	26	52	28	50
3　3			6	15	7	28	56	30	54
4	6	18	7	17	8	29	61	32	58
5	6	21	7	20	9	31	65	33	63
6	7	23	8	22	10	33	69	35	67
7	8	25	9	24	7　7	37	68	39	66
8	8	28	9	27	8	39	73	41	71
9	9	30	10	29	9	41	78	43	76
10	9	33	11	31	10	43	83	46	80
4　4	11	25	12	24	8　8	49	87	52	84
5	12	28	13	27	9	51	93	54	90
6	12	32	14	30	10	54	98	57	95
7	13	35	15	33	9　9	63	108	66	105
8	14	38	16	36	10	66	114	69	111
9	15	41	17	39	10　10	79	131	83	127
10	16	44	18	42					

附表 8　相关系数检验表

$$P\{|r|>r_\alpha\}=\alpha$$

$n-2$	$\alpha=0.25$	$\alpha=0.1$	$\alpha=0.05$	$\alpha=0.025$	$\alpha=0.01$	$\alpha=0.005$
1	0.9239	0.9877	0.9969	0.9992	0.9999	1.0000
2	0.7500	0.9000	0.9500	0.9750	0.9900	0.9950
3	0.6347	0.8054	0.8783	0.9237	0.9587	0.9740
4	0.5579	0.7293	0.8114	0.8680	0.9172	0.9417
5	0.5029	0.6694	0.7545	0.8166	0.8745	0.9056
6	0.4612	0.6215	0.7067	0.7713	0.8343	0.8697
7	0.4284	0.5822	0.6664	0.7318	0.7977	0.8359
8	0.4016	0.5494	0.6319	0.6973	0.7646	0.8046
9	0.3793	0.5214	0.6021	0.6669	0.7348	0.7759
10	0.3603	0.4973	0.5760	0.6400	0.7079	0.7496
11	0.3438	0.4762	0.5529	0.6159	0.6835	0.7255
12	0.3295	0.4575	0.5324	0.5943	0.6614	0.7034
13	0.3168	0.4409	0.5140	0.5748	0.6411	0.6831
14	0.3054	0.4259	0.4973	0.5570	0.6226	0.6643
15	0.2952	0.4124	0.4821	0.5408	0.6055	0.6470
16	0.2860	0.4000	0.4683	0.5258	0.5897	0.6308
17	0.2775	0.3887	0.4555	0.5121	0.5751	0.6158
18	0.2698	0.3783	0.4438	0.4993	0.5614	0.6018
19	0.2627	0.3687	0.4329	0.4875	0.5487	0.5886
20	0.2561	0.3598	0.4227	0.4764	0.5368	0.5763
21	0.2500	0.3515	0.4132	0.4660	0.5256	0.5647
22	0.2443	0.3438	0.4044	0.4563	0.5151	0.5537
23	0.2390	0.3365	0.3961	0.4472	0.5052	0.5434
24	0.2340	0.3297	0.3882	0.4386	0.4958	0.5336
25	0.2293	0.3233	0.3809	0.4305	0.4869	0.5243
26	0.2248	0.3172	0.3739	0.4228	0.4785	0.5154
27	0.2207	0.3115	0.3673	0.4155	0.4705	0.5070

续表

$n-2$	$\alpha=0.25$	$\alpha=0.1$	$\alpha=0.05$	$\alpha=0.025$	$\alpha=0.01$	$\alpha=0.005$
28	0.2167	0.3061	0.3610	0.4085	0.4629	0.4990
29	0.2130	0.3009	0.3550	0.4019	0.4556	0.4914
30	0.2094	0.2960	0.3494	0.3956	0.4487	0.4840
35	0.1940	0.2746	0.3246	0.3681	0.4182	0.4518
40	0.1815	0.2573	0.3044	0.3456	0.3932	0.4252
45	0.1712	0.2429	0.2876	0.3267	0.3721	0.4028
50	0.1624	0.2306	0.2732	0.3106	0.3542	0.3836
60	0.1483	0.2108	0.2500	0.2845	0.3248	0.3522
70	0.1373	0.1954	0.2319	0.2641	0.3017	0.3274
80	0.1285	0.1829	0.2172	0.2475	0.2830	0.3072
90	0.1211	0.1726	0.2050	0.2336	0.2673	0.2903
100	0.1149	0.1638	0.1946	0.2219	0.2540	0.2759
150	0.0939	0.1339	0.1593	0.1818	0.2083	0.2266
200	0.0813	0.1161	0.1381	0.1577	0.1809	0.1968

参 考 文 献

[1] 李长伟,陈芸,谭雪梅,等. 概率论与数理统计[M].西安:西安电子科技大学出版社,2019.

[2] 吴传生. 经济数学:概率论与数理统计[M].3 版.北京:高等教育出版社,2015.

[3] 盛骤,谢式千,潘承毅.概率论与数理统计附册学习辅导与习题选解[M].4 版.北京:高等教育出版社,2008.

[4] 涂平,汪昌瑞.概率论与数理统计[M].武汉:华中科技大学出版社,2008.

[5] 陈仲堂,赵德平,李彦平,等.数理统计[M].北京:国防工业出版社,2014.

[6] 李永乐. 考研数学复习全书[M].北京:中国时代经济出版社,2020.